高等职业教育系列教材

# 数字通信技术

主　编　韩　鹏　刘雪亭

副主编　杨　波　潘　锋

参　编　姜　莉　谢　宇

主　审　程远东

机械工业出版社

本书以数字通信技术为主线，以数字信号典型传输处理过程为顺序而编写，注重通信技术和现网实际应用相结合，以案例形式引入课题，以仿真实验进行验证，注重对读者的学习引导和能力的提升。全书共分为 6 章，分别为：初识数字通信系统、数字信号的有效传输、数字信号的可靠传输、数字信号的基带传输、数字信号的频带传输及数字通信系统的同步技术。其内容与现阶段通信技术发展相吻合，理论与实训相结合，有利于读者掌握职业技能知识。

　　本书可作为高职高专院校通信类、电子信息类、计算机网络类专业的教材或参考书，也可供相关专业工程技术人员参考。

　　本书配有授课电子课件，需要的教师可登录 www.cmpedu.com 免费注册，审核通过后下载，或联系编辑索取（QQ：1239258369，电话：010-88379739）。

## 图书在版编目（CIP）数据

数字通信技术/韩鹏，刘雪亭主编 .—北京：机械工业出版社，2017.8
（2025.1 重印）
高等职业教育系列教材
ISBN 978-7-111-58198-7

Ⅰ. ①数⋯　Ⅱ. ①韩⋯ ②刘⋯　Ⅲ. ①数字通信-高等职业教育-教材
Ⅳ. ①TN914.3

中国版本图书馆 CIP 数据核字（2017）第 253756 号

机械工业出版社（北京市百万庄大街 22 号　邮政编码 100037）
策划编辑：王　颖　责任编辑：王　颖
责任校对：刘秀芝　责任印制：邓　博
北京盛通数码印刷有限公司印刷
2025 年 1 月第 1 版第 6 次印刷
184mm×260mm · 12 印张 · 284 千字
标准书号：ISBN 978-7-111-58198-7
定价：39.90 元

电话服务　　　　　　　网络服务
客服电话：010-88361066　机 工 官 网：www.cmpbook.com
　　　　　010-88379833　机 工 官 博：weibo.com/cmp1952
　　　　　010-68326294　金 书　　网：www.golden-book.com
**封底无防伪标均为盗版**　机工教育服务网：www.cmpedu.com

# 出版说明

党的二十大报告首次提出"加强教材建设和管理"，表明了教材建设国家事权的重要属性，凸显了教材工作在党和国家事业发展全局中的重要地位，体现了以习近平同志为核心的党中央对教材工作的高度重视和对"尺寸课本、国之大者"的殷切期望。教材作为教育目标、理念、内容、方法、规律的集中体现，是教育教学的基本载体和关键支撑，是教育核心竞争力的重要体现。建设高质量教材体系，对于建设高质量教育体系而言，既是应有之义，也是重要基础和保障。为落实立德树人根本任务，发挥铸魂育人实效，机械工业出版社组织国内多所职业院校（其中大部分院校入选"双高"计划）的院校领导和骨干教师展开专业和课程建设研讨，以适应新时代职业教育发展要求和教学需求为目标，规划并出版了"高等职业教育系列教材"丛书。

该系列教材以岗位需求为导向，涵盖计算机、电子信息、自动化和机电类等专业，由院校和企业合作开发，由具有丰富教学经验和实践经验的"双师型"教师编写，并邀请专家审定大纲和审读书稿，致力于打造充分适应新时代职业教育教学模式、满足职业院校教学改革和专业建设需求、体现工学结合特点的精品化教材。

归纳起来，本系列教材具有以下特点：

1）充分体现规划性和系统性。系列教材由机械工业出版社发起，定期组织相关领域专家、院校领导、骨干教师和企业代表开展编委会年会和专业研讨会，在研究专业和课程建设的基础上，规划教材选题，审定教材大纲，组织人员编写，并经专家审核后出版。整个教材开发过程以质量为先，严谨高效，为建立高质量、高水平的专业教材体系奠定了基础。

2）工学结合，围绕学生职业技能设计教材内容和编写形式。基础课程教材在保持扎实理论基础的同时，增加实训、习题、知识拓展以及立体化配套资源；专业课程教材突出理论和实践相统一，注重以企业真实生产项目、典型工作任务、案例等为载体组织教学单元，采用项目导向、任务驱动等编写模式，强调实践性。

3）教材内容科学先进，教材编排展现力强。系列教材紧随技术和经济的发展而更新，及时将新知识、新技术、新工艺和新案例等引入教材；同时注重吸收最新的教学理念，并积极支持新专业的教材建设。教材编排注重图、文、表并茂，生动活泼，形式新颖；名称、名词、术语等均符合国家有关技术质量标准和规范。

4）注重立体化资源建设。系列教材针对部分课程特点，力求通过随书二维码等形式，将教学视频、仿真动画、案例拓展、习题试卷及解答等教学资源融入到教材中，使学生学习课上课下相结合，为高素质技能型人才的培养提供更多的教学手段。

由于我国高等职业教育改革和发展的速度很快，加之我们的水平和经验有限，因此在教材的编写和出版过程中难免出现疏漏。恳请使用本系列教材的师生及时向我们反馈相关信息，以利于我们今后不断提高教材的出版质量，为广大师生提供更多、更适用的教材。

机械工业出版社

# 前　言

数字通信技术是现代电子信息技术较为重要的领域之一，特别是在现代社会中，人类生活所需的各种信息主要依靠数字通信技术及其设施来处理和传输，数字通信技术已渗透到社会许多行业的职业岗位中。因此，掌握数字通信技术成为了高职高专院校学生就业必需的重要能力之一。

本书以数字通信技术为主线，对通信系统的基本概念和基本组成、数字通信系统的信源编码、差错编码、基带传输、频带传输和同步系统等主要技术进行了全面、系统的阐述，同时对一些较新的调制解调、编码解码和同步技术做了介绍，其内容与现阶段通信技术发展相吻合。本书的主要特点如下。

1) 案例导入：在每章的开头均以实际案例引入知识内容，注重理论和实际应用相结合。各章案例引入的内容有：WCDMA 移动通信系统模型、VoIP 系统中的语音压缩编码技术、光纤通信系统中的信道编码技术、局域网中基带传输系统、移动通信系统中的调制技术和移动通信系统的同步技术。

2) 理实融合：在每章中根据不同的内容设计不同类型的实训项目，充分发挥仿真实验、全真实验及综合技能实训等教学载体对学习的支撑作用。

3) 内容总结提炼：在每章后对该章的知识体系、知识要点和重要公式等内容进行总结和提炼，方便读者对知识的梳理和掌握。同时，在每个小结后都配有一定的习题，帮助读者对知识的消化和巩固。

本书侧重于系统分析，不强调电路的细节和数字分析等内容。重点和难点的内容均用图解和示例来展示，说明数字通信系统的基本原理与应用的关系，注重理论知识在实际通信系统中的应用。

本书可作为高职高专院校通信类、电子信息类、计算机网络类专业的教材或参考书，也可供相关专业工程技术人员参考。

本书由四川信息职业技术学院的老师共同编写，韩鹏和刘雪亭负责统稿，并担任主编，杨波和潘锋担任副主编，姜莉和谢宇参编。其中，第 1、3 章由韩鹏编写，第 2 章由刘雪亭编写，第 5 章由杨波编写，第 4 章由潘锋编写，第 6 章由姜莉编写，本书中的实训、附录部分由谢宇编写并完成了全书的图形绘制。程远东教授对本书进行了审阅，并提出了许多宝贵意见，在此致以衷心的感谢。

限于编者水平，书中难免有错误和不妥之处，诚恳希望广大专家与读者批评指正。

编　者

# 目　　录

# 第1章 初识数字通信系统

## 【内容简介】

本章主要介绍数字通信的基本概念，数字通信系统的组成与分类，衡量通信系统的主要指标等，这些基本概念是学习数字通信的基础。另外，对信道的基本概念、信道的传输特性、信道的噪声及信道容量也做了介绍。

## 【学习目标】

通过本章的学习，达到以下目标：
1）掌握通信的基本概念、数字通信系统的组成与分类。
2）了解数字通信技术发展及其特点。
3）掌握数字通信系统有效性和可靠性指标的计算方法。
4）掌握信道的含义和分类、有线信道的特点和分类、无线信道的特点和分类。
5）掌握信道容量的计算方法。

## 案例导入 WCDMA 移动通信系统模型

宽带码分多址（Wideband Code Division Multiple Access，WCDMA）能够支持移动/手提设备之间的语音、图像、数据以及视频通信。它能够为移动和手提无线设备提供更高的数据速率，可支持 384kbit/s 到 2Mbit/s 不等的数据传输速率，在高速移动的状态下，可提供 384kbit/s 的传输速率；在低速或是室内环境下，则可提供高达 2Mbit/s 的传输速率。由此可见，WCDMA 是无线的宽带通信，WCDMA 采用直接序列扩频码分多址（Direct Sequence-Code Diusion Multiple Access，DS-CDMA）、频分双工（Frequency Division Dual，FDD）方式。输入信号先被数字化，然后在一个较宽的频谱范围内以编码的扩频模式进行传输。窄带码分多址（Code Division Multiple Access，CDMA）使用的是 200kHz 宽度的载频，而 WCDMA 使用的则是一个 5MHz 宽度的载频。在同一些传输通道中，它还可以提供电路交换和分包交换的服务，因此，消费者可以同时利用交换方式接听电话，然后以分包交换方式访问互联网，这样的技术可以提高移动电话的使用效率，使得我们可以超过在同一时间只能做语音或数据传输的服务限制。

WCDMA 系统的无线接入网通信模型如图 1-1 所示。其模型中包括了数字通信系统所涉及的核心技术，如信源编码与解码、信道编码与解码、交织与去交织、扩频与解扩、加扰与解扰、数字调制与解调等。还包括如加密与解密技术、多路分解与合成、多址技术、同步系统、收发信机和信道等，这些内容均在后续章节中介绍。

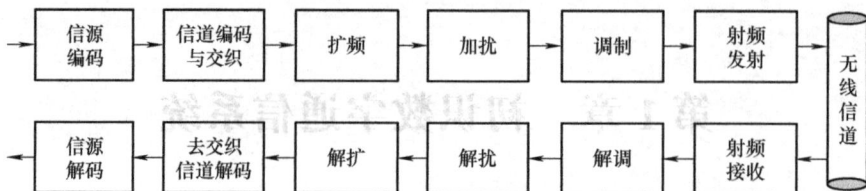

图 1-1　WCDMA 系统的无线接入网通信模型

## 1.1　通信系统的组成与分类

### 1.1.1　通信的概念

**1. 通信的基本概念**

通信技术中常涉及 "通信" "消息" "信息" 以及 "信号" 这 4 个术语，它们之间既有联系又有区别。

通信（Communication），是信息（或消息）的传输和交换过程。我们一般听说的通信是指电信，即以语言、图像和数据为媒体，通过电或光信号将信息由一方传输到另一方。

消息（Message）是指信源所产生信息的物理表现形式，是我们感觉器官所能感知的语言、文字、数据、图像等的统称。消息可分为离散消息和连续消息两类。如文字、符号、数据等消息状态是可数的或有限的，为离散消息；如语音、图像等消息状态是连续变化的，为连续消息。

信息（Information）是消息的内涵，是一个抽象的概念，即消息所包含的对受信者（信宿）有意义的内容。因此，通信的根本目的在于传输含有信息的消息。信息可以是语音、图像、数据、字符或者代码等任何可以由收信者（人或机器）读懂的消息。从通信或传输的角度来讲，信息和消息具有相同的含义。

自古以来，信息就如同物质和能量一样，是人类赖以生存和发展的基础资源之一。人类通信的历史可以追溯到远古时代，文字、信标、烽火及驿站等作为主要的通信方式，曾经延续了几千年。现在，人类已进入信息时代，人们可用各种方式方便快捷地传递与接收信息。

"信息" 与 "消息" 两者之间既有联系又有区别。"消息" 是表达 "信息" 的形式，是载荷 "信息" 的客体；"信息" 是 "消息" 的抽象本质。

信号（Signal）是消息的物理载体，在通信系统中，消息的传递常常是通过它的物质载体电信号或光信号来实现的，也就是说把消息寄托在信号的某一参量上，如连续波的幅度、频率或相位；脉冲波的幅度、宽度或者位置；光波的强度或频率等。与消息相对应，可将信号分为模拟信号和数字信号。

**2. 通信的分类**

通信系统是指实现信息传送过程的系统，可依据不同标准对其分类如下。

1）按传输的信息的物理特征，可以分为电话、电报、传真通信系统，广播电视通信系统和数据通信系统等。

2）按信道传输的信号传送类型，可以分为模拟和数字通信系统。

3）按传输媒介（信道）的物理特征，可以分为有线通信系统和无线通信系统。有线通信系统一般使用双绞线、电缆或光纤信道；无线通信系统以电磁波为媒体传输信息。

4）按调制方式可以将通信分为基带传输和频带传输。基带传输是将未经调制的信号直接传送，如音频市内电话（用户线上传输的信号）、Ethernet 中传输的信号等，其不适合较长距离传输，更不能进行无线电传输；频带传输是指信号经过调制后再送到信道中传输，其中心频率相对较高，带宽又窄，适合于在信道中传输。

5）按传输信号的复用方式分类。传输多路信号有 3 种复用方式，即频分复用、时分复用和码分复用。频分复用是用频谱搬移的方法使不同信号占据不同的频率范围；时分复用是用脉冲调制的方法使不同信号占据不同的时隙；码分复用是用正交的脉冲序列分别携带不同信号。传统的模拟通信中都采用频分复用，随着数字通信的发展，时分复用通信系统的应用愈来愈广泛，码分复用主要用于空间通信的扩频通信中。

6）按工作的波段分类。可分为长波通信、中波通信、短波通信和红外线通信等。

7）按消息传递的方向和时间关系分类。通信方式可分为单工、半双工及全双工通信 3 种。单工通信是指信号只能单方向进行传输的一种通信方式，如广播、遥控、无线寻呼等；半双工通信是指通信双方都能收发信号，但不能同时进行收和发的形式，如对讲机、收发报机等；全双工通信是指通信双方同时进行双向传输信号的工作方式，如打电话等。

## 1.1.2 通信系统的组成

通信系统是指完成信息传输过程的全部设备和传输媒质，通信系统的一般模型如图 1-2 所示。

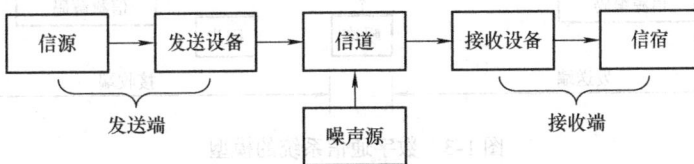

图 1-2 通信系统的一般模型

由图 1-2 可以看出，一个基于点与点之间的通信系统通常由发送端、传输媒质和接收端 3 大部分构成。发送端包括信源和发送设备，接收端包括信宿和接收设备，传输媒质即信道。其各部分的功能如下。

1）信源（Source）：原始电信号的来源，可以是人或设备。它的作用是把原始信号转换成相应的电信号，即完成非电量到电量的转换，这样的电信号通常被称为基带信号，其特点是频率低。例如传声器、摄像机等属于模拟信源，送出的是模拟信号；电传机、计算机等各种数字终端设备是数字信源，输出的是数字信号。

2）发送设备（Transmitter）：发送设备的作用是对信号进行各种变换和处理，使之适合于在信道中传输。其主要功能有两个：放大和变换。要把信号传送到远处，就必须把它放大

*3*

到具有足够的功率，再发送出去。另外，发送设备将信源和信道匹配，对原始电信号进行各种变换，如编码、调制和加密等。

3）信道（Channel）：用于在发送设备和接收设备之间的传输信号的媒质。根据传输媒质的不同，信道可分为有线信道和无线信道两大类。有线信道包括双绞线、同轴电缆、光纤等；无线信道可以是无线电、红外线等。不同的信道有不同的传输特性，而信道的传输特性和引入的干扰与噪声将直接影响着通信的质量。因此，在通信系统模型中，信道是噪声集中加入之处。

4）噪声源（Noise）：是通信系统中各种设备以及信道噪声与干扰的集中表示。

5）接收设备（Receive）：其任务是对带有干扰的接收信号进行必要的处理和变换，从中正确地恢复出相应的原始电信号，即进行与发送设备相对应的反变换，如解调、解码和解密等。

6）信宿（Deceiver）：信息传输的归宿点或通信系统的终点，可以是人或者设备，如扬声器、显像管、计算机等。其作用与信源的作用相反，即完成电量到非电量的变换，将恢复出原始的电信号转换成相应的消息。

## 1.1.3 数字通信系统

数字通信系统是利用数字信号来传输信息的通信系统。数字通信系统的形式各种各样，如数字移动通信系统、数字卫星通信系统和数字微波通信系统等。虽然这些数字通信系统可能存在很大的技术差异，但它们仍有很多技术共性。所以一个完整的数字通信系统的组成模型如图1-3所示。

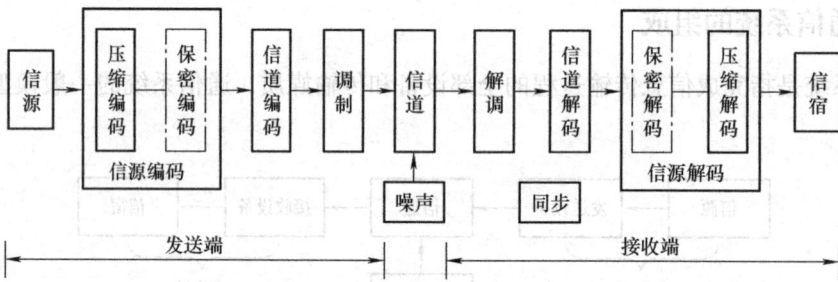

图1-3　数字通信系统的模型

信源编码的首要任务是将模拟信号转换成相应的数字信号，即A-D转换，以进入数字通信系统传输，常用的模-数转换方法有脉冲编码调制技术、增量调制技术及自适应差值脉冲编码调制技术等。其主要任务是提高信号传输的有效性，即用适当的方法降低数字信号的码元速率以压缩频带。在某些系统中，信源编码还包含了加密功能，通过加密可以产生密码，人为地把待传输的数字序列扰乱，以提高数字信息传输的安全性。

信道编码的主要任务是提高信号传输的可靠性。基本方法是在要传输的信息码组中按一定的规则加入监督码元，使之具有自动检错或纠错能力，这种技术也被称为"差错控制编码"。信道编码还要对信源编码后的数字信号进行码型变换，以便使其更适合在信道上传输。

经过信源编码和信道编码后的数字信号是基带信号，只适于在有线信道中直接传输，不能在无线信道中直接传输。基带信号必须经过调制，将其频谱从低频搬移到适于无线信道传输的高频频谱上，才能在无线信道中远距离传输。所以调制是将数字基带信号变换成适于在信道中传输的数字频带信号的过程。

接收端的解调、信道解码和信源解码等设备的功能与发送端对应设备的功能正好相反，是对应的逆过程。

噪声有系统内部产生的噪声与系统外部输入的噪声两大类。噪声对通信是非常不利的，因为它对通信系统信号传输与处理起扰乱作用。因此，必须通过改善信道传输特性和信道编码等措施来加以克服。

同步是使收发两端的信号在时间上保持步调一致，它是保证数字通信系统有序、准确、可靠工作的前提条件，按照同步的作用不同，分为载波同步、位同步、群同步和网同步。

此外，在数字通信系统经常还用到多路复用、多址接入及扩频等技术。多路复用和多址接入都是把不同特性或不同信源的信号进行合并，以便共享通信信道的资源，如频谱和时间等，以提高信道的利用率。扩频能产生抑制自然或人为干扰的信号，提高通信系统的抗干扰能力。

图 1-3 所示的模型是一个功能完整的数字通信系统模型，对于具体的数字通信系统，可能只是其中一部分。若通信距离不太远，且通信容量不太大时，一般采用基带传输方式，即系统中不需要调制和解调；若对于数字电话来说，系统中就不需要信道编码。

## 1.1.4 数字通信系统的分类

数字通信系统可进一步细分为数字频带传输通信系统、数字基带传输通信系统和模拟信号数字化传输通信系统。

### 1. 数字频带传输通信系统

数字通信中存在以下突出问题：第一，数字信号传输时，信道噪声或干扰所造成的差错，原则上是可以控制的，这是通过差错控制编码来实现的，这样就需要在发送端增加一个编码器，而在接收端相应需要一个解码器。第二，当需要实现保密通信时，可对数字基带信号进行人为"扰乱"（加密），此时在接收端就必须进行解密。第三，由于数字通信传输的是一个接一个按一定节拍传送的数字信号，因而接收端必须有一个与发送端相同的节拍，否则，就会因收发步调不一致而造成混乱。另外，为了表述消息内容，基带信号都是按消息特征进行编组的，于是，在收发之间每组的编码规律也必须一致，否则接收时消息的真正内容将无法恢复。在数字通信中，称节拍一致为"位同步"或"码元同步"，而称编组一致为"群同步"或"帧同步"，故数字通信中还必须有"同步"这个重要问题。最后，数字频带传输通信需要对基带信号在发送端进行调制和在接收端进行解调。

综上所述，点对点的数字频带通信系统模型如图 1-4 所示。

要说明的是，图中系统中的调制器、解调器、加密器、解密器、编码器和译码器等环节在具体通信系统中是否全部采用，要取决于具体设计条件和要求。但在一个系统中，如果发送端有调制、加密、编码，则接收端必须有相应的解调、解密和译码。通常把有调制器和解调器的数字通信系统称为数字频带传输通信系统。

信源 → 加密器 → 编码器 → 调制器 → 信道 → 解调器 → 译码器 → 解密器 → 信宿

噪声源

同步

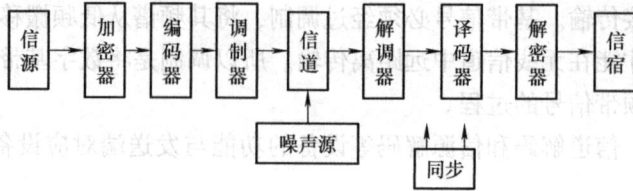

图 1-4　数字频带通信系统的模型

### 2. 数字基带传输通信系统

与频带传输系统相对应，我们把没有调制器和解调器的数字通信系统称为数字基带传输通信系统，如图 1-5 所示。

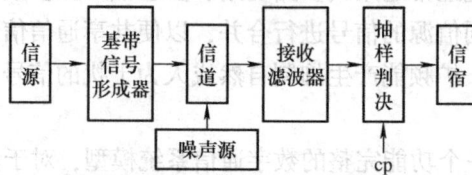

信源 → 基带信号形成器 → 信道 → 接收滤波器 → 抽样判决 → 信宿

噪声源

cp

图 1-5　数字基带通信系统的模型

图中基带信号形成器可能包括编码器、加密器以及波形变换等，接收滤波器也可能包括译码器、解密器等。

### 3. 模拟信号数字化传输通信系统

上面论述的数字通信系统中，信源输出的信号均为数字基带信号，实际上，在日常生活中大部分信号（如语音信号）为连续变化的模拟信号。那么要实现模拟信号在数字系统中的传输，则必须在发端将模拟信号数字化，即进行 A-D 转换；在接收端需进行相反的转换，即 D-A 转换。实现模拟信号数字化传输的系统如图 1-6 所示。

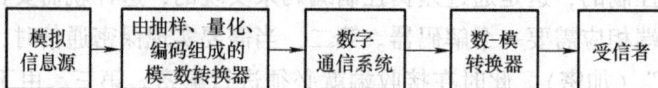

模拟信息源 → 由抽样、量化、编码组成的模-数转换器 → 数字通信系统 → 数-模转换器 → 受信者

图 1-6　模拟信号数字化传输系统模型

## 1.2　数字通信技术发展

### 1.2.1　数字通信技术发展趋势

#### 1. 数字通信发展简史

数字通信（Digital Communications）是用数字信号作为载体来传输消息，或用数字信号对载波进行数字调制后再传输的通信方式。它可传输电报、数字数据等数字信号，也可传输经过数字化处理的语音和图像等模拟信号。

数字通信的早期历史是与电报的发展联系在一起的。

1937 年，英国人 A. H. 里夫斯提出脉冲编码调制（Pulse Code Modulation，PCM），从而推动了模拟信号数字化的进程。

1946 年，法国人 E. M. 德洛雷因发明增量调制。

1950 年 C. C. 卡特勒提出差值编码。1947 年，美国贝尔实验室研制出供实验用的 24 路电子管脉码调制装置，证实了实现 PCM 的可行性。

1953 年发明了不用编码管的反馈比较型编码器，扩大了输入信号的动态范围。

1962 年，美国研制出晶体管 24 路 1.544Mbit/s 脉码调制设备，并在市话网局间使用。

数字通信与模拟通信相比具有明显的优点。它抗干扰能力强，通信质量不受距离的影响，能适应各种通信业务的要求，便于采用大规模集成电路，便于实现保密通信和计算机管理。不足之处是占用的信道频带较宽。

20 世纪 90 年代，数字通信向超高速大容量、长距离方向发展，高效编码技术日益成熟，语音编码已走向实用化，新的数字化智能终端将进一步发展。

## 2. 数字通信技术发展趋势

现代通信正朝着数字化、综合化、融合化、宽带化、智能化和个人化方向迅速发展，其中通信数字化是关键，是其他五化的基础。因此可以说数字化是现代通信技术的基本特性和最突出的发展趋势。

### （1）通信业务综合化

数字通信的第一个发展趋势就是通信业务的综合化。随着社会的发展，人们对通信业务种类的需求不断增加，早期的电报、电话业务已远远不能满足这种需求。就目前而言，传真、电子邮件、交互可视图文，以及数据通信的其他各种增值业务等都在迅速发展。为了克服每种业务单独建网的缺陷，更好地满足用户多种业务的需求，把各种通信业务，包括电话业务和非电话业务等以数字方式统一并综合到一个网络中进行传输、交换和处理，就可以克服上述弊端，达到一网多用的目的，即数字通信网向综合业务网发展。目前以 2B + D（144kbit/s）和 30B + D（1936kbit/s）为单元的宽带综合业务数字网（Integrated Services Digital Network，ISDN）已在使用。

### （2）网络互通融合化

以电话网络为代表的电信网络和以互联网为代表的数据网络的互通与融合进程将加快步伐。在数据业务成为主导的情况下，现有电信网的业务将融合到下一代数据网中。IP 数据网与光网络的融合、无线通信与互联网的融合也是未来通信技术的发展趋势和方向。新一代信息网络基础设施功能结构的发展趋势是日益扁平化。简洁化的网络可以减少网络层次，提高网络效能，增强网络的适应力。为了实现网络资源的共享，避免低水平的重复建设，形成适应性广、容易维护、费用低的高速带宽的多媒体基础平台，电信网、计算机网和广播电视网之间的"三网"融合进程正加速推进。三大网络技术上趋势一致，网络层上可以互联互通，形成无缝覆盖，业务层上互相渗透和交叉，应用层上趋向使用统一的 IP 协议，在经营上互相竞争、互相合作，朝着向人们提供多样化、多媒体化、个性化服务的同一目标逐渐交汇在一起，行业管制和政策方面也逐渐趋向统一。

（3）通信网络宽带化

通信网络的宽带化是电信网络发展的基本特征、现实要求和必然趋势。为用户提供高速、全方位的信息服务是网络发展的重要目标。近年来，几乎在网络的所有层面（如接入层、边缘层和核心交换层）都在开发高速技术，高速选路与交换、高速光传输、宽带接入技术都取得了重大进展。超高速路由交换、高速互联网关、超高速光传输、高速无线数据通信等新技术已成为新一代信息网络的关键技术。

（4）通信网络管理智能化

在传统电话网中，交换接续（呼叫处理）与业务提供（业务处理）都是由交换机完成的，凡提供新的业务都是需借助于交换系统。如开辟一种新业务或对某种业务有所修改，都需要对大量的交换机软件进行相应的增加或改动，有时甚至要增加或改动硬件，以致消耗许多人力、物力和时间。网络管理智能化的设计思想，就是将传统电话网中交换机的功能予以分解，让交换机只完成基本的呼叫处理，而把各类业务处理，包括各种新业务的提供、修改以及管理等，交给具有业务控制功能的计算机系统来完成。即把由交换机来判断、操作的相当部分功能交给通信网来进行，从而使通信网具有人工智能的作用，这是数字通信发展的智能化方向。目前已有一批智能业务，使用最广泛的如被叫集中付费、转移呼叫、电话卡和语音信箱等业务。

（5）通信服务个人化

个人通信是指可以实现任何人在任何地点、任何时间与其他地点的任何个人进行业务通信。即一个人在任何地方均可以用一个号码实现主叫和被叫通信，这样号码就不是分配给固定地点的固定终端，而是分配给特定的人。为了实现更大覆盖，除了地面手段外，卫星移动通信正在取得进展。

## 1.2.2 第四代移动通信技术

随着数据通信与多媒体业务需求的发展，适应移动数据、移动计算及移动多媒体运作需要的第四代移动通信开始兴起，因其拥有的超高数据传输速度，被中国物联网校企联盟誉为机器之间当之无愧的"高速对话"。

### 1. 概述

第四代移动通信技术简称为4G，其以传统通信技术为基础，并利用了一些新的通信技术，来不断提高无线通信的网络效率和功能，该技术包括分时长期演进（Time Division-Long Term Evolution，TD-LTE）和频分双工长期演进（Frequency Division Dual-Long Term Evolution，FDD-LTE）两种制式。4G是集3G与无线局域网（Wireless LAN，WLAN）于一体，并能够快速传输数据、高质量音频、视频和图像等。4G能够以100Mbit/s以上的速度下载，比目前的家用宽带非对称数字用户线路（Asymmetric Digital Subscriber Line，ADSL）快25倍，并能够满足几乎所有用户对于无线服务的要求。此外，4G可以在数字用户线路（Digital Subscriber Line，DSL）和有线电视调制解调器没有覆盖的地方部署，然后再扩展到整个地区。很明显，4G有着不可比拟的优越性。

2. 4G 的关键技术

（1）调制与编码技术

4G 移动通信系统采用新的调制技术，如多载波正交频分复用调制技术以及单载波自适应均衡技术等调制方式，以保证频谱利用率和延长用户终端电池的寿命。4G 移动通信系统采用更高级的信道编码方案（如 Turbo 码、级连码和 LDPC 等）、自动重发请求（ARQ）技术和分集接收技术等，从而在低信噪比 $E_b/N_0$ 条件下保证系统足够的性能。

（2）正交频分复用

正交频分复用（Orthogonal Frequency Division Multiplexing，OFDM）是一种无线环境下的高速传输技术，其主要思想就是在频域内将给定信道分成许多正交子信道，在每个子信道上使用一个子载波进行调制，各子载波并行传输。尽管总的信道是非平坦的，即具有频率选择性，但是每个子信道是相对平坦的，在每个子信道上进行的是窄带传输，信号带宽小于信道的相应带宽。OFDM 技术的特点是网络结构高度可扩展，具有良好的抗噪声性能和抗多信道干扰能力，即对多径衰落和多普勒频移不敏感，提高了频谱利用率，可实现低成本的单波段接收机；可以提供无线数据技术质量更高（速率高、时延小）的服务和更好的性能价格比，能为 4G 无线网提供更好的方案。

（3）智能天线技术

智能天线具有抑制信号干扰、自动跟踪以及数字波束调节等智能功能，被认为是未来移动通信的关键技术。智能天线应用数字信号处理技术，产生空间定向波束，使天线主波束对准用户信号到达方向，旁瓣或零陷对准干扰信号到达方向，达到充分利用移动用户信号并消除或抑制干扰信号的目的。这种技术既能改善信号质量又能增加传输容量。

（4）MIMO 技术

多输入多输出（Multiple Input Multiple Output，MIMO）技术是指利用多发射、多接收天线进行空间分集的技术，它采用的是分立式多天线，能够有效地将通信链路分解成为许多并行的子信道，从而大大提高容量。信息论已经证明，当不同的接收天线和不同的发射天线之间互不相关时，MIMO 系统能够很好地提高系统的抗衰落和噪声性能，从而获得巨大的容量。因此，在功率带宽受限的无线信道中，MIMO 技术是实现高数据速率、提高系统容量、提高传输质量的空间分集技术。在无线频谱资源相对匮乏的今天，MIMO 系统已经体现出其优越性，也会在 4G 移动通信系统中继续应用。

3. 4G 的特点

（1）具有很高的传输速率和传输质量

第四代移动通信系统应该能够承载大量的多媒体信息，因此要具备 50～100Mbit/s 的最大传输速率、非对称的上下行链路速率、地区的连续覆盖、服务质量（Quality of Service，QoS）机制、很低的比特开销等功能。

（2）灵活多样的业务功能

第四代移动通信网络应能使各类媒体、通信主机及网络之间进行"无缝"连接，使得用户能够自由地在各种网络环境间无缝漫游，并觉察不到业务质量上的变化，因此新的通信系统要具备媒体转换、网间移动管理及鉴权、Adhoc 网络（自组网）和代理等功能。

（3）开放的平台

第四代移动通信系统应在移动终端、业务节点及移动网络机制上具有"开放性"，使得用户能够自由选择协议、应用和网络。

（4）高度智能化的网络

第四代移动通信网将是一个高度自治、自适应的网络，具有很好的重构性、可变性和自组织性等，以便于满足不同用户在不同环境下的通信需求。

第四代移动通信可以在不同的固定、无线平台和跨越不同的频带的网络中提供无线服务，可以在任何地方用宽带接入互联网（包括卫星通信和平流层通信），能够提供定位定时、数据采集和远程控制等综合功能。此外，第四代移动通信系统是集成多功能的宽带移动通信系统，是宽带接入 IP 系统。

## 1.2.3  光纤通信技术

光纤通信技术（Optical Fiber Communications）是利用光波作载波，以光纤作为传输媒质将信息从一处传至另一处的通信方式，被称之为"有线"光通信。当今，光纤以其传输频带宽、抗干扰性高和信号衰减小，而远优于电缆、微波通信的传输，已成为世界通信中主要传输方式。

### 1. 原理与应用

光纤通信的原理是：在发送端首先要把传送的信息（如语音）变成电信号，然后调制到激光器发出的激光束上，使光的强度随电信号的幅度（频率）变化而变化，并通过光纤发送出去；在接收端，检测器收到光信号后把它变换成电信号，经解调后恢复原信息。

随着信息技术传输速度日益更新，光纤技术已得到广泛的重视和应用，主要用于市话中继线，已逐步取代电缆；还用于长途干线通信，过去主要靠电缆、微波、卫星通信，现以逐步使用光纤通信并形成了占全球优势的比特传输方法；用于全球通信网、各国的公共电信网（如中国的国家一级干线、各省二级干线和县以下的支线）；它还用于高质量彩色的电视传输、工业生产现场监视和调度、交通监视控制指挥、城镇有线电视网、共用天线（CATV）系统，用于光纤局域网和其他（如在飞机内、飞船内、舰艇内、矿井下、电力部门、军事及有腐蚀、有辐射等）环境中使用。

### 2. 分类

光纤通信系统分为光纤模拟通信和光纤数字通信系统。

光纤传输系统主要由光发送机、光接收机、光缆传输线路、光中继器和各种无源光器件构成。要实现通信，基带信号还必须经过电端机对信号进行处理后送到光纤传输系统完成通信过程。在光纤模拟通信系统中，电信号处理包括对基带信号进行放大、预调制等处理，而在发送端则作相反的处理，即解调、放大等。在光纤数字通信系统中，电信号处理是指对基带信号进行放大、取样、量化，即脉冲编码调制（PCM）和线路码型编码处理等，而在发送端则作相反的处理，即解码、放大等。

### 3. 光纤通信发展趋势

对光纤通信而言，超高速度、超大容量和超长距离传输一直是人们追求的目标，而全光网络也是人们不懈追求的梦想。

#### （1）波分复用系统

超大容量、超长距离传输波分复用技术极大地提高了光纤传输系统的传输容量，在未来跨海光传输系统中有广阔的应用前景。波分复用系统发展迅猛，6Tbit/s的波分复用（Wavelength Division Multiplexing，WDM）系统已经大量应用，同时全光传输距离也在大幅扩展。提高传输容量的另一种途径是采用光时分复用（Optical Time Division Multiplexing，OTDM）技术，与WDM通过增加单根光纤中传输的信道数来提高其传输容量不同，OTDM技术是通过提高单信道速率来提高传输容量，其实现的单信道最高速率达640Gbit/s。

#### （2）光孤子通信

光孤子是一种脉冲宽度为ps（皮秒级）的超短光脉冲，由于它在光纤的反常色散区，群速度色散和非线性效应相应平衡，因而经过光纤长距离传输后，波形和速度都保持不变。光孤子通信就是利用光孤子作为载体实现长距离无畸变的通信，在零误码的情况下信息传递可达万里之遥。

#### （3）全光网络

未来的高速通信网将是全光网。全光网是光纤通信技术发展的最高阶段，也是理想阶段。传统的光网络实现了节点间的全光化，但在网络节点处仍采用电器件，限制了通信网干线总容量的进一步提高，因此，真正的全光网已成为一个非常重要的课题。全光网络以光节点代替电节点，节点之间也是全光化，信息始终以光的形式进行传输与交换，交换机对用户信息的处理不再按比特进行，而是根据其波长来决定路由。

光纤通信与以往的电气通信相比有很多优点：它传输频带宽、通信容量大；传输损耗低、中继距离长；线径细、重量轻，原料为石英，节省金属材料，有利于资源合理使用；绝缘、抗电磁干扰性能强；还具有抗腐蚀能力强、抗辐射能力强、可绕性好、无电火花、泄露小、保密性强等优点，可在特殊环境中使用。

光纤通信获得了迅猛地发展，对通信技术产生了深远影响，光纤通信技术已成为信息社会的支柱，已成为信息"高速公路"的骨干网，是用户、接入网及今后世界通信发展的主体。目前，对于光纤技术，其大量的理论课题正在研究中，未来前景可观。

## 1.2.4　数字通信的特点

数字通信已成为当代通信技术的主流。与模拟通信相比，无论在传输质量还是在技术上都有其显著特点。

### 1. 优点

1) 抗干扰能力强，尤其是数字信号通过中继再生后可消除噪声积累，提高通信质量。

由于在数字通信中，传输的信号幅度是离散的，以二进制为例，信号的取值只有两个，这样接收端只需判别两种状态。信号在传输过程中受到噪声的干扰，必然会使波形失真，接收端对其进行抽样判决，以辨别是两种状态中的哪一个。只要噪声的大小不足以影响判决的正确性，就能正确接收（再生）。而在模拟通信中，传输的信号幅度是连续变化的，一旦叠加上噪声，即使噪声很小，也很难消除它。

数字通信抗噪声性能好，还表现在微波中继通信时，它可以消除噪声积累。这是因为数字信号在每次再生后，只要不发生错码，它仍然像信源中发出的信号一样，没有噪声叠加在上面。因此中继站再多，数字通信仍具有良好的通信质量。而模拟通信中继时，只能增加信号能量（对信号放大），而不能消除噪声。

2）数字信号通过自动发现和差错控制编码技术来降低传输误码率，可提高通信系统的可靠性，提高传输质量。

3）便于与各种数字终端接口连接，可用现代计算机技术与数字信号进行处理、变换、存储，形成智能网。由于数字通信中的二进制数字信号与计算机所采用的数字信号完全一致，所以可使用计算机对数字信号进行存储、处理和交换等处理，实现复杂的远距离、大规模自动控制系统和自动数据处理系统，实现以计算机为中心的通信网。

4）数字信号比模拟信号易于调制。由于数字信号只有"0"和"1"两种状态，所以数字调制完全可以理解为如报务员用开关电键控制载波的过程，因此数字信号调制十分简单。这种调制方式有数字调幅、数字调频和数字调相 3 种。实现数字调制一般由数字电路来完成，因而它具有波形变换速度快、调整测试方便、体积小、设备可靠性高等特点，这种方法在数字通信中获得广泛的应用。

5）数字信号易于加密处理，所以数字通信保密性强。

### 2. 缺点

1）占用频带宽，即频带利用率低。以电话通信为例，模拟语音的频带为 300～3400Hz，一路模拟电话约占 4kHz 信道带宽。而数字电话以常用的脉冲编码调制系统为例，要接近同样语音质量，它最少要占用 32 kHz 带宽。不过，随着频带压缩技术的应用和光纤等大容量带宽传输线路的发展，这一缺点将逐步得到克服。

2）技术要求复杂，尤其是同步技术要求精度很高。在数字通信中，接收方要能正确地解调发送方的信号，就必须正确的把每个码元区分开来，并且找到每个信息码组的开始，这就需要收发双方严格实现同步，因而系统设备复杂。如果要组成一个数字通信网的话，同步问题的解决将更加复杂。

3）进行模-数转换时会带来量化误差。随着大规模集成电路的使用以及光纤等宽频带传输介质的普及，对信息的存储和传输，越来越多使用的是数字信号的方式，因此必须对模拟信号进行模-数转换，在转换中不可避免地会产生量化误差。

随着卫星通信、光纤通信等宽带通信系统的日益发展和成熟，为数字通信提供了宽阔的频道，使数字通信迅猛发展，应用越来越广泛，已成为现代通信的主要传输方式，有逐渐取代模拟通信的趋势。

## 1.3 评价数字通信系统的性能

在评价通信系统质量时，必然涉及通信系统的性能指标（或质量指标）。通信系统的性能指标包括信息传输的有效性、可靠性、适应性、经济性、标准性及维护使用方便等等。但从通信的目的和根本任务来看，传输的有效性和可靠性是通信系统最主要的两个性能指标。有效性是在给定信道内能传输信息内容的多少，即传输的"速度"问题；可靠性是指接收信息的准确程度，即传输的"质量"问题。

通信系统的有效性和可靠性，是一对矛盾。一般情况下，要增加系统的有效性，就得降低可靠性，反之亦然。在实际中，常常依据实际系统的要求采取相对统一的办法，即在满足一定可靠性指标下，尽量提高消息的传输速率，即有效性；或者，在维持一定有效性的条件下，尽可能提高系统的可靠性。

对于模拟通信来说，系统的有效性和可靠性具体可用系统频带利用率和输出信噪比（或均方误差）来衡量；对于数字通信系统而言，系统的可靠性和有效性具体可用误码率和传输速率来衡量。在介绍数字通信系统有效性和可靠性指标之前，我们先要理解信息的度量问题。

## 1.3.1　信息量

信息可被理解为消息中包含的有意义的内容。消息可以有各种各样的形式，但消息的内容可统一用信息来表述。传输信息的多少可直观地使用"信息量"进行衡量。

消息中所含信息量的多少与消息发生的概率紧密有关。由概率论可知，事件的不确定程度，可用事件出现的概率来描述。事件出现（发生）的可能性越小，则概率越小；反之，概率越大。即消息出现的概率越小，则消息中包含的信息量就越大。且概率为零时（不可能事件）信息量为无穷大；概率为 1 时（必然事件）信息量为 0。

### 1. 信息量的定义

信息量的定义为：若一个消息 $x_i$ 出现的概率为 $P(x_i)$，则这一消息所含的信息量为

$$I(x_i) = \log_a \frac{1}{P(x_i)} = -\log_a P(x_i) \tag{1-1}$$

式(1-1) 中对数底数 a 为 2 时，信息量单位为比特（bit）；对数以 e 为底时，信息量单位为奈特（nat）；对数以 10 为底时，信息量单位为哈莱特（Hartly）。目前广泛使用的单位为比特。从信息量的定义可以看出，信息量是消息出现概率的函数，消息出现的概率越小，所包含的信息量越大；若某消息由若干个独立消息组成，则该消息所包含的信息量是每个独立消息所含信息量之和。

### 2. 独立等概消息信息量的计算

若某消息集由 $M$ 个可能的消息（事件）所组成，每次只取其中之一，各消息之间相互统计独立，且出现概率相等，$P(x_i) = 1/M$，则这类消息为离散独立等概消息。当 $M = 2$（二进制）时，$P(x_i) = 1/2$，则

$$I(x_i) = -\log_2 P(x_i) = 1\text{bit} \tag{1-2}$$

即一个等概的二进制符号（码元）含 1bit 信息量。

当 $M = 2^N$（$M$ 进制）时，$P(x_i) = 1/M = 2^{-N}$，则

$$I(x_i) = -\log_2 P(x_i) = \log_2 M = N\text{bit} \tag{1-3}$$

即一个等概的 $M$ 进制符号（码元）含 $N$bit 信息量，是二进制的 $N$ 倍。

### 3. 独立非等概消息信息量的计算

若某消息集由 $M$ 个可能的消息（事件）所组成，每次只取其中之一，各消息之间相互统计独立，出现概率不等，且 $\sum_{i=1}^{M} P(x_i) = 1$，则这类消息为离散独立非等概消息。则每个符号所包含信息量的统计平均值称为信源熵 $H(x)$，其计算如下。

$$H(x) = -\sum_{i=1}^{M} P(x_i) \log_2 P(x_i) \quad (\text{bit/符号}) \tag{1-4}$$

显然，当信源中每个符号等概独立出现时，此时信源熵为最大值。

$$H_{max}(x) = \log_2 M \quad (\text{bit/符号}) \tag{1-5}$$

**【例1-1】** 四进制离散信息源输出 4 个独立符号 A、B、C 和 D。

1）若 A、B、C 和 D 等概出现，其信源熵为多少？

2）若 A、B、C 和 D 出现的概率分别为 1/4、1/8、1/8、1/2，其 A、B、C 和 D 每个符号所携带的信息量和信源熵分别为多少？

**解：** 1）根据式(1-5)，得

$$H(x) = \log_2 4 = 2 \quad (\text{bit/符号})$$

2）根据式(1-1)，得

$$I(A) = -\log_2 \frac{1}{4} = 2\text{bit}$$

$$I(B) = I(C) = -\log_2 \frac{1}{8} = 3\text{bit}$$

$$I(D) = -\log_2 \frac{1}{2} = 1\text{bit}$$

再根据式(1-4)，得

$$H(x) = \frac{1}{4} \times 2 + \frac{1}{8} \times 3 + \frac{1}{8} \times 3 + \frac{1}{2} \times 1 = 1\frac{3}{4} \quad (\text{bit/符号})$$

## 1.3.2 有效性指标

数字通信系统的有效性可用传输速率来衡量，传输速率越高，系统的有效性越好。其有效性通常用码元传输速率 $R_B$、信息传输速率 $R_b$ 和频带利用率来衡量。

### 1. 码元传输速率

码元传输速率又称为码元速率或传码率，是指系统在单位时间（每秒）内传送码元数目的多少，用 $R_B$ 表示，单位为码元/秒，又称为波特（Baud），简记为 B。例如，某系统在 3s 内共传送 4800 个码元，则该系统的传码率为 1600B。

$$R_B = 1/T_B \tag{1-6}$$

由式(1-6)可知，码元传输速率只与码元宽度（或码元持续时间）$T_B$ 有关，而与信号的进制无关。通常在给出系统码元速率时，有必要说明码元的进制。

### 2. 信息传输速率

信息传输速率简称为信息速率，又可称为传信率、比特率等，是指系统在单位时间（每秒）内传送信息量的多少，用 $R_b$ 表示，单位为比特/秒（bit/s）。例如，若某信源在 1s 内传送 1200 个符号，且每一个符号的平均信息量为 1（bit），则该信源的信息传输速率为 1200bit/s。

因为信息量与信号进制数 $N$ 有关，因此，$R_b$ 也与 $N$ 有关。

信息传输速率与码元传输速率具有不同的定义，二者不能混淆，但它们之间又有确定的关系。当传输的码元等概时，对于二进制来说，二者关系可表示为

$$R_{b2} = R_{B2} \qquad (1-7)$$

因此，二进制的信息传输速率与码元传输速率在数值上是相等的，但两者单位不同。

对于 $M$ 进制码元来说，每一码元所包含的信息量为 $\log_2 M$ 比特。因此，二者关系可表示为

$$R_{bM} = R_{BM} \log_2 M \qquad (1-8)$$

当传输的码元非等概时，二者关系可表示为

$$R_b = R_B H(x) \qquad (1-9)$$

通过上述分析可知，在码元速率相同的情况下，$M$ 进制的信息速率比二进制高；在信息速率相同的情况下，$M$ 进制的码元速率比二进制低。因此，从传输有效性方面考虑，多进制比二进制好。

【例1-2】 用二进制信号传送信息，已知在 4min 内共传送了 36000 个码元，

（1）其码元速率和信息速率各为多少？

（2）如果码元宽度不变（即码元速率不变），但改用八进制信号传送信息，则其码元速率为多少？信息速率又为多少？

**解**：（1）依题意，4min 为 240s，则根据定义有

$$R_{B2} = 36000/240 \text{B} = 150 \text{B}$$

$$R_{b2} = R_{B2} = 150 \text{bit/s}$$

（2）若改为 8 进制，则

$$R_{B8} = 36000/240 \text{B} = 150 \text{B}$$

而信息速率 $R_{b8}$ 根据式（1-8）可得

$$R_{b8} = R_{B8} \log_2 8 = 150 \times 3 = 450 \text{bit/s}$$

3. 频带利用率

频带利用率指通信系统在单位频带内所能达到的码元传输速率或信息传输速率，用 $\eta_B$ 或 $\eta_b$ 表示，单位为 B/Hz 或 bit/（s·Hz）。它反映了系统对频带资源的利用水平，其定义式为

$$\eta_B = \frac{R_B}{\text{系统带宽}} \text{（Baud/Hz）} \qquad (1-10)$$

$$\eta_b = \frac{R_b}{\text{系统带宽}} \text{（bit/s·Hz）} \qquad (1-11)$$

在频带宽度相同的条件下，信息传输速率越大，其频带利用率就越高。

### 1.3.3 可靠性指标

可靠性是指接收信息的准确程度，在数字通信系统中，一般用差错率来衡量，具体指标有误码率和误信率。

### 1. 误码率

误码率是指在传输过程中接收到的错误码元数与传输的总码元数之比，通常用 $P_e$ 来表示。

$$P_e = \lim_{N \to \infty} \frac{\text{接收错误码元数 } n}{\text{传输总码元数 } N} \tag{1-12}$$

误码率是多次统计结果的平均量，所以指的是平均误码率。

### 2. 误信率

误信率又称为误比特率，是指在传输过程中接收到的错误比特数与传输的总比特数之比，通常用 $P_b$ 来表示。

$$P_b = \frac{\text{接收错误比特数}}{\text{传输总比特数}} \tag{1-13}$$

对于二进制系统而言，$P_b = P_e$；对于多进制系统而言，$P_b < P_e$。因此，从传输可靠性考虑，二进制比多进制好。

**【例1-3】** 已知某八进制数字通信系统的信息速率为 3000bit/s，收端在 10min 内共测得出现了 18 个错误码元，试求系统的误码率。

**解：** 依题意，10min 为 600s，则根据已知条件有

$$R_{b8} = 3000\text{bit/s}$$

$$R_{B8} = R_{b8}/\log_2 8 = 3000/3\text{B} = 1000\text{B}$$

由式(1-12) 可得系统的误码率为

$$P_e = \frac{18}{1000 \times 10 \times 60} = 3 \times 10^{-5}$$

## 1.4　通信信道

### 1.4.1　信道分类和模型

任何一个通信系统均可视为由发送端、信道和接收端组成。因此，信道是通信系统必不可少的组成部分，信道特性的好坏直接影响到系统的总特性。

### 1. 信道的分类

信号的传输通道称为信道。按传输媒质特性可分为有线信道和无线信道两类。有线信道包括明线、对称电缆、同轴电缆及光缆等，图 1-7 所示为几种典型的传输媒质；无线信道有地波传播、短波电离层反射、超短波或微波视距中继、人造卫星中继以及各种散射信道等。

如果把信道的范围扩大，除了传输媒质外，它还包括有关的部件和电路，如发送设备、接收设备、馈线与天线、调制器和解调器等，我们称这种扩大的信道为广义信道，而把只包括传输媒质的信道称为狭义信道。

广义信道可分为调制信道与编码信道，其定义如图 1-8 所示。从研究调制和解调的角度

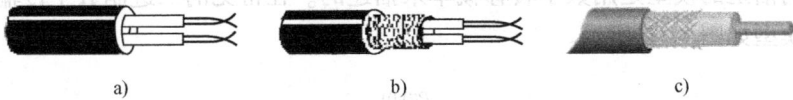

图 1-7　典型的传输媒质

a）非屏蔽型双绞线（UTP）　　b）屏蔽型双绞线（STP）　　c）同轴电缆

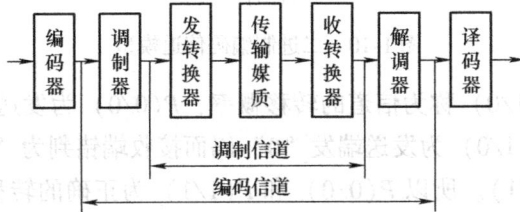

图 1-8　调制信道与编码信道

定义，把发送端调制器输出和接收端解调器输入之间所有的部件和传输媒质组成的信道称为调制信道。调制信道又可分为恒参信道和随参信道。恒参信道中传输特性恒定不变或变化缓慢，随参信道中传输特性随时间不断变化。在模拟通信系统中主要研究调制和解调的基本原理，其传输信道可以用调制信道来定义，也称为连续信道。

编码信道是针对数字通信系统而定义的另一种广义信道。从编译码的角度定义，把发送端编码器输出到接收端译码器输入之间所有的部件和传输媒质组成的信道称为编码信道，也称为离散信道。编码信道又可分为无记忆编码信道和有记忆编码信道。

### 2. 调制信道的模型

为了分析信道的一般特性及其对信号传输的影响，就要对信道建立模型。在调制信道中其模型可以用一个二对端的线性时变网络来等效，其模型如图 1-9 所示。

设信道的输入已调信号为 $e_i(t)$，输出信号为 $e_o(t)$，它们之间的关系为

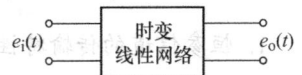

图 1-9　调制信道模型

$$e_o(t) = k(t)e_i(t) + n(t) \qquad (1\text{-}14)$$

式中，$n(t)$ 为加性噪声（或加性干扰），它与 $e_i(t)$ 不发生依赖关系。

$k(t)$ 称为乘性干扰，其依赖于信道的特性，对输入信号 $e_i(t)$ 影响较大，会引起信号的畸变，如线性失真、非线性失真、时间延迟以及衰减等。根据 $k(t)$ 随时间变化的特性，可将调制信道分为恒参信道和随参信道。恒参信道是指 $k(t)$ 不随时间变化或变化极为缓慢，如有线信道通常可以看成恒参信道；随参信道是指 $k(t)$ 随时间 $t$ 随机变化，如移动无线信道为随参信道。通过对 $n(t)$ 和 $k(t)$ 两种干扰的研究，就可以确定信道对信号的影响。

### 3. 编码信道的模型

编码信道包括调制信道及调制器、解调器在内的信道，它属于数字信道。编码信道对所传输的数字信号影响最终表现在数字序列的变化上，即数字信道使其输出的数字信号与编码器输出的数字序列不一致，这时译码器译出的数字信号就会以某种概率发生差错，引起误

码。所以编码信道的模型是用数字转移概率来描述的。在常见的二进制数字传输系统中，其编码信道的模型如图 1-10 所示。

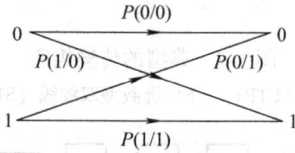

图 1-10　二进制编码信道模型

其中 $P(0/0)$ 及 $P(1/0)$ 称为信道的转移概率，$P(0/0)$ 为发送端发"0"码而接收端判为"0"码的概率，$P(1/0)$ 为发送端发"0"码而接收端错判为"1"码的概率，同理可以定义 $P(1/1)$ 及 $P(0/1)$。所以 $P(0/0)$ 和 $P(1/1)$ 为正确的转移概率，而 $P(1/0)$ 和 $P(0/1)$ 为错误的转移概率。由概率论可知

$$P(0/0) + P(1/0) = 1 \tag{1-15}$$
$$P(1/1) + P(0/1) = 1 \tag{1-16}$$

转移概率完全由编码信道的特性所决定，一个特定的编码信道就有其相应确定的转移概率关系。

在编码信道中，若数字信号的差错是独立的，也就是数字信号的前一个码元差错对后面的码元无影响，则称此信道为无记忆信道。如果前一个码元差错影响到后面的码元，则这种信道为有记忆信道。后面章节中介绍的数字调制器和扩频调制器都可认为是无记忆信道。

## 1.4.2　信道的传输特性

在上节中讲到，从广义信道来看，调制信道可以分为恒参信道和随参信道两大类。恒参信道的主要传输特性通常可以用其振幅—频率特性和相位—频率特性来描述。而随参信道则主要具有对信号的传输衰减随时间而变化、信号传输的时延随时间而变化、多径传播 3 个特性。

### 1. 恒参信道的传输特性

在信道类型中，各种有线信道和部分无线信道，如卫星信道和微波信道等，都可以看作恒参信道。恒参信道的传输特性不随时间变化或变化极为缓慢，因而可等效为一个非时变的线性网络。

（1）振幅—频率特性

振幅—频率特性简称幅频特性。信号无失真传输要求其幅频特性与频率无关，即理想的幅频特性曲线是一条水平直线，如图 1-11 所示。

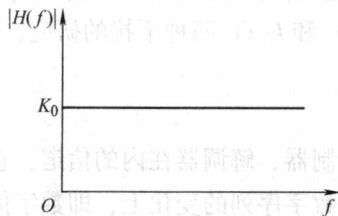

图 1-11　理想信道幅频特性

由于实际信道中可能存在各种滤波器、混合线圈、串联电容和分路电感等元器件，往往信道的振幅—频率特性是不理想的，则信号会发生失真，称之为频率失真。

信号的频率失真会使信号的波形产生振幅—频率畸变。在传输数字信号时，波形畸变可引起相邻码元波形之间发生部分重叠，造成码间串扰。由于这种失真是一种线性失真，所以它可以用一个线性网络采用均衡技术进行补偿。若此线性网络的幅频特性与信道的幅频特性之和，在信号的频谱占用的频带内，为一条水平直线，则此均衡补偿网络就能够完全抵消信道产生的振幅—频率失真。

以有线电话的音频信道为例，图 1-12 为一典型的音频电话信道衰耗—频率特性曲线，其低频截止频率约从 300Hz 开始，300Hz 以下每倍频程衰耗下降 15～25dB；在 300～1100Hz 范围内衰耗比较平坦；在 1100～2900Hz 范围内衰耗是线性上升；在 2900Hz 以上衰耗增加很快，每倍频程增加 80～90dB。

图 1-12 说明音频电话信道衰耗—频率特性是由电话信道的振幅—频率特性不理想引起的，从而产生振幅—频率畸变。

（2）相位—频率特性

相位—频率特性简称相频特性。理想的相频特性是一条通过原点的直线，如图 1-13 所示。

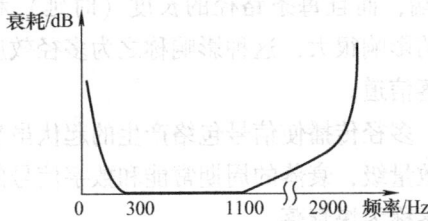

图 1-12 音频电话信道衰耗—频率特性

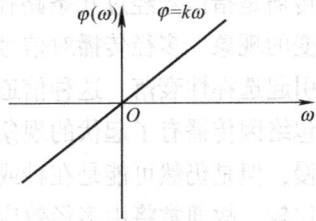

图 1-13 理想的相频特性

或者其传输群时延与频率无关，等于常数，此时，信号的不同频率将有相同的时延，如图 1-14 所示。所谓群时延—频率特性是指相位—频率特性的导数，即

$$\tau(\omega) = \frac{\mathrm{d}\varphi(\omega)}{\mathrm{d}\omega} \tag{1-17}$$

通常用群时延和频率的关系表示相位—频率特性。图 1-15 所示为某一典型实际电话信道群时延—频率特性曲线。

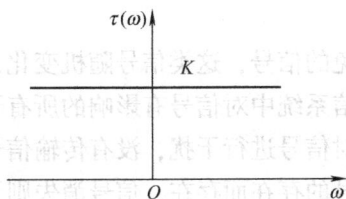

图 1-14 理想的群时延—频率特性

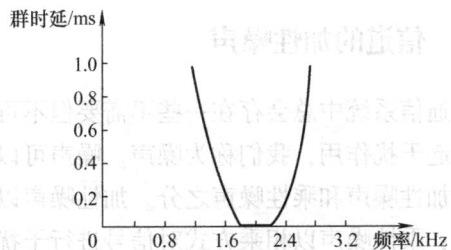

图 1-15 实际电话信道群时延—频率特性

信道相位特性的不理想将使信号产生相位失真。在模拟语音信道中，相位失真对通话的影响不大，因为人耳对于声音波形的相位失真不敏感。但是，相位失真对于数字信号的传输则影响很大，因为它会引起码间串扰，使误码率增大。相位失真也是一种线性失真，所以也可以用一个线性网络进行补偿。

2. 随参信道的传输特性

随参信道一般是无线信道，例如，依靠天波传播和地波传播的无线电信道，某些视距传输信道和各种散射信道。随参信道的传输特性是"时变"的。

例如，在用天波传播时，电离层的高度和离子浓度随时间、季节和年份而在不断变化，使信道特性随之变化；在用对流层散射传播时，大气层随气候和天气在变化着，也使信道特性变化。此外，在移动通信中，由于移动台在运动，收发两点间的传输路径也在变化，使得信道参量在不断变化。

（1）随参信道的共同特性

1）信号的传输衰减随时间而变。

2）信号的传输时延随时间而变。

3）存在多径传播现象。

多径传播是指信号经过几条路径到达接收端，而且每条路径的长度（时延）和衰减都随时间而变的现象。多径传播对信号传输质量的影响很大，这种影响称之为多径效应。由于多径传播引起选择性衰落，这种信道又称为衰落信道。

信号包络因传播有了起伏的现象称为衰落。多径传播使信号包络产生的起伏虽然比信号的周期缓慢，但是仍然可能是在秒或秒以下的数量级，衰落的周期常能和数字信号的一个码元周期相比较，故通常将由多径效应引起的衰落称为快衰落。

即使没有多径效应，仅有一条无线电路径传播时，由于路径上季节、日夜、天气等的变化，也会使信号产生衰落现象。这种衰落的起伏周期可能较长，甚至以若干天或若干小时计，故称这种衰落为慢衰落。

（2）随参信道特性的改善

1）最基本的抗衰落措施是分集接收技术。分集接收就是分散接收，集中汇总输出。

2）针对由多径延迟造成的符号间干扰使传输受损的情况，采用展宽符号宽度的方法克服多径延迟的影响。

3）采用频谱扩展技术，以带宽来换取可靠性。

## 1.4.3 信道的加性噪声

在通信系统中总会存在一些不需要但不可能完全避免的信号，这类信号随机变化，对正常通信起干扰作用，我们称为噪声。噪声可以理解为通信系统中对信号有影响的所有干扰集合，有加性噪声和乘性噪声之分。加性噪声以相加方式对信号进行干扰，没有传输信号时依然存在；乘性噪声以相乘方式对信号进行干扰，伴随信号的存在而存在，信号消失则干扰消失。噪声对信号的干扰体现为模拟信号失真、数字信号发生误码，并限制信号的传输速率。因此，噪声的大小最终决定通信系统的性能。

1. 噪声的类型

（1）按来源分类

噪声有各种来源，包括外部噪声和内部噪声。

1）外部噪声。外部噪声由信道引入，又可分为自然噪声和人为噪声。

自然噪声：自然噪声是自然界存在的各种电磁波源，包括宇宙噪声、大气噪声等。

宇宙噪声：是指来自宇宙空间各种天体的电磁辐射。太阳就是一个强大的、具有很宽频谱的辐射源。例如，在接收卫星信号时，太阳噪声就是严重的噪声问题。

大气噪声：是指大气中各种电扰动所产生的干扰，例如，打雷时收音机会发出较大的"喀拉"声，即为雷电引起的干扰造成的噪声。

人为噪声：人为噪声由人类活动产生，主要来自各种电台干扰和工业干扰等。这类噪声可以通过采取一些措施加以消除或减小，如采用适当的屏蔽、滤波措施等。

电台干扰：是指接收机在接收某一电台信号时能接收到其他电台所发出的信号。这类噪声的频率范围很宽广，从甚低频到特高频都可能有这种干扰存在，并且这种干扰的强度有时会很大。但它有个特点就是其干扰频率是固定的，因此可以预先防止。

工业噪声：主要来源于各种电气设备。例如，在收听广播时，如果开启电灯开关，便可听到扬声器发出"喀拉"声。又如，当收看电视节目时，附近有人使用电钻，荧光屏上便会出现雪花。这类干扰来源分布很广泛，尤其是在现代社会里，越来越多的各种电气设备成为新的干扰源。

2）内部噪声。内部噪声是通信系统设备内部产生的各种噪声，如热噪声、散弹噪声等。

热噪声：是指由电子元器件的电子热运动所产生的一种噪声，包括电阻、导线等。电阻两端所产生热噪声电压的方均根值为

$$V_N = \sqrt{4kTBR} \tag{1-18}$$

式中，$B$ 为以 Hz 为单位的噪声功率带宽；$k$ 为玻耳兹曼常数，$k = 1.38 \times 10^{-23} J/K$；$T$ 为以 K 为单位的热力学温度；$R$ 为以 $\Omega$ 为单位的电阻。

散弹噪声：是由电子器件中电流的离散性质所引起的。散弹噪声通常用电流源表示，真空电子管和结型二极管的噪声电流都可用下面式子表示。

$$I_N = \sqrt{2qI_0 B} \tag{1-19}$$

式中，$q = 1.6 \times 10^{-19}$ 库仑；$I_0$ 为直流偏置电流；$B$ 为噪声带宽。

（2）按性质分类

按照性质分类，噪声可分为窄带噪声、脉冲噪声和起伏噪声。

窄带噪声：是占有频率很窄的连续噪声，只存在于特定频率、特定时间和特定地点，如其他电台信号，所以它的影响是有限的、可以测量、防止。

脉冲噪声：是突发性地产生幅度很大、持续时间短、间隔时间很长的干扰，如闪电、电火花等，其特点是突发性、持续时间短、出现频率低、所占频谱宽但随频率升高能量降低。因其不是普遍地、持续地存在，故对语音通信的影响较小，但对数字通信可能有较大影响。

起伏噪声：是以热噪声、散弹噪声和宇宙噪声为代表的噪声，其特点是无论在时域还是频域内它们都是普遍存在和不可避免的，是影响通信质量的主要因素之一。

## 2. 通信中常见的几种噪声

### (1) 白噪声

由于在一般通信系统的工作频率范围内热噪声是普遍存在的，其频谱是均匀分布的，就好像白光的频谱在可见光的频谱范围内均匀分布那样，所以热噪声常被称为"白噪声"。

所谓白噪声是指它的功率密度函数 $P(\omega)$ 在整个频率域（$-\infty < \omega < +\infty$）内都是常数，即服从均匀分布，如图 1-16 所示。凡是不符合上述条件的噪声就称为有色噪声。实际上，完全理想的白噪声是不存在的，通常主要噪声功率谱密度函数均匀分布的频率范围超过通信系统工作频率范围很多时，就可近似认为是白噪声。例如，热噪声的频率可至 $10^{13}$ Hz，且功率谱密度函数在 $0 \sim 10^{13}$ Hz 内基本均匀分布，因此可将它看作白噪声。理想白噪声的双边功率密度可以表示为

$$P_n(\omega) = \frac{n_0}{2} \quad (-\infty < \omega < +\infty) \tag{1-20}$$

式中，$n_0$ 为单边功率谱密度，单位为瓦/赫（W/Hz）。

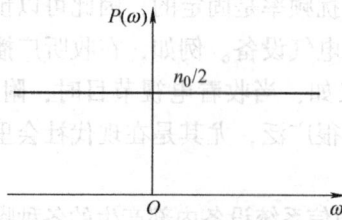

图 1-16　白噪声的功率谱密度

### (2) 高斯噪声

在实际通信系统中，另一种常见的噪声是高斯噪声。所谓高斯噪声是指它的概率密度函数服从高斯分布（即正态分布）的一类噪声，可用数学式表示如下：

$$P(x) = \frac{1}{\sqrt{2\pi}\sigma} \exp\left[-\frac{(x-\alpha)^2}{2\sigma^2}\right] \tag{1-21}$$

式中，$\alpha$ 为噪声的数学期望值，即均值；$\sigma^2$ 为噪声方差；$\exp(x)$ 是以 e 为底的指数函数。

高斯过程在通信领域中有着极为重要的意义。因为根据概率论的中心极限定理，大量相互独立的、均匀的微小随机变量的总和趋于服从高斯分布，对于随机过程也是如此。前面所讲到的作为通信系统内主要噪声来源的散弹噪声，可以看成是无数独立的微小电流脉冲的叠加，所以它是服从高斯分布的，因而是高斯过程，通常就把其叫作高斯噪声。

### (3) 高斯白噪声

高斯噪声和白噪声是从不同角度来定义的：白噪声是就其功率密度为均匀分布而言的，而不论它服从什么样的概率分布；高斯噪声则是指它的统计特性服从高斯分布，并不涉及其功率谱密度的形状。一般地，把既服从高斯分布而功率谱密度又是均匀分布的噪声称为高斯白噪声。这种噪声经常叠加于信号上，也称为加性高斯白噪声（AWGN）。

在通信系统理论分析中，特别是在分析计算通信系统的抗噪声性能时，经常假定系统信道中的噪声为高斯白噪声。其原因：①高斯白噪声可用具体表达式表示，便于分析

22

计算；②高斯白噪声确实能反映具体信道中的噪声情况，比较真实地代表了信道噪声的特性。

**（4）窄带高斯噪声**

在实际的通信系统中，许多电路都可以等效为一个窄带网络。窄带网络的带宽 $B$ 远远小于其中心频率 $\omega_0$。当高斯白噪声通过窄带网络时，其输出噪声只能集中在中心频率 $\omega_0$ 附近的带宽 $B$ 之内，称这种噪声为窄带高斯噪声。

**3. 信噪比**

决定传输系统性能的一个重要参数是信噪比，它是衡量一个信号质量优劣的标准，通常用 $S/N$ 来表示，是现有的信号功率与噪声功率的比值。信噪比常用分贝来描述，即

$$\left(\frac{S}{N}\right)\text{dB} = 10\,\log_{10}\frac{信号功率}{噪声功率} \tag{1-22}$$

## 1.4.4 信道容量的计算

信道容量是指在单位时间内信道上所能传输的最大平均信息速率。信道有连续信道和离散信道之分，所以信道容量的描述方法也不同。

**1. 连续信道容量的计算**

对于连续信道，若 $B$ 为信道带宽，在加性高斯白噪声的干扰下，根据式（1-23）香农公式，其信道容量为

$$C = B\,\log_2\left(1 + \frac{S}{N}\right) \tag{1-23}$$

式中，$S$ 为信号的平均功率，$N$ 为噪声的平均功率，$S/N$ 为信噪比，通常把信噪比表示成 $10\lg(S/N)$ 分贝（dB）。$C$ 为信道容量，即信道能达到的最大传输能力。由香农公式可以得出以下结论：

1）任何一个信道，都有信道容量 $C$。若信息速率 $R_\text{b} \leqslant C$，理论上存在一种方法，能以任意小的差错概率通过信道传输；若 $R_\text{b} > C$，在理论上无差错传输是不可能的。

2）对于给定的 $C$，可以用不同的带宽和信噪比的组合来传输。若减小带宽，则必须发送较大的功率，即增大信噪比 $S/N$；若有较大的传输带宽，则可用较小的信号功率，即较小的 $S/N$ 来传输。这表明宽带系统表现出较好的抗干扰性。因此，当 $S/N$ 太小时，即不能保证通信质量时，可采用宽带系统，以改善通信质量，这就是带宽换功率的措施。

3）增加带宽并不能无限制地增大信道容量。当信号带宽 $B\to\infty$ 时，因 $N = n_0 B$，$C\to 1.44(S/n_0)$（信道噪声为高斯白噪声，$n_0$ 为单边噪声功率谱密度）。可见，即使信道带宽无限增大，信道容量仍然是有限的。

4）由于信息速率 $C = I/T$，$I$ 为信息量，$T$ 为传输时间，代入式（1-23）得

$$I = TB\,\log_2(1 + S/N) \tag{1-24}$$

可见，当 $S/N$ 一定时，给定的信息量可以用不同的带宽和时间的组合来传输。

**【例1-4】**　电话信道的带宽为3kHz，信噪比为30dB，试计算其信道容量。

**解**：因为$10\lg(S/N) = 30$dB，则$(S/N) = 1000$，根据香农公式得信道容量为

$$C = B\log_2(1 + S/N) = [3000 \times \log_2(1 + 1000)]\text{bit/s} = 29.9 \times 10^3 \text{bit/s}$$

### 2. 离散信道容量的计算

离散信道是传输离散消息的信道，其信道容量有两种不同的度量单位：一种是用每个符号能够传输的平均信息量最大值表示信道容量；另一种使用单位时间内能够传输的平均信息量最大值表示信道容量。这两种表示方法在实质上是一样的，可以根据需要选用，还可以互相转换。

按照奈奎斯特准则，一个基带传输系统若带宽为$B$，则所能传送信号的最高码元速率为$2B$。因此，一个离散的、无噪声数字信道的信道容量$C$可表示为

$$C = 2B\log_2 M \tag{1-25}$$

式中，$M$为码元符号所能取的离散值个数，即$M$进制。

实际信道都是存在噪声的，当噪声存在时，传送将出现差错，从而造成信息的损失和信道容量的降低。其信道容量可定义为

$$C = \max_{p(x)}[H(x) - H(x/y)] \tag{1-26}$$

或

$$C = \max_{p(x)}\{r[H(x) - H(x/y)]\} \tag{1-27}$$

式中，$H(x)$是信源熵，表示发送符号的信息量；$H(x/y)$表示传输错误率引起的损失；$P(x)$表示信源发送符号的概率；$r$表示单位时间内信道传输的符号数。

**【例1-5】**　设信道带宽为3kHz，采用四进制传输，计算无噪声时信道容量。

**解**：因为$B = 3$kHz，$M = 4$，则信道容量为

$$C = 2B\log_2 M = 2 \times 3000 \times \log_2 4 \text{bit/s} = 1.2 \times 10^4 \text{bit/s}$$

## 1.5　实训　SystemView 软件使用

美国 ELANIX 公司于 1995 年开始推出 SystemView 软件工具，其是在 Windows 环境下运行的用于系统仿真分析的软件工具，它为用户提供了一个完整的动态系统设计、仿真与分析的可视化系统软件环境，能进行模拟、数字、数模混合系统、线性和非线性系统的分析设计，可对线性系统进行拉氏变换和 $Z$ 变换分析。

### 1. SystemView 的基本特点

SystemView 基本属于一个系统级工具平台，可进行包括数字信号处理（DSP）系统、模拟与数字通信系统、信号处理系统和控制系统的仿真，并配置了大量图符块（Token）库，用户很容易构造出所需要的仿真系统，只要调出有关图符块并设置好参数，完成图符块间的连线后，运行仿真操作，最终以时域波形、眼图、功率谱、星座图和各类曲线形式给出系统的仿真分析结果。SystemView 库资源十分丰富，主要包括：含有若干图符库的主库（Main-Library）、通信库（Communications Library）、信号处理库（DSP Library）、逻辑库（LogicLibrary)、射频/模拟库（RF Analog Library）、Matlab 连接库（M-Link Library）和用户代码库（Costum Library）。

**2. SystemView 系统视窗**

（1）主菜单功能

进入 SystemView 后，系统视窗如图 1-17 所示。

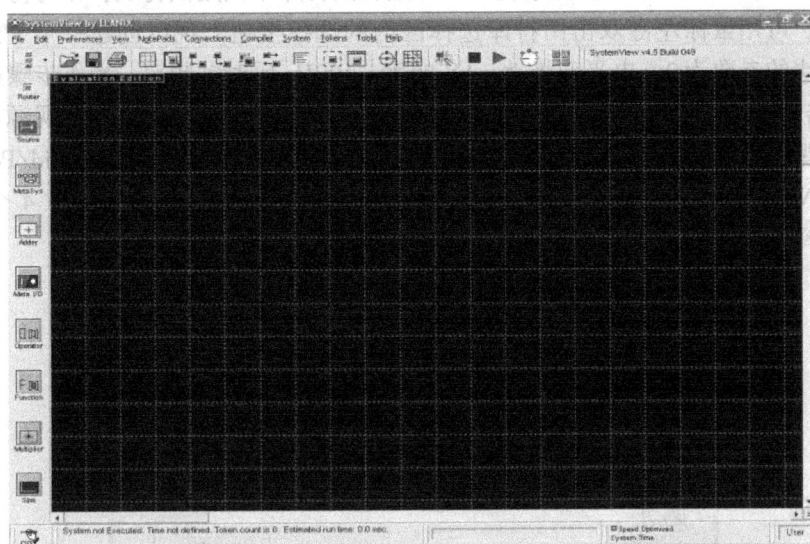

图 1-17　系统视窗

系统视窗最上边一行为主菜单栏，包括：文件（File）、编辑（Edit）、参数优选（Preferences）、视窗观察（View）、便签（NotePads）、连接（Connections）、编译器（Compiler）、系统（System）、图符块（Tokens）、工具（Tool）和帮助（Help）等 11 项功能菜单。

（2）快捷功能按钮

- 📂：打开系统　💾：保存系统　🖨：打印系统　⊞：清除
- ⊾：布放连线　⊡：删图符块　⊾：切断连线　⊡：复制图
- ⇄：图符翻转　☰：便签注释　⊡：建子系统　⊡：进子系统
- ⊖：根轨迹　⊞：波特图　✳：重绘系统　■：终止运行
- ▶：系统运行　⏱：系统定时　⊞：分析窗口

（3）图符库选择按钮

系统视窗左侧竖排为图符库选择区。图符块（Token）是构造系统的基本单元模板，相当于系统组成框图中的一个子框图，用户在屏幕上所能看到的仅仅是代表某一个数学模型的图形标志（图符块），图符块的传递特性由该图符块所具有的仿真数学模型决定。创建一个仿真系统的基本操作时，按照需要调出相应的图符块，将图符块之间用带有传输方向的连线连接起来。这样一来，用户进行的系统输入完全是图形操作，不涉及语言编程问题，使用十分方便。进入系统后，在图符库选择区排列有以下几个图符选择按钮。

: 信源库　: 子器件库　: 加法器　: 输入/输出

: 操作库　: 函数库　: 乘法器　: 信宿库

**3. 系统窗下的库选择操作**

**（1）选择设置信源（Source）**

创建系统的首要工作就是按照系统设计方案从图符库中调用图符块，作为仿真系统的基本单元模块。可用鼠标左键双击图符库选择区内的选择按钮。现以创建一个 PN 码信源为例，该图符块的参数为 2、电平双极性、1V 幅度、100Hz 码时钟频率，操作步骤如下：

1）双击"信源库"按钮，并再次双击移出的"信源库图符块"，出现源库（Source Library）选择设置对话框，它将信源库内各个图符块进行分类，通过 Sinusoid/Periodic（正弦/周期）、Noise/PN（噪声/PN 码）、Aperiodic（非周期）和 Import（输入）4 个开关按钮进行分类选择和调用，如图 1-18 所示。

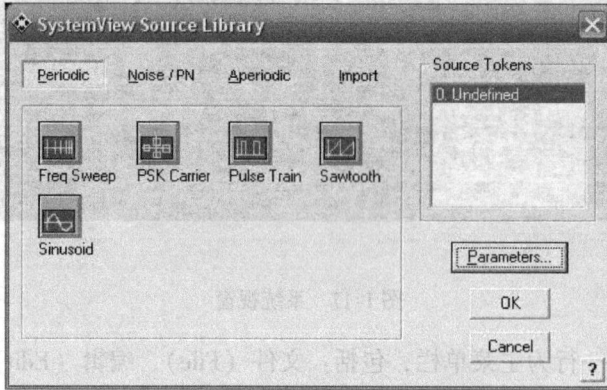

图 1-18　信源库选择设置对话框

2）单击开关按钮下边的 PN Seq 图符块表示选中，再次单击对话框中的参数按钮 Parameters，在出现的参数设置对话框中分别设置：幅度 Amplitude = 1、直流偏置 Offset = 0、电平数 Level = 2。

3）分别单击参数设置和信源库对话框的"OK"按钮，从而完成该图符块的设置。

**（2）选择设置信宿库（Sink）**

当需要对系统中各测试点或某一图符块输出进行观察时，通常应放置一个信宿（Sink）图符块，一般将其设置为"Analysis"属性。Analysis 块相当于示波器或频谱仪等仪器的作用，它是最常用的分析型图符块之一。Analysis 块的创建操作如下：

1）双击系统窗左边图符块，选择按钮区内的"信宿"图符按钮，并再次双击移出的"信宿"块，出现信宿定义（Sink Definition）对话框，如图 1-19 所示。

2）单击"Analysis"图符块选中。

3）最后，单击信宿定义对话框中的"OK"按钮完成信宿选择。

**（3）选择设置操作库（Operator Library）**

双击图符库选择区内的"操作库"图符块按钮，并再次双击移出的"操作库"图符块，出现操作库（Operator Library）选择对话框，操作库中的各类图符块可通过 6 个分类选择开

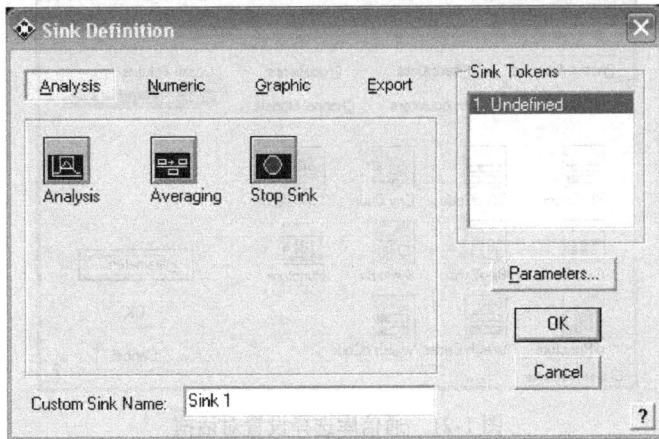

图 1-19 信宿定义对话框

关选用。库内常用图符块主要包括：滤波器/系统块（Filter/Systems）、采样/保持块（Sample/Hold）、逻辑块（Logic）、积分/微分块（Integral/Diff）、延迟块（Delay）、放大块（Gain/Scale）。设置方法同上。

（4）选择设置函数库（Function Library）

双击图符库选择区内的"函数库"图符块按钮，并再次双击移出的"函数库"图符块，出现函数库（Function Library）选择设置对话框，如图 1-20 所示，设置图符块参数的方法与前面类似。

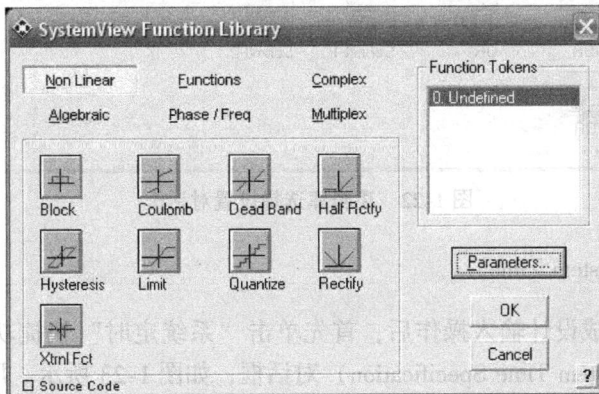

图 1-20 函数库选择设置对话框

（5）选择设置通信库（Communication Library）

在系统窗下，单击图符库选择区最上端的开关，图符库选择区内图符内容将改变，双击其中的图符按钮 Comm，再次双击移出的 Comm 图符块，出现通信库（Communication Library）选择设置对话框，如图 1-21 所示。通信库中包括通信系统中经常会涉及的 BCH、RS、Golay、Vitebi 纠错码编码/译码器、不同种类信道模型、解调器、分频器、锁相环、Costas环和误比特率 BER 分析等可调用功能图符块。

（6）选择设置逻辑库（Logic Library）

在系统窗下，双击图符库选择区内的"Logic"图符按钮，再次双击移出的"Logic"图

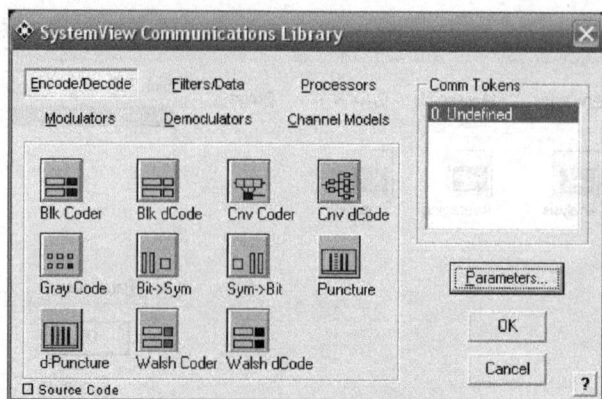

图 1-21　通信库选择设置对话框

符块，出现逻辑库（Logic Library）选择设置对话框，如图 1-22 所示。通过 6 个选择开关按钮可分门别类的选择库内各种逻辑门、触发器和其他逻辑部件。

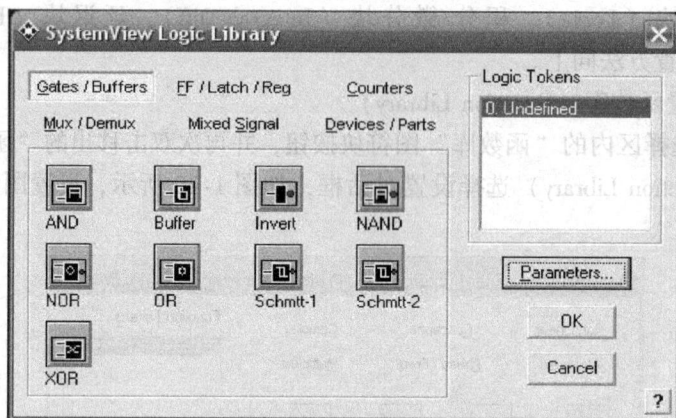

图 1-22　逻辑库选择设置对话框

4. 系统定时（System Time）

当在系统窗下完成设计输入操作后，首先单击"系统定时"快捷功能按钮，此时将出现系统定时设置（System Time Specification）对话框，如图 1-23 所示。用户需要设置几个参数框内的参数，包括以下几条。

（1）起始时间（Start Time）和终止时间（Stop Time）

SystemView 基本上对仿真运行时间没有限制，只是要求起始时间小于终止时间。一般起始时间设 0，单位是秒（s）。终止时间设置应考虑便于观察波形。

（2）采样间隔（Time Spacing）和采样数目（No. of Samples）

采样间隔和采样数目是相关的参数，它们之间的关系为：

$$采样数目 = （终止时间 - 起始时间）\times 采样率 + 1$$

SystemView 将根据这个关系自动调各参数的取值，当起始时间和终止时间给定后，一般采样数目和采样率这两个只需设置一个，改变采样数目和采样率中的任意一个参数，另一个将由系统自动调整，采样数目只能是自然数。

28

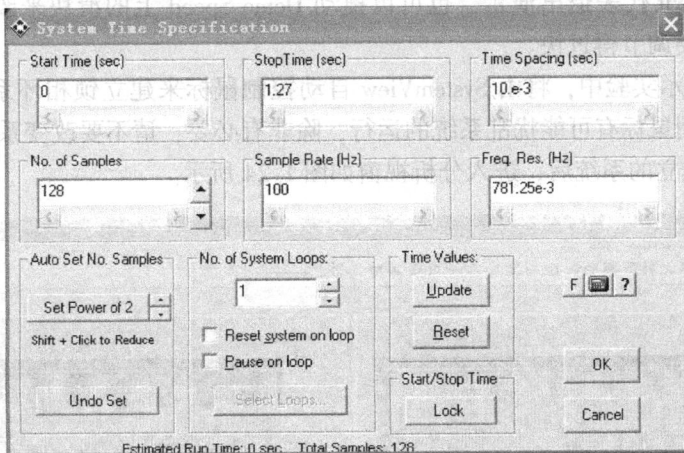

图1-23 系统定时设置对话框

（3）频率分辨率（Freq. Res.）

但利用SystemView进行FFT分析时，需根据时间序列得到频率分辨率，系统将根据下列关系是计算分辨率：频率分辨率＝采样率/采样数目。

（4）更新数值（Update Values）

当用户改变设置参数后，需单击一次"Time Values"栏内的"Update"按钮，系统将自动更新设置参数，然后单击"OK"按钮。

（5）自动标尺（Auto Scale）

系统进行FFT运算时，若用户给出的数据点数不是2的整数次幂，单击此按钮后系统将自动进行速度优化。

（6）系统循环次数（No. of System Loops）

在栏内输入循环次数，对于"Reset system on loop"项前的复选框，若不选中，每次运行的参数都将被保存，若选中，每次运行时的参数不被保存，经多次循环运算即可得到统计平均结果。应当注意的是，不论是设置或修改参数，结束操作前必须单击一次"OK"按钮，确认后关闭系统定时对话框。

5. 分析窗介绍

设置好系统定时参数后，单击"系统运行"快捷功能按钮，计算机开始运算各个数学模型间的函数关系，生成曲线待显示调用。此后，单击"分析窗口"快捷功能按钮进入分析窗（SystemView Analysis）进行操作。

为便于查看演示结果，在进入分析窗前，首先运行SystemView自带的锁相环实验，具体步骤如下：

1）进入到SystemView的主界面，在屏幕中央的工作区单击鼠标右键，在弹出菜单中选择Demo项进入到系统自带的锁相环实验中。

2）在出现的Welcome to SystemView窗口中，选择Start Demo开始演示，选择Exit退出演示。这里请按Start Demo开始演示。

3）在演示过程中，会分阶段多次出现的SystemView Demonstration窗口。其中Continue

代表继续演示，Exit 代表退出演示，也可以拖动 Demo Speed 上的滑块来改变演示的速度。建议演示速度不要调节得过快。

4）此后的演示实验中，将由 SystemView 自动控制鼠标来建立锁相环系统并进行仿真。在此过程中，使用鼠标有可能扰乱系统的运行，除非有必要，请不要改变系统原有设置。在运行 Demo 自动建立的系统后，进入分析视窗如图 1-24 所示。

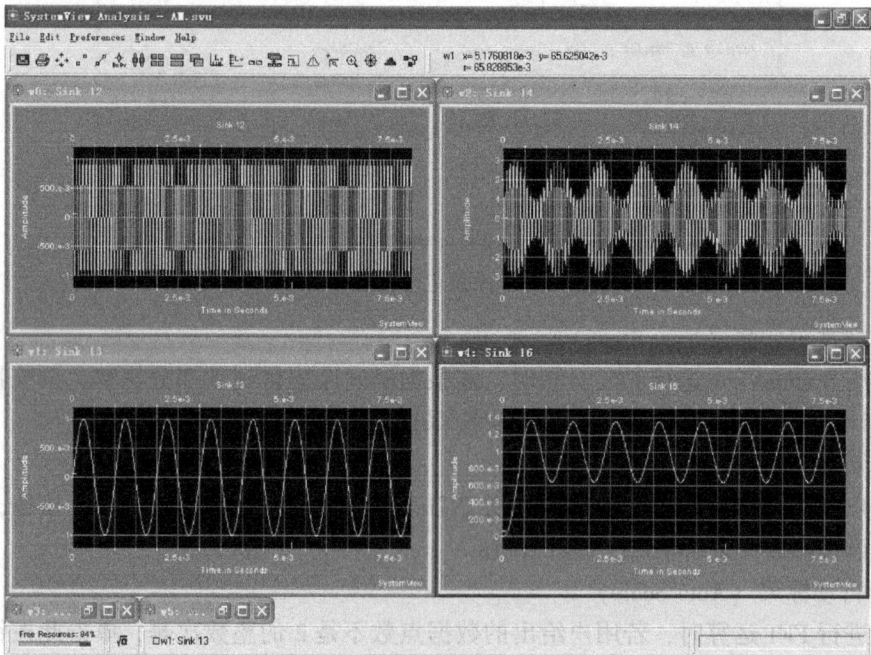

图 1-24  分析窗口界面

## 1.6  小结

1）通信是信息（或消息）的传输和交换过程。

2）通信系统可依据不同标准对其分类，按传输信息的物理特征可分为电话、电报、传真等；按信道传输信号类型可分为模拟和数字通信系统；按传输媒介物理特征可分为有线通信系统和无线通信系统；按调制方式可分为基带传输和频带传输等。

3）数字通信系统主要由信源、信源编码、信道编码、调制、信道、解调、信道解码、信源解码及信宿等部分组成。

4）数字通信具有抗干扰能力强、可消除噪声积累、差错控制、便于与各种数字终端接口连接、比模拟信号易于调制及数字通信保密性强等特点。

5）信息量是对消息出现概率的度量，消息出现的概率越小，所包含的信息量越大。

6）数字通信系统的有效性可用传输速率来衡量，其通常用码元传输速率 $R_B$、信息传输速率 $R_b$ 和频带利用率来衡量；可靠性是指接收信息的准确程度，一般用误码率和误信率来衡量。有效性和可靠性是通信系统的两个主要性能指标，两者相互矛盾又相对统一。

7）信道可分为狭义信道和广义信道两类。狭义信道是指只包括传输媒质的信道，其又分为有线信道和无线信道。广义信道是指包含传输媒质和有关转换设备，分为调制信道和编码信道。调制信道又可分为恒参信道和随参信道，编码信道又可以分为无记忆编码信道和有记忆编码信道。

8）恒参信道的传输特性通常用幅频特性和相频特性来描述；随参信道具有对信号的传输衰减随时间而变、信号的传输时延随时间而变及存在多径传播现象。

9）噪声可以理解为通信系统中对信号有影响的所有干扰集合，有加性噪声和乘性噪声之分。通信中常见的几种噪声有白噪声、高斯噪声、高斯白噪声和窄带高斯噪声等。

10）信道容量是指在单位时间内信道上所能传输的最大平均信息速率。信道有连续信道和离散信道之分，连续信道容量可以用香农公式计算。

## 1.7　习题

1. 如何衡量数字通信系统的有效性和可靠性？

2. 何谓码元传输速率？何谓信息速率？它们之间的关系如何？

3. 设由 5 个独立符号 A、B、C、D、E 组成的信息源，其相应的概率为 1/2，1/4，1/8，1/16，1/16，求每个符号所携带的信息量和信源熵分别为多少？

4. 某二进制等概率数字信号在系统中 1min 内传输 3360000 个码元，试求该系统码元速率和信息速率。如果改为十六进制数字信号，同样在系统中 1min 内传输 3360000 个码元，试求该系统码元速率和信息速率？

5. 已知某八进制数字通信系统的信息速率为 72000bit/s，收端在 30min 内共测得出现了 864 个错误码元，试求系统的误码率。

6. 恒参信道的传输特性通常从哪两方面来描述？随参信道的主要特性有哪些？

7. 信道无失真传输的条件是什么？

8. 已知某高斯信道的带宽为 4kHz，若信道中信号功率与噪声功率之比为 63，试计算其信道容量。

# 第2章　数字信号的有效传输

## 【内容简介】

本章主要介绍模拟语音信号的数字化有效传输技术。在介绍抽样定理、量化过程及编码原理的基础上，将着重讨论用来传输模拟语音信号常用的脉冲编码调制（PCM）技术及几种语音压缩编码技术，如差分脉冲编码调制（DPCM）、自适应差分脉冲编码调制（ADPCM）、增量调制（ΔM）、参量编码及子带编码（SBC）等。并简要介绍了时分复用、频分复用及正交频分复用等几种复用技术；最后对数字复接技术、准同步数字体系（PDH）及同步数字体系（SDH）也作了相应介绍。

## 【学习目标】

通过本章的学习，达到以下目标：

1）掌握 PCM 系统的组成及抽样、量化及编码的过程和作用。

2）掌握低通抽样及带通抽样定理及其应用。

3）理解均匀量化及非均匀量化的基本思想及优缺点。

4）掌握 $A$ 律 13 折线逐次反馈比较编码的方法。

5）理解几种语音压缩编码技术，如差分脉冲编码调制（DPCM）、自适应差分脉冲编码调制（ADPCM）、增量调制（ΔM）、参量编码及子带编码（SBC）等的编码原理。

6）理解频分复用、时分复用、正交频分复用及数字复接的原理及应用。

7）掌握 PDH 及 SDH 的帧结构及复接体系。

## 案例导入　VoIP 系统中的语音压缩编码技术

互联网技术给人们的生活方式带来革命性变革。互联网语音快速发展，手机客户端利用微信、QQ 等软件将语音通过互联网进行传输。多媒体业务不断增长，频率资源变得越来越宝贵，语音占用的数据量也越来越多，因此需要进行压缩编码，语音压缩编码技术的发展决定了 VoIP 系统通信的未来。

如图 2-1 所示是语音信号数字化传输系统框图。

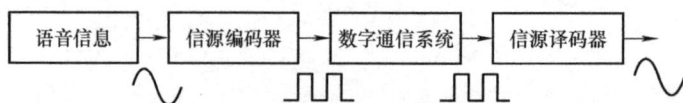

图 2-1　语音信号数字化传输系统框图

如图 2-1 所示，语音信号在数字传输时，首先在通信系统发送端采用模-数变换（A-D）技术使模拟信号变换为数字信号，即通过信源编码器进行语音压缩编码。经过数字通信系统传输后，再在接收端进行数-模变换（D-A），即通过信源译码器进行语音信号的解码，把数字信号还原为原来的模拟信号，最终实现模拟信号的数字化传输。

IP网络电话中的语音处理需要解决的一个重要问题就是在保证一定语音质量的前提下，尽可能降低编码比特率，这主要依靠信源编码器，即语音编码技术来解决。VoIP技术的核心是语音压缩编码，语音编码器主要有3种：波形编码、参数编码及混合编码。LPAS编码器是一种混合编码器，在4~16kbit/s速率上能够获得高质量的合成语音。

波形编码方式是能够真实地表现波形的编码方式。语音信号的波形编码力求使重建的语音波形保持原语音信号的波形状态。这类编码器通常是将语音信号作为一般的波形信号来处理，所以它具有适应能力强、语音质量好、抗噪和抗误码能力强等特点。但是波形编码所需的编码速率比较高，其速率一般在16~64kbit/s。波形编码技术主要有64kbit/s脉冲编码调制PCM、差分脉冲编码调制DPCM、自适应差分脉冲编码调制ADPCM和增量调制$\Delta M(DM)$。

参数编码是根据声音的形成模型，把声音变换成参数的编码方式。其基本方法是通过对语音信号特征参数的提取及编码，力求使重建语音信号具有尽可能高的可懂性，即保持原语音的语义。而重建信号的波形同原语音信号的波形可能会有相当大的差别。参数编码的最大优点是编码速率低，通常小于4.8kbit/s，有时可以低至600bit/s~2.4kbit/s。缺点是合成语音质量差，自然度较低，对讲话环境噪声较敏感，且时延大。

参数编码的典型例子就是语音信号的线性预测编码（Linear Predictive Coding，LPC），它已被公认为是目前参数编码中最有效的方法。

混合编码结合了以上两种编码方式的优点，采用线性技术构成声道模型，不只传输预测参数和清浊音信息，而且预测误差信息和预测参数同时传输，在接收端构成新的激励去激励预测参数构成的合成滤波器，使得合成滤波器输出的信号波形与原始语声信号的波形最大程度的拟合，从而获得自然度较高的语音。这种编码技术的关键是如何高效地传输预测误差信息。依据对激励信息的不同处理，其编码主要有多脉冲线性预测编码（Multipulse Excitation Linear Predictive Coding，MPLPC）、规则脉冲激励线性预测编码（Regular Pulse Excited Linear Predictive Coding，RPELPC）、码激励线性预测编码（Code Excited Linear Predictive Coding，CELPC）和低时延的码激励线性预测编码（Low Delay-Code Excited Linear Predictive Coding，LD-CELPC）。

混合编码克服了原有波形编码器与参数编码器的弱点，结合了两者的优点，其把激励模型和语音时域波形结合到一起，从而改善了合成语音的质量，在4~16kbit/s速率上能够得到高质量合成语音。

本章主要介绍模拟信号数字化的波形编码技术，如脉冲编码调制PCM和增量调制$\Delta M$等的基本原理。

## 2.1 脉冲编码调制

随着数字通信技术的发展和计算机的应用和普及，数字传输特别是PCM为代表的脉冲编码调制技术极受重视。PCM具有抗干扰能力强、失真小、传输特性稳定、远距离再生中继时噪声不积累等优点，而且可以采用有效编码、纠错编码和保密技术来提高通信系统的有效性、可靠性和保密性。因此，在数字微波通信、卫星通信和光纤通信等中获得了广泛的应用。

脉冲编码调制（Pulse Code Modulation，PCM）是实现模拟信号数字化最常用的一种方法。它的任务是把时间连续、取值连续的模拟信号转换成时间离散、取值离散的数字信号。这一数字化过程一般包含抽样、量化和编码 3 个步骤，图 2-2 所示为模拟信号数字化过程的波形示意图。

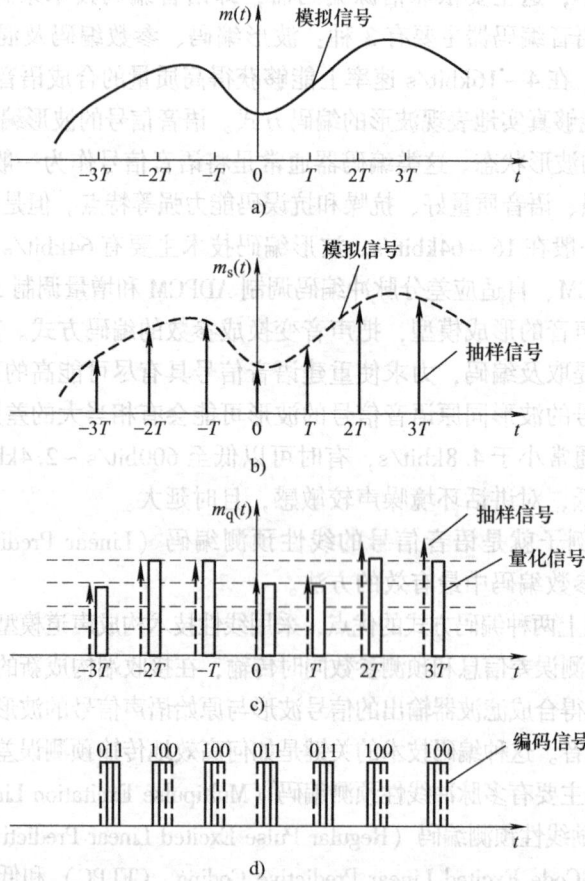

图 2-2　模拟信号数字化过程波形示意图
a）带限模拟信号波形　b）抽样信号波形　c）量化信号波形　d）编码信号波形

　　第一步是抽样，将模拟信号变为抽样信号，信号时间上离散化，但取值仍然连续，此时信号是离散模拟信号；第二步是量化，将抽样信号变为量化 PAM 信号，信号取值上离散化，此时信号已经是数字信号了，可以看成是多进制的数字脉冲信号；第三步是编码，将量化信号变为编码 PCM 信号，用一定位数的二进制码元来表示量化信号的离散取值。比如，电话信号的 PCM 码组是由 8 位码组成的，一个码组表示一个量化后的样值。

　　由于编码后的数字信号携带了原始模拟信号的信息，相当于将模拟信号的信息"调制"到了数字代码上，而代码由信号抽样得到的脉冲序列经量化编码所得，因此，称该通信方式为脉冲编码调制通信。PCM 通信系统原理框图如图 2-3 所示。模拟信号经抽样、量化、编码后变成 PCM 信号传输；由于信号在传输过程中会出现衰减和失真，在长距离传输时，必须每隔一定的距离对信号波形进行修复，再生中继使畸变信号恢复成原始的 PCM 信号；然后经过解码将 PCM 信号还原成量化 PAM 信号，PAM 信号包络与原始信号波形极为相似；最后用低通滤波器滤除谐波成分，便可恢复出原始模拟信号。

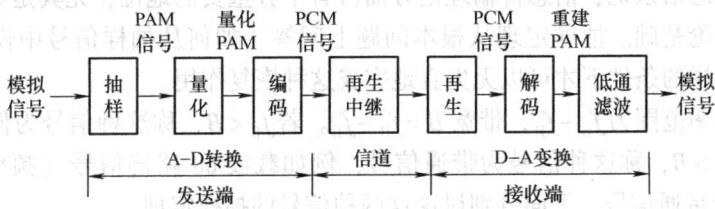

图 2-3　PCM 通信系统原理框图

## 2.2　模拟信号的抽样

### 2.2.1　抽样过程

抽样是把时间连续的模拟信号变成时间离散模拟信号的一种过程，它的任务是每隔一定的时间间隔抽取模拟信号的一个瞬间取值，称为样值。

如图 2-4 所示，将时间上连续的模拟信号 $m(t)$ 接到由电子开关构成的抽样电路 S 上，又叫抽样门。抽样门 S 的通断由抽样脉冲 $\delta_T(t)$ 控制。在抽样脉冲的控制下，抽样门 S 每隔时间 $T$（抽样脉冲周期）闭合一下，$m(t)$ 信号通过抽样门电路后就变成一样值脉冲序列 $m_s(t)$，这样就完成了模拟信号在时间上离散化的过程。

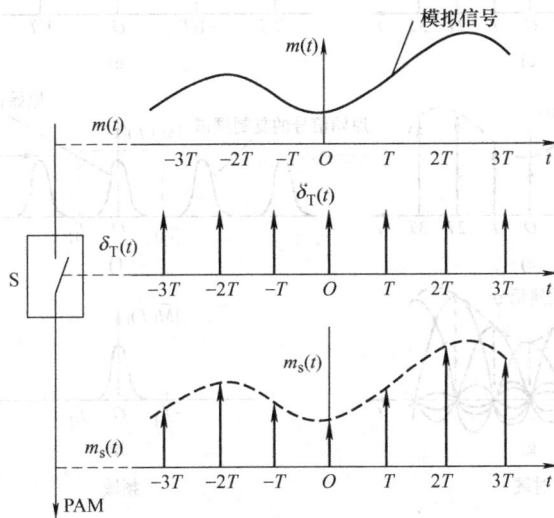

图 2-4　抽样过程示意图

抽样后得到的离散脉冲显然和原始连续模拟信号形状不一样。但是，对一个宽带有限的连续模拟信号进行抽样时，若抽样速率足够大，则这些抽样值就能够完全代替原模拟信号，并且能够由这些抽样值准确地恢复出原模拟信号波形。因此，不一定要传输模拟信号本身，可以只传输这些离散的抽样值，接收端就能够恢复出模拟信号。

实现抽样方法很简单，一般只需用相乘器即可。

即

$$m_s(t) = m(t) \times \delta_T(t)$$

抽样定理在通信系统、信息传输理论方面占有十分重要的地位，尤其是数字通信系统就以此定理作为理论基础。抽样定理从根本问题上问答了如何从抽样信号中恢复原始模拟信号，以及在什么样的条件下才可以无失真地完成这种恢复作用。

设信号的频率范围为 $f_L \sim f_H$，带宽 $B = f_H - f_L$。若 $f_L < B$，称这种信号为低通信号，例如语音信号；若 $f_L > B$，称这种信号为带通信号，例如载波 60 路群信号（频率范围为 312 ~ 552kHz）就属于带通信号。下面分别讨论这两种信号的抽样定理。

## 2.2.2 低通模拟信号的抽样定理

低通信号抽样定理：一个频带限制在（0，$f_H$）内的低通模拟信号 $m(t)$，如果抽样频率 $f_s \geqslant 2f_H$，则可由抽样信号序列 $m_s(t)$ 无失真地重建出原始信号 $m(t)$。

下面以抽样过程时域和频域对照的直观图形来理解该抽样定理，如图 2-5 所示。

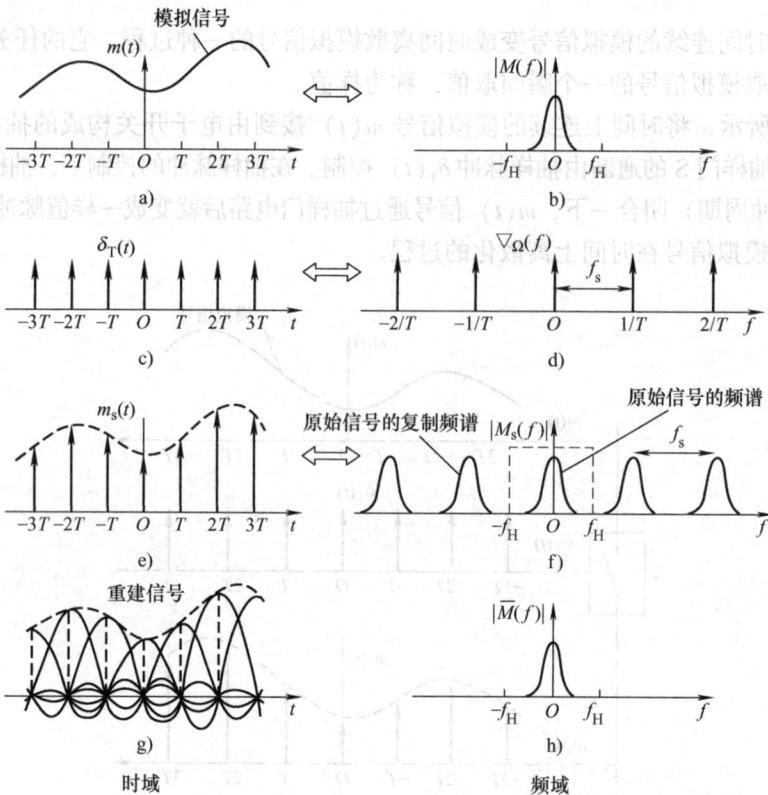

图 2-5　抽样定理全过程的波形和频谱
a)、c)、e)、g) 时域图　b)、d)、f)、h) 频域图

图 2-5a 所示为一个最高频率小于 $f_H$ 的模拟信号 $m(t)$，图 2-5b 所示为 $m(t)$ 的频谱 $M(f)$。图 2-5c 所示为一个间隔时间为 $T$ 的周期性单位冲激脉冲 $\delta_T(t)$，其表达式为

$$\delta_T(t) = \sum_{n=-\infty}^{\infty} \delta(t - nT) \tag{2-1}$$

图 2-5d 所示为 $\delta_T(t)$ 的频谱 $\nabla_\Omega(f)$，其表达式为

$$\nabla_{\Omega}(f) = \frac{1}{T} \sum_{n=-\infty}^{\infty} \delta(f - nf_{\mathrm{s}}) \qquad (2\text{-}2)$$

图 2-5e 所示为抽样信号 $m_{\mathrm{s}}(t)$，可以看成是 $m(t)$ 和 $\delta_{\mathrm{T}}(t)$ 相乘的结果，它是一系列间隔时间为 $T$ 的强度不等的冲激脉冲，其冲激的强度等于 $m(t)$ 在相应时刻的取值。故有

$$m_{\mathrm{s}}(t) = m(t) \times \delta_{\mathrm{T}}(t) = \sum_{n=-\infty}^{\infty} m(nT) \times \delta(t - nT) \qquad (2\text{-}3)$$

图 2-5f 所示为 $m_{\mathrm{s}}(t)$ 的频谱 $M_{\mathrm{s}}(f)$，根据频域卷积码定理，其表达式为

$$M_{\mathrm{s}}(f) = M(f) \nabla_{\Omega}(f) = \frac{1}{T} \Big[ M(f) \sum_{n=-\infty}^{\infty} \delta(f - nf_{\mathrm{s}}) \Big] = \frac{1}{T} \sum_{n=-\infty}^{\infty} M(f - nf_{\mathrm{s}}) \qquad (2\text{-}4)$$

式 (2-4) 表明，由于 $M(f-nf_{\mathrm{s}})$ 是信号频谱 $M(f)$ 在频率轴上平移了 $nf_{\mathrm{s}}$ 的结果，所以，抽样信号的频谱 $M_{\mathrm{s}}(f)$ 由无数间隔频率为 $f_{\mathrm{s}}$ 的原信号频谱 $M(f)$ 相叠加而成。

由图 2-5f 不难看出，只有抽样频率 $f_{\mathrm{s}} \geqslant 2f_{\mathrm{H}}$，$M_{\mathrm{s}}(f)$ 中包含的每个原信号频谱 $M(f)$ 之间就互不重叠。这样就能够从 $M_{\mathrm{s}}(f)$ 中用一个低通滤波器分离出信号 $m(t)$ 的频谱 $M(f)$。显然，抽样信号 $m_{\mathrm{s}}(t)$ 包含了信号 $m(t)$ 的全部信息，能从抽样信号中无失真地恢复出原信号。理想低通滤波器的特性在图 2-5f 中用虚线表示。从时域上看，当图 2-5e 中的抽样脉冲序列冲激此理想低通滤波器时，滤波器的输出就是一系列冲激响应之和，如图 2-5g 所示。这些冲激响应之和就构成了原信号。图 2-5h 所示为经过低通滤波器后恢复为原始信号的频谱 $M(f)$。

如果抽样频率 $f_{\mathrm{s}} < 2f_{\mathrm{H}}$，则抽样信号相邻周期的频谱间将发生频谱重叠，这样就无法用低通滤波器正确分离出原信号频谱 $M(f)$。

抽样定理告诉我们：由至少等于信号波形最高频率的两倍速率进行瞬时抽样构成的一个带限信号，这意味着对于信号的最高频率分量至少在一个周期内要取两个样值。

因此，最低抽样频率为 $2f_{\mathrm{H}}$，称为奈奎斯特（Nyquist）频率；与此相应的最大抽样时间间隔 $T_{\mathrm{s}}$ 称为奈奎斯特抽样间隔；最小速率 $\omega_{\mathrm{s}} = 2\pi/T_{\mathrm{s}}$ 称为奈奎斯特速率。

但当 $f_{\mathrm{s}} = 2f_{\mathrm{H}}$ 时，用截止频率 $f_{\mathrm{c}} = f_{\mathrm{H}}$ 的实际低通滤波器不容易分离出原模拟信号的频谱，因为实际滤波器的截止边缘不可能做到如此陡峭。所以，实用的抽样频率通常取 $f_{\mathrm{s}} > 2f_{\mathrm{H}}$，使原模拟信号和各次边带间留出空隙（保护频带）。例如，典型语音信号的频带为 300 ~ 3400Hz，则 $2f_{\mathrm{H}} = 6800$Hz，而实际抽样频率通常采用 8000Hz。此时保护频带为 1200Hz，抽样周期 $T_{\mathrm{s}} = 1/f_{\mathrm{s}} = 125\mu$s，即对语音信号每隔 $125\mu$s 抽取一个样值。接收端采用截止频率 $f_{\mathrm{c}} = 3400$Hz 的低通滤波器，就可以将样值恢复成原模拟信号，从而完成通信任务。

抽样频率的选择不能太小，小了会产生交叠失真；但也不是越大越好，太大会导致抽样后信号频谱中的基频与下一次边带的截止频率间留有很宽的保护频带，从而造成频率资源的浪费。所以，只要能满足 $f_{\mathrm{s}} > 2f_{\mathrm{H}}$，并有一定的保护频带即可。

## 2.2.3 带通模拟信号的抽样定理

由低通型抽样定理可知，只要 $f_{\mathrm{s}} > 2f_{\mathrm{H}}$，接收端就能从 PAM 信号中重建出模拟信号。但对于 $f_{\mathrm{L}}$ 较高的带通模拟信号，若仍使用 $f_{\mathrm{s}} \geqslant 2f_{\mathrm{H}}$ 的条件确定 $f_{\mathrm{s}}$，其抽样信号的频谱中会有大段的频谱空隙未被利用，造成频率资源浪费。可以证明，对带通信号进行抽样，可以使用比信号最高频率两倍还要低的抽样频率。

带通信号抽样定理：对于某一上限截止频率为 $f_H$，下限截止频率为 $f_L$，带宽为 $B = f_H - f_L < f_L$ 的带通模拟信号，所需最小抽样频率 $f_s$ 应满足

$$f_s = 2B\left(1 + \frac{m}{n}\right) \tag{2-5}$$

式（2-5）中，$m = \frac{f_H}{B} - n$，$n \leqslant \frac{f_H}{B}$ 的最大正整数。

例如，带通信号的最高频率是带宽的整数倍，即 $f_H = nB$ 时的频谱如图 2-6 所示。

从图中可以看出，当抽样信号的频率为 $f_s = 2B$，抽样后的频谱没有相互重叠。于是，可以让所得的已抽样信号通过一个理想的带通滤波器，其频带范围为 $f_L \sim f_H$，就可以重建原始信号 $m(t)$。

按照式（2-5）可画出 $f_s$ 和 $f_L$ 关系曲线如图 2-7 所示。

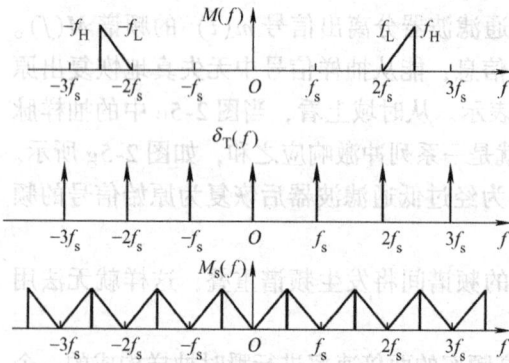

图 2-6    $f_H = nB$ 时带通信号的抽样频谱

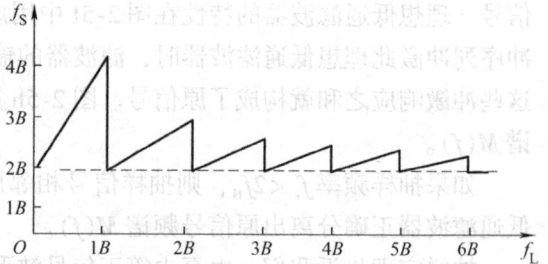

图 2-7    $f_s$ 和 $f_L$ 的关系曲线

由图 2-7 可见，当 $f_L = 0$ 时，$f_s = 2B = 2f_H$，就是低通模拟信号的抽样情况；当 $f_L$ 为 $B$ 的整数倍时，$f_s = 2B$；当 $f_L$ 很大时，$f_s$ 趋近与 $2B$。$f_L$ 很大意味着这个信号是一个窄带信号。许多无线电信号，例如，在无线电接收机的高频和中频系统中的信号，都是这种窄带信号，所以对于这种信号抽样，无论 $f_H$ 是否为 $B$ 的整数倍，在理论上，都可以近似地将 $f_s$ 取略大于 $2B$。

所以，我们从中得到一个结论：在实际中应用广泛的窄带（带宽为 $B$）高频信号，其抽样频率近似为 $2B$。

【例 2-1】    试求载波 60 路信号，其频率范围为 $312 \sim 552\text{kHz}$ 的抽样频率。

解：信号带宽为        $B = f_H - f_L = (552 - 312)\text{kHz} = 240\text{kHz} < f_L$
所以该信号为带通信号。

从 $f_s = 2B\left(1 + \dfrac{m}{n}\right)$ 和 $n \leqslant \dfrac{f_H}{B} = \dfrac{552}{240}$ 取整数 $n = 2$

得        $m = \dfrac{f_H}{B} - n = \dfrac{552}{240} - n = 2.3 - 2 = 0.3$

即        $f_s = 2B\left(1 + \dfrac{m}{n}\right) = 2 \times 240 \times \left(1 + \dfrac{0.3}{2}\right)\text{kHz} = 552\text{kHz}$

所以抽样频率大于或等于 $552\text{kHz}$。

## 2.2.4 抽样信号的保持

抽样可以看成是周期性单位脉冲和模拟信号相乘的过程。但在实际中，往往用周期性窄脉冲来代替冲激脉冲。在实际的 PCM 电话通信中，抽样脉冲宽度 $\tau$ 一般取得很小，通常为 $2\sim4\text{bit}$。这样做的原因：一是抽样脉冲宽度窄，可以减小功耗；二是可避免 $\tau$ 取得太大，造成样值脉冲顶部不平坦，导致量化标准不易确定；三是可防止路际间串音。由于上述原因的制约，造成抽样后样值信号的宽度也仅为 $2\sim4\text{bit}$，而在后续编码时需要的时间为 8bit。因此，需要将抽样后的样值宽度由 $2\sim4\text{bit}$ 保持展宽成为 8bit，以供后续的编码电路使用。保持电路通常由一个大容量电容器来实现，如图 2-8 所示。

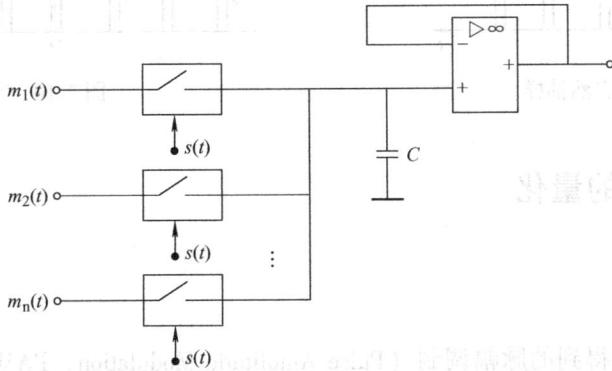

图 2-8  多路信号抽样保持系统原理图

图 2-8 所示为采用运算放大器的多路信号抽样保持系统原理图。图中的运算放大器起到电压跟随作用，它使保持电容 $C$ 的负载很轻，在保持期间使电容 $C$ 上的电压基本保持不变。为了保证时分多路通信，图 2-8 所示的各抽样门受时间上错开的抽样脉冲的控制对各语音信号进行抽样，样值脉冲宽度为 $\tau$。样值脉冲汇总后送到电容展宽电路，由于抽样门导通电阻很小，样值对电容充电很快。经时间 $\tau$ 后抽样门关断，样值保存在电容上，在一个时隙内由量化编码电路编为八位码。下一路样值到来时，与其相应的下一路抽样门打开。一方面前一路的样值通过该抽样门放电，同时下一路样值对电容 $C$ 进行充电。经时间 $\tau$ 后该抽样门断开，下一路样值被保持并编码。其余以此类推。

## 2.2.5 抽样信号的类型

前面介绍的抽样是利用理想脉冲序列 $\delta_\text{T}(t)$ 与模拟信号相乘，得到样值序列，这种抽样为理想抽样。由于实际无法得到冲激脉冲序列，所以实际抽样电路中的抽样脉冲都是具有一定的持续时间。这样，已抽样信号在脉冲持续时间内其顶部就会有某种形状。采用这种脉冲进行的抽样为自然抽样。其波形如图 2-9 所示。

自然抽样是比较容易实现的。由于要对抽样后的信号进行编码，在编码期间要求样值必须是恒定不变的。所以需要通过一个保持电路，将抽样电压保持一定时间。这种在抽样脉冲期间幅度保持不变的抽样称为平顶抽样，如图 2-10 所示。

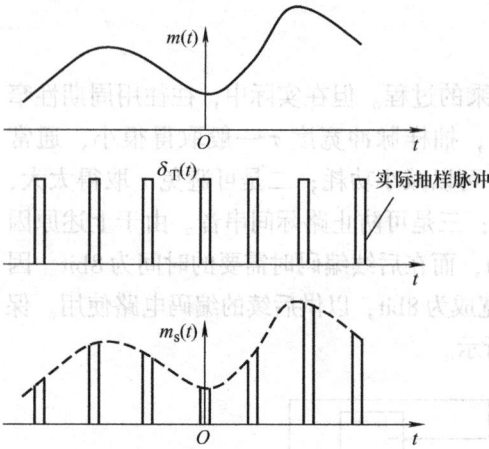

图 2-9　自然抽样

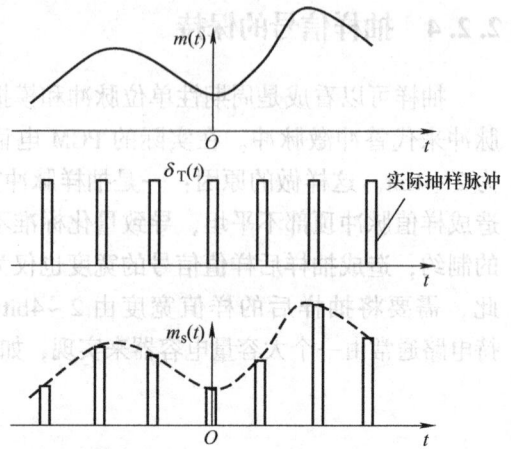

图 2-10　平顶抽样

## 2.3　抽样信号的量化

### 2.3.1　量化过程

模拟信号抽样后得到的脉幅调制（Pulse Amplitude Modulation，PAM）信号，只是在时间上实现离散化，而幅度取值仍是随原信号幅度连续变化的，因此仍然是模拟信号，不能直接用来编码。要把抽样信号变换成数字信号还需要进行幅度的离散化处理。对抽样信号幅度进行离散化处理的方法称为量化，经过量化把模拟的 PAM 信号变为数字信号，即用有限个量化值近似代替无穷多个抽样值的过程。关于量化过程中涉及的几个定义如下。

将绝大部分抽样值的取值范围定义为量化区；量化区的最大取值称为过载电压；量化区之外的部分称为过载区；量化区中划分的每个小区间称为量化区间；量化区间长度称为量化间隔；量化区间的个数称为量化级数；若抽样信号落在某个量化区间内，就用此区间的一个特殊值来代替，这个特殊值称为量化值或量化电平。下面我们将讨论模拟抽样信号的量化过程。

若我们仅用 $N$ 个二进制数字码元来代表此抽样值的大小，则 $N$ 个二进制码元只能代表 $M = 2^N$ 个不同的抽样值。因此，必须将量化区按一定规划划分成为 $M$ 个量化区间，即量化级数为 $M$，每个区间用一个量化电平表示，共有 $M$ 个量化电平。用这 $M$ 个量化电平表示连续抽样值的方法称为量化。

在图 2-11 模拟信号的抽样值 $m(kT)$ 中，$T$ 是抽样周期，$K$ 是整数。此抽样值仍然是一个取值连续的变量，即它可以有无数个可能的连续取值。$m_q(kT)$ 表示量化后的信号。图中，横坐标表示抽样时刻；纵坐标表示信号取值，$m_1$、$m_2$、…、$m_5$ 是量化区间的端点，$q_1$、$q_2$、…、$q_6$ 是量化后信号的 6 个可能输出量化电平，可以写出一般公式：

$$m_q(kT) = q_i, \quad m_{i-1} \leqslant m(kT) < m_i \tag{2-6}$$

按照式(2-6)，可以将模拟抽样信号 $m(kT)$ 变换成离散量化信号 $m_q(kT)$。例如，图中

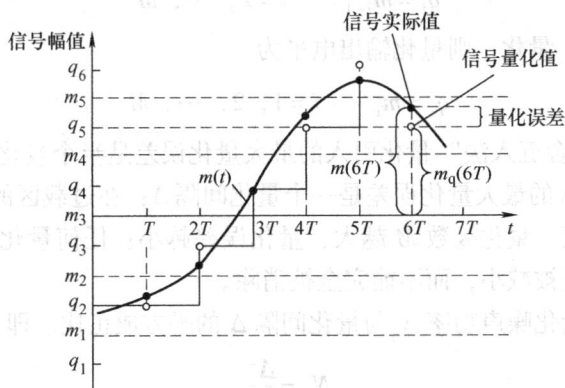

图 2-11  量化示意图

$t = 4T$ 的样值落在了量化区间（$m_4$，$m_5$）内，我们可以用 $q_5$ 这个量化值代替。若信号落在了过载区，就用一个与它最近的量化值代替。

从图中可以看出，量化后输出信号 $m_q(kT)$ 是一阶梯信号，它是用 $M$ 个电平取代抽样值 $m(kT)$ 的一种近似，这种近似就是量化原则。量化电平数 $M$ 越大，$m_q(kT)$ 就越接近 $m(kT)$。

$m(kT)$ 与 $m_q(kT)$ 之间的差异就称为量化误差 $e(t)$，即 $e(t) = m_q(kT) - m(kT)$。

根据量化原则，量化误差不超过 $\pm\Delta/2$，而量化级数 $M$ 越大，$\Delta$ 值小，量化误差就越小。量化误差一旦形成，接收端无法去掉，它与传输距离、转发次数无关，所以也称为量化噪声，在电子通信系统中表现为一些"沙沙"声。

衡量量化性能好坏常用的指标是量化信噪比（$S_q/N_q$），记为 SNR，其中 $S_q$ 表示 $m_q(kT)$ 产生的功率，$N_q$ 表示量化误差产生的功率。$S_q/N_q$ 越大，说明量化性能越好。

在量化过程中根据量化值的选取方案不同，量化可分为 3 种。若量化值取量化区间的最小值，这种量化称为"舍去法"量化；若量化值取量化区间的最大值，这种量化称为"补足法"量化；若量化值取量化区间的中间值，这种量化称为"四舍五入法"量化。

在图 2-11 中，$M$ 个量化区间是等间隔划分的，这种量化方式称为均匀量化；$M$ 个量化间隔也可以是不相等的，这种量化方式称为非均匀量化。

## 2.3.2 均匀量化

均匀量化是指量化区内的量化间隔是均匀划分的。设量化区的范围是（$a$，$b$），量化级数为 $M$，则均匀量化时的量化间隔为

$$\Delta = \frac{b-a}{M} \qquad (2\text{-}7)$$

且量化区间的端点值为 $m_i = a + i\Delta$，$i = 0, 1, 2, \cdots, M$

若采用"四舍五入法"量化，则量化输出电平为

$$q_i = \frac{m_i + m_{i-1}}{2} \qquad i = 1, 2, \cdots, M$$

若采用"舍去法"量化，则量化输出电平为

$$q_i = m_{i-1} \qquad i = 2, \cdots, M$$

若采用"补足法"量化，则量化输出电平为

$$q_i = m_i \qquad i = 1, 2, \cdots, M$$

在量化区内，"四舍五入法"量化引入的最大量化误差是半个量化间隔 $\Delta/2$；"舍去法"和"补足法"量化引入的最大量化误差是一个量化间隔 $\Delta$；在过载区的量化误差要大一些。

通过分析我们知道：量化级数 $M$ 越大，量化误差越小；任何量化方法均会产生量化误差。量化误差只能尽量被减小，而不能完全被消除。

理论分析可知，量化噪声功率 $N_q$ 与量化间隔 $\Delta$ 的平方成正比。即

$$N_q = \frac{\Delta^2}{12}$$

均匀量化时大信号和小信号的量化间隔 $\Delta$ 相等，所以无论抽样值大小，其量化噪声功率 $N_q$ 都是相同的，其信号量化信噪比 $S_q/N_q$ 就取决于输入信号的大小。这样小信号其量噪比就小，大信号其量噪比就大。而语音信号中，小信号出现的概率大，故弱信号时的信号量噪比就难以达到给定的要求，导致通信质量不理想。为提高通信质量，则必须通过增加量化级数以减小量化间隔，从而提高信号量噪比，但在编码时量化级数越多，所需的编码位数越多，这给电路实现带来困难；另外码位数多则要求传输速率高，对传输不利。

因此，均匀量化对于小信号传输是非常不利的。为了克服这个缺点，改善小信号时的信号量噪比，在实际应用中采用非均匀量化。

均匀量化常用于线性 A-D 变换接口，例如在计算机的 A-D 变换，以及在遥控遥测系统、仪表、图像信号的数字化接口等，也大量使用均匀量化器。

## 2.3.3 非均匀量化

### 1. 压扩技术

非均匀量化是根据信号的不同区间来确定量化间隔的，对小信号用较小的量化间隔，以减小噪声功率提高信噪比；对大信号用较大的量化间隔。以牺牲大信号的信噪比为代价，来提高小信号的信噪比，就能在较宽的信号动态范围内均满足对信噪比的要求，从而保证通信质量。

实际中，非均匀量化的实现可采用压缩扩张技术。压缩扩张技术就是在发送端对输入量化器的信号先进行压缩处理，在接收端进行相应的扩张处理。即采用"压大补小"的原则。

非均匀量化的过程如图 2-12 所示。将抽样后的样值信号先通过压缩器进行压缩，再送到均匀量化器进行量化，然后将量化后的信号进行编码，再经信道传送至接收端先进行解码，再采用一个扩张器就可以恢复出被压缩的样值信号。这种实现非均匀量化的技术就称为压扩技术，压缩器和扩张器合在一起称为压扩器。

压缩器的特性曲线如图 2-13a 所示，是非线性的。在输入信号较小时增益较大，在输入信号较大时增益较小，从而使信号的动态范围被压缩。图 2-13b 为扩张器的特性曲线，在小信号时增益较小，大信号时增益较大，与压缩器的特性刚好相反。压缩加均匀量化的综合效果就是实现对原样值信号的非均匀量化，压缩后信号被均匀量化后量化间隔相等，相当于压缩前小信号量化间隔小，大信号量化间隔大。

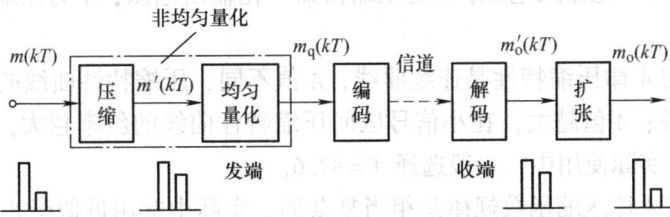

图 2-12 采用压扩技术的非均匀量化框图

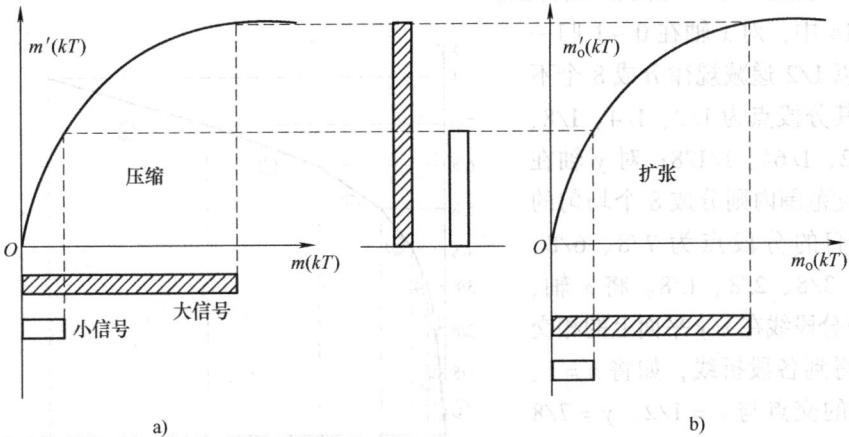

图 2-13 压扩特性
a) 压缩器的特性　b) 扩张器的特性

对于非均匀量化，曾提出许多压扩方法。目前，数字通信系统中采用两种压扩特性：一种是以 $\mu$ 作为参数的压扩特性，称为 $\mu$ 律压扩特性；一种是以 $A$ 作为参数的压扩特性，称为 $A$ 律压扩特性。美国、加拿大、日本等国家采用 $\mu$ 律压扩特性，我国和欧洲各国均采用 $A$ 律压扩特性。ITU-T 建议 G.711 规定在国际间数字系统相互连接时，要以 $A$ 律为标准。下面分别讨论这两种压扩特性。

（1）$\mu$ 律压缩特性

$\mu$ 律压缩是指符合式(2-8) 的对数压缩规律：

$$y = \frac{\ln(1 + \mu x)}{\ln(1 + \mu)} \tag{2-8}$$

式中，$x$ 为压缩器归一化输入电压，$0 \leqslant x \leqslant 1$；$y$ 为压缩器归一化输出电压，$0 \leqslant y \leqslant 1$；$\mu$ 为压缩系数，它决定压缩的程度。$\mu = 0$ 时无压缩，$\mu$ 越大压缩效果越明显，在国际标准中 $\mu = 255$。实践证明，当量化电平数为 256 时，对小信号的信噪比改善值为 33.5dB。$\mu$ 律最早是由美国提出，从整体上看，$\mu$ 律和 $A$ 律性能基本接近。

（2）$A$ 律压缩特性

$A$ 律压缩是指符合式(2-9) 的对数压缩规律：

$$\begin{cases} y = \dfrac{Ax}{1 + \ln A} & 0 \leqslant x \leqslant \dfrac{1}{A} \\[2mm] y = \dfrac{1 + \ln Ax}{1 + \ln A} & \dfrac{1}{A} \leqslant x \leqslant 1 \end{cases} \tag{2-9}$$

式中，$x$ 为压缩器归一化输入电压；$y$ 为压缩器归一化输出电压；$A$ 为压缩系数，它决定压缩的程度。

按上式得到的 $A$ 律压缩特性是连续曲线，$A$ 值不同，压缩特性曲线的形状也不同。当 $A=1$ 时，即无压缩；$A$ 值越大，在小信号区间压缩特性曲线的斜率越大，对提高小信号的量噪比越有利。在实际使用中，一般选择 $A=87.6$。

在电路中实现 $A$ 律压缩函数规律是相当复杂的，实际中常用近似于 $A$ 律函数规律的 13 折线的压扩特性。这种压扩特性基本保持了连续压扩曲线的优点，又便于用数字电路来实现。图 2-14 就是 $A$ 律 13 折线压缩特性。

图 2-14 中，对 $x$ 轴在 $0 \sim 1$ 归一化范围内以 1/2 递减规律分成 8 个不均匀段，其分段点为 1/2、1/4、1/8、1/16、1/32、1/64、1/128；对 $y$ 轴在 $0 \sim 1$ 归一化范围内则分成 8 个均匀的段落，它们的分段点为 7/8、6/8、5/8、4/8、3/8、2/8、1/8。将 $x$ 轴、$y$ 轴相对应分段线在 $x$-$y$ 平面上的相交点连线就得到各段折线，如将 $x=1$、$y=1$ 连线的交点与 $x=1/2$、$y=7/8$ 连线的交点相连接的折线为第八段折线；将 $x=1/2$、$y=7/8$ 连线的交点与 $x=1/4$、$y=6/8$ 连线的交点相连接的折线为第 7 段折线等。以此类推，这样由大到小一共可连接成 8 段折线，分别为第 8 段、第 7

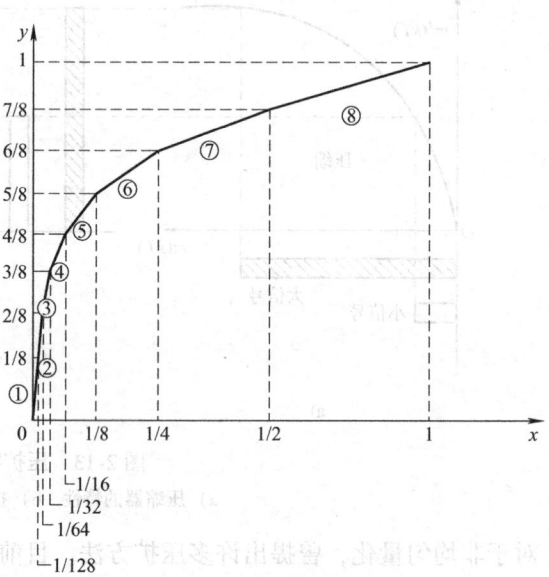

图 2-14　$A$ 律 13 折线压缩特性

段、……、第 1 段。由图可见，除第 1 段和第 2 段外，其他各段折线的斜率都不相同。各段折线斜率如表 2-1 所示，它反映了 $A$ 律 13 折线对信号的压缩程度。由表可知，第 1、2 段斜率最大（小信号），越往后斜率越小（大信号），因此 13 折线是逼近压缩特性的，具有压扩作用。

表 2-1　$A$ 律 13 折线段落与斜率的关系

| 段落 | 第 1 段 | 第 2 段 | 第 3 段 | 第 4 段 | 第 5 段 | 第 6 段 | 第 7 段 | 第 8 段 |
|---|---|---|---|---|---|---|---|---|
| 斜率 | 16 | 16 | 8 | 4 | 2 | 1 | 1/2 | 1/4 |

在实际中，如语音信号为交流信号，输入电压 $x$ 有正、负极性。所以，上述的压缩特性只是实用压缩特性曲线的一半，$x$ 的取值应该还有负的一半。也就是说，在坐标系的第三象限还有关于原点奇对称的另一半曲线，如图 2-15 所示。在图 2-15 中，第一象限中的第 1 段和第 2 段折线斜率相同，所以以构成一条直线。同样，第 3 象限中的第 1 段和第 2 段折线斜率也相同，且与第一象限中斜率相同。所以，这四段折线构成了一条直线。因此，正负两个象限中的完整压缩曲线共有 13 段折线，故称为 $A$ 律 13 折线压缩特性。

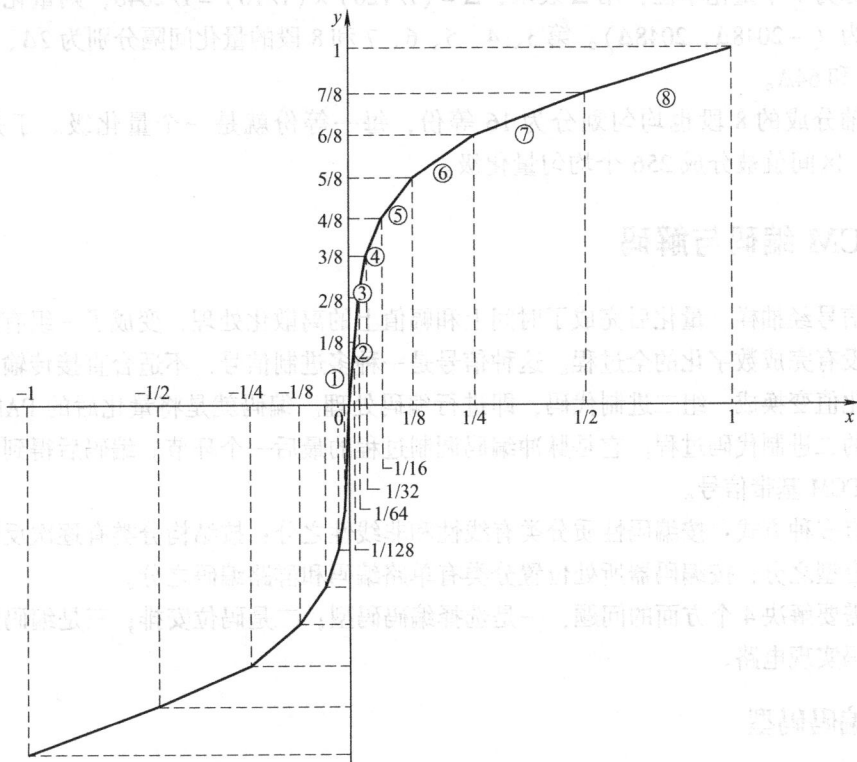

图 2-15　对称输入 A 律 13 折线压缩特性

## 2. A 律 13 折线压缩特性量化区间的划分

我国采用的是 A 律 13 折线压缩特性，下面主要对其特性的量化工作间的划分进行分析。

从图 2-15 中 A 律 13 折线图形可知，横坐标上整个归一化量化区（-1，1）被划分为 16 段，正、负区间各 8 段。正区间 8 段的划分为：（0，1/128）为第 1 段，（1/128，1/64）为第 2 段，（1/64，1/32）为第 3 段，（1/32，1/16）为第 4 段，（1/16，1/8）为第 5 段，（1/8，1/4）为第 6 段，（1/4，1/2）为第 7 段，（1/2，1）为第 8 段。负区间的 8 段与正区间的 8 段关于原点对称。

如果将这 16 段作为量化区间对抽样后的样值进行量化，将会由于量化间隔过大，造成量化误差和量化噪声很大，从而使量噪比很低，导致通信质量下降。因此，需要对这 16 段进行细分。将这 16 段称为量化段，每一段长度称为段落差。例如，正区间第 1、2 个量化段的段落差为 1/128，第 3 个量化段的段落差为 1/64。

为了满足通信质量指标的要求，将每一个量化段均匀等分成 16 级，把每一级作为一个量化区间，这样量化间隔就大大减小了，提高了量噪比。经过上述细分后，整个量化区被分成了 16 个量化段，每个量化段分成了 16 个量化区间，共计 16 × 16 = 256 个量化区间，即量化级数为 256。

这种划分方法使每个量化段的量化间隔各不相同，小信号区量化间隔最小、大信号区量化间隔大。第 1 和第 2 量化段长度最短，段落差为 1/128，因此其量化间隔最小。将此最小量化间隔称为 1 个量化单位，用 $\Delta$ 表示，$\Delta = (1/128) \times (1/16) = 1/2048$，则量化区间范围可以表示为（$-2048\Delta$，$2048\Delta$）。第 3、4、5、6、7 和 8 段的量化间隔分别为 $2\Delta$、$4\Delta$、$8\Delta$、$16\Delta$、$32\Delta$ 和 $64\Delta$。

对 $y$ 轴分成的 8 段也均匀划分为 16 等份，每一等份就是一个量化级。于是 $y$ 轴的 [$-1$，$1$] 区间就被分成 256 个均匀量化级。

## 2.4　PCM 编码与解码

模拟信号经抽样、量化后完成了时间上和幅值上的离散化处理，变成了一组有限的离散值，但还没有完成数字化的全过程。这种信号是一种多进制信号，不适合直接传输，还需要把每个量化值变换成一组二进制代码，即进行编码处理。编码就是将量化后的 PAM 信号转换成对应的二进制代码过程。它是脉冲编码调制过程的最后一个环节。编码后得到的二进制码组就是 PCM 基带信号。

编码有多种方式：按编码性质分类有线性和非线性之分；按结构分类有逐次反馈型、级联型、混合型之分；按编码器所处位置分类有单路编码和群路编码之分。

编码需要解决 4 个方面的问题：一是选择编码码型；二是码位安排；三是编码原理；四是编、解码实现电路。

### 2.4.1　编码码型

码型是指按一定规律所编出的所有码字的集合，而码字是由多位二进制码构成的组合。码型的实质就是编码时的规律性。在 PCM 编码中常采用自然二进制码和折叠二进制码两种。表 2-2 列出了用 4 位二进制码表示 16 个量化级时的两种编码规律。

表 2-2　两种 4 位二进制码组

| 量化电平序号 | 量化电平极性 | 自然二进制码 | 折叠二进制码 |
|---|---|---|---|
| 0 | 负极性 | 0000 | 0111 |
| 1 | | 0001 | 0110 |
| 2 | | 0010 | 0101 |
| 3 | | 0011 | 0100 |
| 4 | | 0100 | 0011 |
| 5 | | 0101 | 0010 |
| 6 | | 0110 | 0001 |
| 7 | | 0111 | 0000 |
| 8 | 正极性 | 1000 | 1000 |
| 9 | | 1001 | 1001 |
| 10 | | 1010 | 1010 |
| 11 | | 1011 | 1011 |
| 12 | | 1100 | 1100 |
| 13 | | 1101 | 1101 |
| 14 | | 1110 | 1110 |
| 15 | | 1111 | 1111 |

自然二进制码是按照二进制数的自然规律排列的。折叠二进制码除去最高位，其余部分具有折叠对称关系，故此得名。折叠二进制码的第一位代表信号的极性，称为极性码。信号为正时，极性码为1；信号为负时，极性码为0。其余各位码代表信号幅度的绝对值大小，称为幅度码或电平码。

自然二进制码与普通的二进制数相对应，它不仅编码操作简单，而且译码器的实现电路结构也简单。但当极性码发生误码时，误差比较大。例如，0001误码为1001后，即由1错为9。对于折叠二进制码来说则不同，它的幅度误差与信号大小有关，小信号时误差小，大信号时误差大。当极性码发生误差时，例如，0000误码为1000后，只是第7级错为第8级，仅错1级；由0001错为1001，则由第6级错为第9级。但是对语音信号而言，小信号出现的概率大，所以从平均影响的角度看，折叠二进制码比自然二进制码造成的幅度误差小，有利于减小语音信号的平均量化噪声。

折叠二进制码的优点是对于双极性信号可以采用单极性的编码方法处理，因此简化了编码过程；其缺点是在小信号时会出现长串0码，导致时钟信号提取困难。

综上所述，由于折叠二进制码编码方便，编码时可省去一套负信号幅度码编码电路；而且对于小信号，当极性码发生误码时引起的误差小，所以折叠二进制码是目前 $A$ 律13折线PCM30/32路通信系统所采用的码型。

## 2.4.2　码位安排

编码的实质就是在码组与量化值之间建立起一一对应的关系。无论是自然码还是折叠码，码组中符号的位数都直接和量化值数目有关。量化间隔越多，量化值越多，则码组中符号的位数也随之增多。同时，信号量噪比也越大，信号质量就越好。当然，位数增多后，会使信号的传输量和存储量增大，编码器也将变得复杂。码位数应根据实际通信系统对通信质量的要求来选取。目前国际上通常采用8位的PCM的非线性编码，用于 $A$ 律13折线法的8位非线性编码的码位安排如下：

$$
\begin{array}{c|c|c}
\underline{C_1} & \underline{C_2C_3C_4} & \underline{C_5C_6C_7C_8} \\
\text{极性码} & \text{段落码} & \text{段内码}
\end{array}
$$

8位码可以组合出 $2^8 = 256$ 种不同状态的码组，正好和 $A$ 律13折线量化区间的划分一一对应。编码码型采用折叠二进制码，其中第一位码 $C_1$ 为极性码，为"1"时表示为正极性信号，为"0"时表示信号为负极性。第2、3、4位码 $C_2C_3C_4$ 称为段落码，三位可组合出8种状态，分别代表8个量化段。第5~8位码 $C_5C_6C_7C_8$ 称为段内码，四位可组合出16种状态，分别代表任一量化段的16个均匀划分的量化区间。第2~8位码统称为幅度码或电平码，它反映了样值信号幅度的大小。

编码过程就是确定样值落在哪个量化区间的过程。当样值所在的量化区间确定了，8位PCM码组也就确定了。例如，样值信号落在了负区间第3个量化段的第12个量化区间，则其对应的8位PCM编码为00101011。 $A$ 律13折线法段落码和段内码的编码规则如表2-3和表2-4所示。

表 2-3  段落码

| 段落序号 | 段落码<br>$C_2C_3C_4$ | 段落范围<br>（Δ） | 量化间隔（Δ） |
|---|---|---|---|
| 1 | 000 | 0～16 | 1 |
| 2 | 001 | 16～32 | 1 |
| 3 | 010 | 32～64 | 2 |
| 4 | 011 | 64～128 | 4 |
| 5 | 100 | 128～256 | 8 |
| 6 | 101 | 256～512 | 16 |
| 7 | 110 | 512～1024 | 32 |
| 8 | 111 | 1024～2048 | 64 |

表 2-4  段内码

| 量化区间 | 段内码<br>$C_5C_6C_7C_8$ | 量化区间 | 段内码<br>$C_5C_6C_7C_8$ |
|---|---|---|---|
| 0 | 0000 | 8 | 1000 |
| 1 | 0001 | 9 | 1001 |
| 2 | 0010 | 10 | 1010 |
| 3 | 0011 | 11 | 1011 |
| 4 | 0100 | 12 | 1100 |
| 5 | 0101 | 13 | 1101 |
| 6 | 0110 | 14 | 1110 |
| 7 | 0111 | 15 | 1111 |

## 2.4.3 逐次反馈比较型编码原理

### 1. 编码原理

实现编码的具体方法和电路有很多，而且由于大规模集成电路和超大规模集成电路技术的发展，编译码已实现集成化。目前生产的单片集成 PCM 编译码器可以同时完成信号的抽样、量化、压扩和编码多个功能。这里结合实例只简要介绍 A 律 13 折线逐次比较型编码原理。

逐次比较型编码器编码原理可用于天平称重的原理来说明。例如，天平称重时，设其测量范围为 0～128g（相当于抽样值的取值域）。若被测物体为 81g（相当于某一抽样量化值），该天平有以下几个砝码值：64g、32g、16g、8g、4g、2g 和 1g，分别与 7 位二进制码的权值相对应。测量的方法是：先将被测物体放在天平的左侧，在右侧最先放置的砝码应是 64g 的砝码，判定被测物体比砝码重还是轻，如果被测物体比砝码轻，就要去掉砝码；如果被测物体比砝码重，就要将该砝码保留。然后用同样的方法以 32g、16g、8g、4g、2g、1g 的砝码依次判定。于是，81g 的被测物体有以下结果：

64g（留）+32g（去）+16g（留）+8g（去）+4g（去）+2g（去）+1g（留）=81g

如果用二进制代码"1"和"0"分别表示砝码的"保留"和"去掉"，则对应的码组为"1010001"。

### 2. 编码过程

逐次比较型编码器就是参照上述原理构成的。其编码时只需要 11 种基本权值，分别为 $1\Delta$、$2\Delta$、$4\Delta$、$8\Delta$、$\cdots$、$1024\Delta$，由这些基本权值就可以组合出所需要的任何一种幅度权值。确定信号落在哪个量化区间时，也不用与每个量化区间的最大值依次比较，只需选择量化区间个数的中分点对应电平作为每次的比较权值，这样一次比较就可以排除掉一半的量化区间，以上一次比较的结果作为反馈信息，可以定出下一次的比较权值，不论样值信号多大，按这种方法只要比较 8 次，就能确定其具体位置，从而编出 8 位 PCM 码。

PCM 编码过程分 3 个步骤来进行。假设权值信号用 $I_W$ 来表示，样值信号用 $I_S$ 来表示。其判决流程如图 2-16 所示。

1）编极性码 $C_1$。可看作一次比较，若 $I_S \geq 0$，则 $C_1 = 1$；若 $I_S < 0$，则 $C_1 = 0$。

2）编段落码 $C_2 C_3 C_4$。需要经过 3 次对分比较。第 1 次对分点电平是 $128\Delta$；第 2 次对分点电平是 $512\Delta$（当 $C_2 = 1$ 时）或 $32\Delta$（当 $C_2 = 0$ 时）；第 3 次对分点电平是 $1024\Delta$（当 $C_2 = 1$，$C_3 = 1$ 时），或 $256\Delta$（当 $C_2 = 1$，$C_3 = 0$ 时），或 $64\Delta$（当 $C_2 = 0$，$C_3 = 1$ 时），或 $16\Delta$（当 $C_2 = 0$，$C_3 = 0$ 时）。

3）编段内码 $C_5 C_6 C_7 C_8$。当段落码确定后，则该量化段的起始电平 $I_{Bi}$ 与该量化段的量化间隔 $\Delta_i$ 也就确定了。各权值信号用下面表达式确定。

$$I_{W5} = I_{Bi} + 8\Delta_i$$

$$I_{W6} = I_{Bi} + 8\Delta_i C_5 + 4\Delta_i$$

$$I_{W7} = I_{Bi} + 8\Delta_i C_5 + 4\Delta_i C_6 + 2\Delta_i$$

$$I_{W8} = I_{Bi} + 8\Delta_i C_5 + 4\Delta_i C_6 + 2\Delta_i C_7 + \Delta_i$$

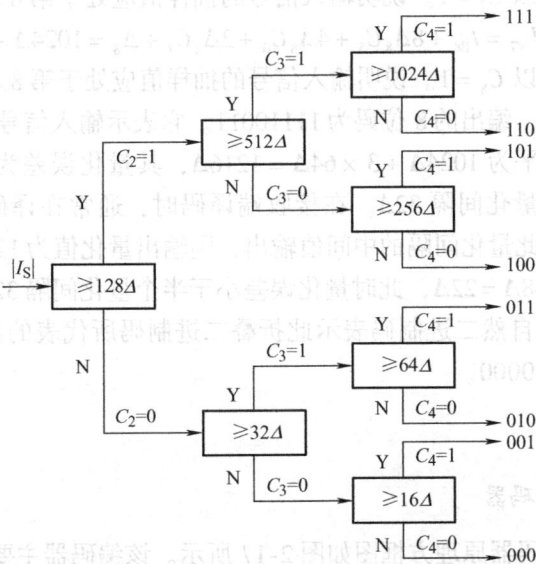

图 2-16 逐次比较型编码流程图

再进行 4 次比较，即可编出 4 位段内码。具体方法如下：

$$若 |I_S| \geqslant I_{W5}, \quad C_5 = 1; \quad |I_S| < I_{W5}, \quad C_5 = 0$$
$$若 |I_S| \geqslant I_{W6}, \quad C_6 = 1; \quad |I_S| < I_{W6}, \quad C_6 = 0$$
$$若 |I_S| \geqslant I_{W7}, \quad C_7 = 1; \quad |I_S| < I_{W7}, \quad C_7 = 0$$
$$若 |I_S| \geqslant I_{W8}, \quad C_8 = 1; \quad |I_S| < I_{W8}, \quad C_8 = 0$$

**【例 2-2】** 如果某抽样值为 $I_S = +1270\Delta$（$\Delta$ 为一个量化单位，表示输入信号归一化值的 1/2048）时，采用逐次比较型编码器，按 A 律 13 折线编 8 位码，写出极性码，段落码，段内电平码的编码过程及编码误差。

**解：** 编码过程如下：

（1）确定极性码 $C_1$

由于输入信号抽样值 $I_S$ 为正，故极性码 $C_1 = 1$

（2）确定段落码 $C_2 C_3 C_4$

查流程图，可知：

第 2 次比较的权值：$I_{W2} = 128\Delta$，$|I_S| = 1270\Delta > I_{W2}$，故 $C_2 = 1$；

第 3 次比较的权值：$I_{W3} = 512\Delta$，$|I_S| = 1270\Delta > I_{W3}$，故 $C_3 = 1$；

第 4 次比较的权值：$I_{W4} = 1024\Delta$，$|I_S| = 1270\Delta > I_{W4}$，故 $C_4 = 1$；

故确定段落码 $C_2 C_3 C_4$ 为 111。因此输入信号抽样值 $I_S = +1270\Delta$ 应属于第 8 段。

（3）确定段内码 $C_5 C_6 C_7 C_8$

由于信号落在第 8 段，而第 8 段的起始电平为 $1024\Delta$，量化间隔为 $64\Delta$。

第 5 次比较的权值：$I_{W5} = I_{B8} + 8\Delta_8 = 1024\Delta + 8 \times 64\Delta = 1536\Delta$

因为 $|I_S| < I_{W5}$，所以 $C_5 = 0$。说明输入信号的抽样值应处于第 8 段的 0~7 量化级。

第 6 次比较的权值：$I_{W6} = I_{B8} + 8\Delta_8 C_5 + 4\Delta_8 = 1024\Delta + 4 \times 64\Delta = 1280\Delta$

因为 $|I_S| < I_{W6}$，所以 $C_6 = 0$。说明输入信号的抽样值应处于第 8 段的 0~3 量化级。

第 7 次比较的权值：$I_{W7} = I_{B8} + 8\Delta_8 C_5 + 4\Delta_8 C_6 + 2\Delta_8 = 1024\Delta + 2 \times 64\Delta = 1152\Delta$

因为 $|I_S| > I_{W7}$，所以 $C_7 = 1$。说明输入信号的抽样值应处于第 8 段的 2~3 量化级。

第 8 次比较权值：$I_{W7} = I_{B8} + 8\Delta_8 C_5 + 4\Delta_8 C_6 + 2\Delta_8 C_7 + \Delta_8 = 1024\Delta + 2 \times 64\Delta + 64\Delta = 1216\Delta$

因为 $|I_S| > I_{W8}$，所以 $C_8 = 1$。说明输入信号的抽样值应处于第 8 段的第 3 量化级。

经过上述几次比较，编出的 8 位码为 11110011。它表示输入信号的抽样值位于第 8 段的第 3 量化级，其量化电平为 $1024\Delta + 3 \times 64\Delta = 1216\Delta$，其量化误差为 $1270\Delta - 1216\Delta = 54\Delta$，显然量化误差大于半个量化间隔 $32\Delta$。在接收端译码时，通常在译码后固定加半个量化间隔，即将此码组转换成此量化间隔的中间值输出，则输出量化值为 $1216\Delta + 32\Delta = 1248\Delta$，其量化误差为 $1270\Delta - 1248\Delta = 22\Delta$，此时量化误差小于半个量化间隔 $32\Delta$。

除极性码外，若用自然二进制码表示此折叠二进制码所代表的量化值 $1216\Delta$，则需要 11 位二进制数 10011000000。

## 2.4.4 编解码器

### 1. 逐次反馈比较编码器

逐次反馈比较型编码器原理方框图如图 2-17 所示。该编码器主要由整流器、极性判决、保持电路、比较判决及本地解码器等组成。

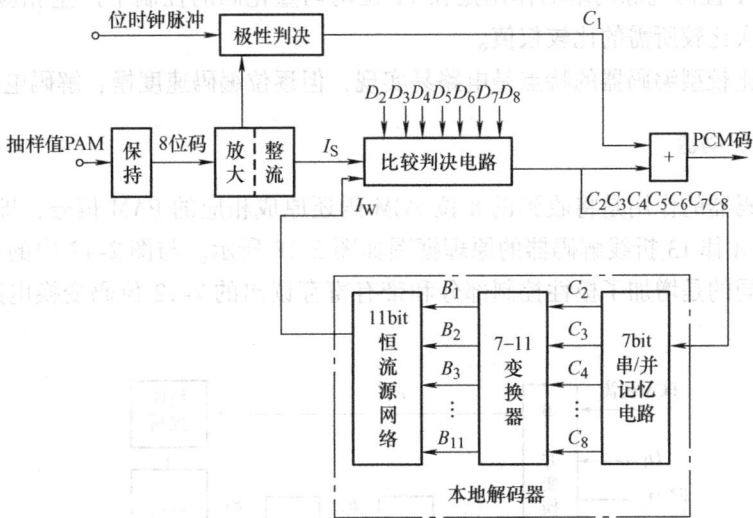

图 2-17 逐次比较型编码器原理图

由于抽样得到的 PAM 信号脉冲很窄，为满足 8 位码的编码要求，需将样值信号通过保持电路展宽为 8bit。保持展宽后的信号经放大被分为两路，一路进行极性判决，编出极性码，极性判决电路实质上是一个比较器，使信号和零电位比较，若信号为正，则电路输出为"1"（$C_1 = 1$），相反则电路输出为"0"（$C_1 = 0$）。另一路通过全波整流电路，将保持放大后的双极性信号转化为单极性信号，这样就省去了一套对负信号的编码电路。整流之后的单极性信号被送入比较器的一个输入端，而比较器的另一输入端是本地解码器送来的权值信号，两者进行比较。若样值大于权值编"1"码；反之，若样值小于权值则编"0"码。比较过程中样值始终不变，而权值每比较一次就会根据新的编码改变一次。经过几次比较后，就生成了 7 位幅度码 $C_2 \sim C_8$，它与极性码经过合成就变为 8 位 PCM 信号，从而完成了模拟信号向数字信号的转换。

图 2-17 中的本地解码器的作用是将编码之后反馈来的二进制码组变成具有一定幅值用于下次比较的权值信号。它与编码器作用相反，称为解码器，为了与接收端解码器区别，故称为本地解码器。本地解码器由 7 比特串/并变换及记忆电路、7-11 变换电路和 11 位恒流源网络 3 部分组成。

7 比特串/并变换及记忆电路的作用是将比较器反馈来的串行信号变为并行信号，并将前几位的码值状态保存下来。记忆电路用来寄存二进制代码，因为除第一次比较外，其余各次比较都要依据前几次比较的结果来确定标准电流 $I_W$ 的值。因此，7 位码组中的前 6 位状态均由记忆电路保存下来。

7-11 变换电路就是非均匀量化中的数字压缩器。因为采用非均匀量化的 7 位非线性编码等效于 11 位线性码，而比较器只能编 7 位码，反馈到本地解码器的全部码也只有 7 位。因为恒流源有 11 个基本权值电流支路，需要 11 个控制脉冲来控制，所以须要用 7-11 变换电路实现 7 位非均匀量化码向 11 位均匀量化码的转换。

恒流源用来产生各种标准电流，为了获得各种标准电流 $I_W$，在恒流源中有数个基本权值电流支路。11 位恒流源网络的作用是在 11 位均匀量化码的控制下产生相应的权值电流，叠加后得到每次比较所需的比较权值。

逐次反馈比较型编码器的特点是电路易实现，但逐位编码速度慢，解码电路复杂。

### 2. 接收端解码器

接收端解码器的作用是将收到的 8 位 PCM 码还原成相应的 PAM 信号，即实现的数-模（D-A）变换。A 律 13 折线解码器的原理框图如图 2-18 所示。与图 2-17 中的本地解码器基本相同，所不同的是增加了极性控制部分和带有寄存读出的 7-12 位码变换电路，下面介绍如下。

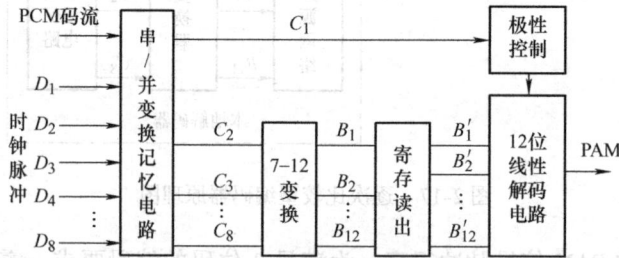

图 2-18　解码器实现方框图

极型控制部分的作用是根据接收到的 PCM 信号极型码 $C_1$ 是 "1" 码还是 "0" 码来辨别 PAM 信号的极性，使解码后 PAM 信号的极性得以恢复成与发送端相同的极性。

串/并变换记忆电路的作用是将输入的串行 PCM 码变为并行码，并记忆下来，与编码器中的解码电路的记忆作用基本相同。

逻辑变换部分由原来的 "7-11" 变换为 "7-12" 变换。原因是发送端量化采用的是 "舍去法"，其引入的最大误差为一个量化间隔。为减小量化误差，在接收端对解码的信号人为地加上半个量化间隔，使误差限制在半个量化间隔以内，其效果相当于采用 "四舍五入法" 量化。如在例 2 中，量化误差为 54Δ，大于半个量化间隔为 32Δ。为使量化误差均小于段落内量化间隔的一半，解码器的 7-12 变换电路使输出的线性码增加一位码，人为地补上半个量化间隔，从而改善量化信噪比。即原来 11 个基本权值中无 1/2Δ 这个权值，因此在图 2-18 电路中又加入一位码 $B_{12}$ 使其权值为 1/2Δ，这就是第 12 位线性码（或 7-12 变换）的由来。

由于收端解码器不像发端的本地解码器那样，每收到反馈来一位码就解码一次，而是等 8 位码收齐后统一解码，因此需要将前面收到的码组先寄存下来，这就是寄存读出电路的作用。

图 2-18 解码器实现方框图中，12 位线性解码电路主要由恒流源和电阻网络组成，与图 2-17 逐次比较型编码器原理图中的本地解码器组成类似。它是在寄存读出电路的控制下，输出相应的 PAM 信号，完成相应的解码。

## 2.5　语音压缩编码技术

现有的 PCM 编码需采用 64kbit/s 的 A 率或 μ 率对数压缩方法，才能满足长途电话传输语音的质量指标要求，每条电话占用频带要比模拟单边带系统宽得多。因此，在拥有相同频带宽度的传输系统中，PCM 系统能传输的电话数要比模拟单边带通信方式传送的电话路数少得多。虽然 64kbit/s PCM 系统已经在大容量的光纤通信系统和数字微波系统中得到广泛的应用，但是对于费用昂贵的长途大容量传输系统，尤其是卫星通信系统，采用 PCM 数字通信方式的经济性能很难和模拟通信相比拟；在超短波波段的移动通信网中，由于其频率资源紧张，64kbit/s 的 PCM 系统已难以获得应用。

因此，要拓宽数字通信的应用领域，就必须开发更低速率的数字电话，在相同质量指标的条件下降低数字语音信号的传信率，以提高数字通信系统的频带利用率。通常，人们把低于 64kbit/s 数码率的语音编码方法称为语音压缩编码技术。多年来人们一直致力于研究语音压缩编码技术，常用的语音压缩编码技术有差分脉冲编码调制（DPCM）、自适应差分脉冲编码调制（ADPCM）、增量调制（ΔM）、参量编码及子带编码（SBC）等。

## 2.5.1　差分脉冲编码调制

在 PCM 系统中，原始的模拟信号经过抽样后得到的每一个样值都被量化成为数字信号。为了压缩数据，可以不对每一样值都进行量化，而是预测下一样值，并量化实际值与预测值之间的差值，这就是差分脉冲编码调制（Differential Pulse Code Modulation，DPCM）。

差分脉冲编码调制是广泛应用的一种基本的预测编码方法。在预测编码中，每个抽样值不是独立编码，而是先根据前几个抽样值计算出一个预测值，再取当前抽样值和预测值之差，将此差值编码并传输。此差值称为预测误差。预测编码是根据离散信号之间存在着一定关联性的特点，利用前面一个或多个信号预测下一个信号进行，然后对实际值和预测值的差（预测误差）进行编码。如果预测比较准确，误差就会很小。在同等精度要求的条件下，就可以用比较少的比特进行编码，达到压缩数据的目的。差值编码可以提高编码效率，这种技术已应用于模拟信号的数字通信之中。

由于语音信号是连续变化的信号，其相邻抽样值之间有一定的相关性，即信号的一个抽样值到相邻的一个抽样值不会发生迅速的变化。这个相关性使信号中含有冗余信息，如果能设法减少或除去这些冗余成分，则可人人提高通信的有效性。从概念上讲，可以把语音信号的样值分为两个成分，一个成分与过去的样值有关，因而是可以预测的；另一个成分是不可预测的。可预测的成分（即相关部分）是由前面几个抽样值加权后得到的，不可预测的成分（非相关部分）可看成是预测误差。因为这种差值序列的信息可以代替样值序列中的有效信息，因此只需传送预测误差值序列即可。由于预测误差的动态范围要比样值本身的动态范围小得多，所以可以少用几位编码比特来对预测误差编码，从而在保证语音质量的前提下，降低其传信率。信号的自相关性越强，压缩率就越大。接收端只要把收到的差值信号序列叠加到预测序列上，就可以恢复出原始的样值信号序列。

若利用前面的几个抽样值的线性组合来预测当前的抽样值，则称为线性预测。若仅用前一个时刻的一个抽样值来预测当前的抽样，这时的线性预测编码就是 DPCM。在 DPCM 中，只将前一个抽样值当作预测值，再取当前抽样值和预测值之差进行编码并传输。图 2-19 所示为 DPCM 系统的原理方框图。

图 2-19 中，延迟电路的延迟时间为一个抽样间隔时间 $T_s$，输入模拟信号为 $m(t)$，抽样信号为 $m_k$，接收端重建信号为 $m_k^{*\prime}$，$m_k^\prime$ 是预测信号。$e_k$ 是输入抽样信号 $m_k$ 与预测信号 $m_k^\prime$ 的差值。$r_k$ 为量化后的差值，$c_k$ 是 $r_k$ 经编码后输出的数字编码信号。在无传输误码的情况下，解码器输出的重建信号 $m_k^{*\prime}$ 与编码器中的 $m_k^*$ 完全相同。

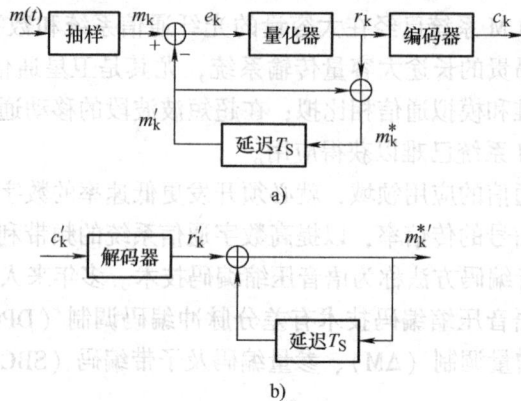

图 2-19　DPCM 系统原理方框图

a) 编码器　b) 解码器

对照图 2-19 可以写出差值 $e_k$ 和重建信号 $m_k^*$ 的表达式分别为

$$e_k = m_k - m_k' \tag{2-10}$$

$$m_k^{*\prime} = m_k^* = m_k' + r_k \tag{2-11}$$

DPCM 的总量化误差 $e$ 定义为输入信号 $m_k$ 与解码器输出的重建信号 $m_k^{*\prime}$ 之差，即

$$e = m_k - m_k^{*\prime} = m_k - (m_k' + r_k) = e_k - r_k \tag{2-12}$$

由式(2-12) 可知，在 DPCM 系统中，总量化误差只和差值信号的量化误差有关。

实验表明，经过 DPCM 调制后的信号，其传输的比特率要比 PCM 的低，相应要求的系统传输带宽也大大地减小了。此外，在相同比特速率条件下，DPCM 比 PCM 信噪比也有很大的改善。与 ΔM 相比，由于它增多了量化级，因此，在改善量化噪声方面优于 ΔM 系统。DPCM 的缺点是易受到传输线路上噪声的干扰，在抑制信道噪声方面不如 ΔM。

## 2.5.2　自适应差分脉冲编码调制

为了在相当宽的变化范围内得到传输信号的最佳性能，改善 DPCM 体制，将自适应技术引入量化和预测过程。有自适应的 DPCM 系统称为自适应差分脉冲编码调制（Adaptive Differential Pulse Code Modulation，ADPCM）。这种系统与 PCM 系统相比，可以大大压缩数码率和传输带宽，从而增加通信容量；也能大大提高信号量噪比和动态范围等。因此，CCITT 建议 32kbit/s 的 ADPCM 为长途传输中的一种新型国际通用的语音编码方法。

ADPCM 技术有两种方案，一种是预测固定，量化自适应；另一种是兼有预测自适应和量化自适应。

### 1. 自适应量化

自适应量化的基本思想是：让量化级差、分层电平能够随输入信号变化，使大小不同信号的平均量化误差最小，从而提高信噪比。根据估计信号能量的途径可分为前向自适应和后向自适应两种。

前向自适应量化器是其量化级差由输入信号本身估值。其优点是估值准确，其缺点是量化级差要与语音信息一起送到接收端解码器，否则接收端无法知道发送端该时刻的量阶值。另外，量化级差需要一定比特的精度，因而前向自适应量化不宜采用瞬时自适应量化方案。

后向自适应量化是其量化级差根据量化器输出信号进行自适应调整，其优点是接收端不需要量化级差信息，因为此信息可从接收信息中提取，另一优点是可采用音节或瞬时或两者兼顾的自适应量化方式。其缺点是因量化误差而影响其估值的准确度。但自适应动态范围大，所以，后向自适应量化目前被广泛采用。理论表明，在编码位数为4的情况下，自适应量化 PCM 系统比未采用自适应量化的 PCM 系统的信噪比改善 4~7dB。

2. 自适应预测

前面介绍的 DPCM 系统是用前后两个样值的差值进行量化的，这种仅用前面一个样值求差值的情况称为一阶预测。实际信号中其样值的前后往往是有一定关联的，如采用前面若干个样值作为参考来推算差值，这就是高阶预测。为了在接收端根据差值编码产生下一个输入样值的准确估算，可以对前面所有的有效信息冗余度求和，其加权系数又称为预测系数。

自适应预测的基本思想是：使预测系数随输入信号而变化，从而保证预测值与样值最接近，即预测误差为最小。这样预测编码范围可减小，可在相同编码位数的情况下提高信噪比。理论表明，自适应预测可使 DPCM 的信噪比增益达 6~10dB。

自适应预测也有前向型和后向型两种。图 2-20 给出了后向型兼有自适应量化与自适应预测的 ADPCM 系统原理框图。

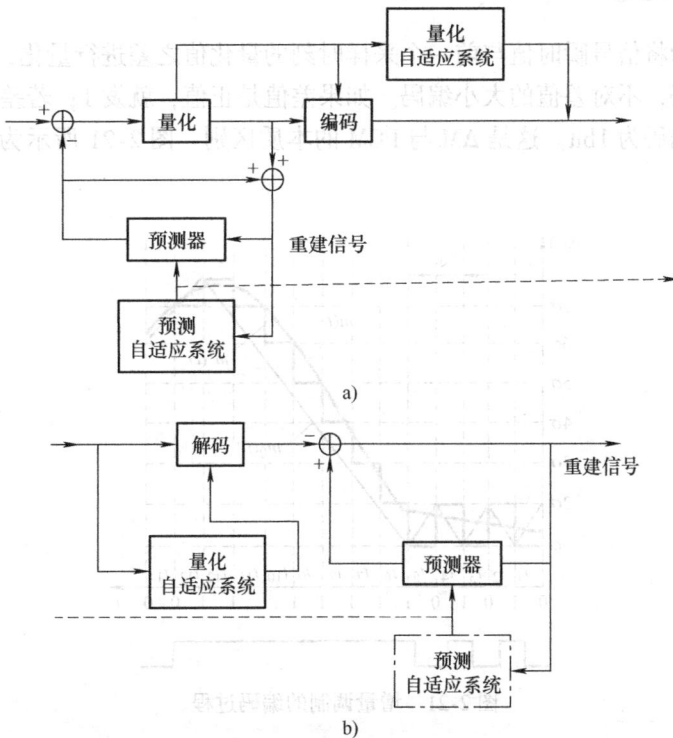

图 2-20 后向型兼有自适应量化与自适应预测的 ADPCM 系统
a) 编码 b) 解码

对语音信号来说，ADPCM 系统的量阶及预测系数可调整一个音节周期，在两次调整之间，其值保证固定不变。由于采用了自适应措施，量化失真、预测误差均比较小。用 32kbit/s 的传输速率基本能满足 64kbit/s 的语音质量要求。

## 2.5.3 增量调制

增量调制 ΔM 或 DM（Delta Modulation）最早是由法国工程师于 1946 年提出的，其目的是在于简化模拟信号的数字化方法。它是由 PCM 发展而来的另一种语音信号的编码方式，其可以看成是一种最简单的 DPCM。当 DPCM 系统中量化器的量化电平数为 2 时，此 DPCM 系统就成为增量调制系统。增量调制能以较低的数码率进行编码，通常为 16 ~ 32kbit/s。虽然增量调制的语音质量不如 PCM 数字系统音质，但在单路数字语音通信系统中，如应用在军事和工业部门的专用通信网和卫星通信中得到广泛的应用，近年来在高速超大规模集成电路中已被用作 A-D 转换器。

增量调制的特点是它所产生的二进制代码表示模拟信号前后两个抽样值的差别（增加或减少），而不是代表抽样值本身的大小，因此把它称为增量调制。在增量调制系统的发端调制后的二进制代码 1 和 0 只表示信号这一个抽样时刻相对于前一个抽样时刻是增加（用 1 码）还是减少（用 0 码）。收端解码器每收到一个 1 码，解码器输出相对于前一个时刻的值上升一个量化阶，而收到一个 0 码，解码器输出相对于前一个时刻的值下降一个量化阶。

### 1. 编码的基本思想

增量调制是指将信号瞬时值与前一个采样时刻的量化值之差进行量化，而且只对这个差值的符号进行编码，不对差值的大小编码。如果差值是正值，就发 1；若差值是负值就发 0。因此，量化后的编码为 1bit。这是 ΔM 与 PCM 的本质区别。图 2-21 所示为增量调制的编码图解过程。

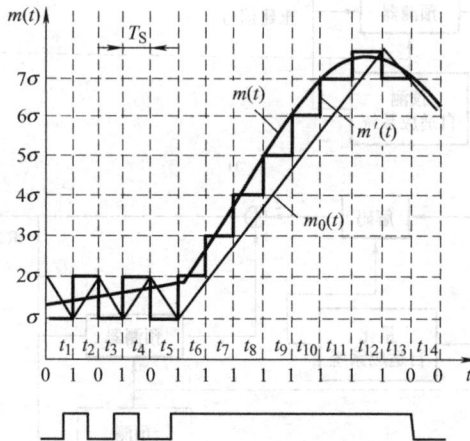

图 2-21  增量调制的编码过程

假设模拟信号 $m(t) \geq 0$，于是可以用一时间间隔为 $\Delta t$，幅度差为 $\pm \sigma$ 的阶梯波形 $m'(t)$ 去逼近它，如图 2-21 所示。只要 $\Delta t$ 足够小，即抽样频率 $f_s = 1/\Delta t$，足够高，且 $\sigma$ 足够小，则 $m'(t)$ 可以近似于 $m(t)$。我们把 $\sigma$ 称为量化阶，$\Delta t = T_s$ 称为抽样间隔。

在 $t_1$ 时刻，用 $m(t_1)$ 与 $m'(t_{1-})$（$t_{1-}$ 表示 $t_1$ 时刻前某瞬间）比较，若 $m(t_1) > m'(t_{1-})$，则上升一个量化阶 $\sigma$，同时 ΔM 调制器输出为 1；在 $t_2$ 时刻，用 $m(t_2)$ 与 $m'(t_{2-})$ 比较，若

$m(t_2) < m'(t_{2_-})$，则下降一个量化阶 $\sigma$，同时调制器输出为 0。同理，在 $t_3$ 时刻，$m'(t)$ 上升一个量化阶 $\sigma$，ΔM 调制器输出为 1…，于是得到了图 2-21 所示的 $m(t)$ 二进制代码序列 010101111111100…。除了用阶梯波 $m'(t)$ 去近似 $m(t)$ 外，也可以用锯齿波 $m_0(t)$ 去近似 $m(t)$。当 $m(t_i) > m'_0(t_i)$ 时，$m_0(t)$ 按斜率上升一个量化阶 $\sigma$，直至下一个抽样时刻，ΔM 调制器输出为 1；当 $m(t_i) < m'_0(t_i)$ 时，$m_0(t)$ 按斜率下降一个量化阶 $\sigma$，直至下一个抽样时刻，ΔM 调制器输出为 0。即 1 表示正斜率，0 表示负斜率。

**2. 解码的基本思想**

与编码相对应，解码也有两种情况，一种是在接收端，每收到一个 1 码，解码器相对于前一时刻的值上升一个量化阶；每收到一个 0 码，解码器相对于前一时刻的值下降一个量化阶。这样就可以把二进制代码经过解码变成 $m'(t)$ 的阶梯波。另一种是收到 1 码后产生一个正的斜变电压，在 $\Delta t$ 时间内均匀上升一个量化阶 $\sigma$；收到 0 码后产生一个负的斜变电压，在 $\Delta t$ 时间内均匀下降一个量化阶 $\sigma$。这样，二进制代码经过解码变成如 $m_0(t)$ 的锯齿波。实际应用中一般采用后一种方法，其可以用一个简单的 $RC$ 积分电路把二进制码变为 $m_0(t)$ 波形。

**3. 系统组成框图**

增量调制系统框图如图 2-22 所示。发送端编码器由相减器、判决器、积分器及脉冲发生器（极性变换电路）组成一个闭环反馈电路。判决器用来比较 $m(t)$ 与 $m_0(t)$ 大小，在定时抽样时刻如果 $m(t) - m_0(t) > 0$，则输出为 1；若 $m(t) - m_0(t) < 0$，则输出为 0。$m_0(t)$ 由本地解码器产生。系统中收端解码器的核心电路是积分器，当然还包括一些辅助电路，如脉冲发生器和低通滤波器等。

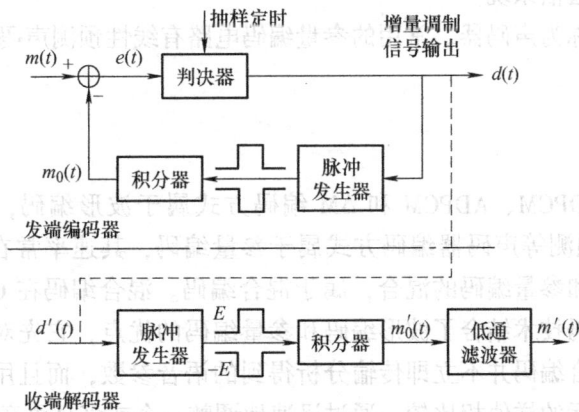

图 2-22　增量调制系统框图

无论是编码器中的积分器，还是解码器中的积分器，都可以用 $RC$ 电路实现。当用 $RC$ 电路实现时，可以得到近似锯齿波的斜变电压。$RC$ 的参数在选择时要合适，$RC$ 参数越大，充放电的线性特性就越好，但 $RC$ 参数太大时，在 $\Delta t$ 时间内上升（或下降）的量化阶就越小。因此，$RC$ 参数一般选择在 $(15 \sim 30) \Delta t$ 范围内比较合适。

接收到增量调制信号 $d'(t)$ 后，经过脉冲发生器将二进制码序列变换成全占空比的双极性码，然后加到解码器（积分器）得到 $m'_0(t)$ 的锯齿波，再经过低通滤波器即可得到输出电压 $m'(t)$。

$d'(t)$ 与 $d(t)$ 的区别在于经过信道传输后有误码存在，导致 $m'_0(t)$ 与 $m_0(t)$ 存在差异。在理想时如无误码，则 $m'_0(t)$ 与 $m_0(t)$ 的波形完全一样，即便如此，$m'_0(t)$ 经过低通滤波器后也不能完全恢复出 $m(t)$，而只能恢复出 $m'(t)$，这是由量化引起的失真，而且还包含误码失真。所以，增量调制系统在传输过程中，不仅含有量化噪声，且还含有误码噪声。

增量调制系统用于对语音编码时，要求的抽样频率达到几十 kbit/s 以上，而且语音质量也不如 PCM 系统。为了提高增量调制的质量和降低编码速率，出现了一些改进方案，例如，总和增量调制和压扩式自适应增量调制等。

### 2.5.4　参量编码

参量编码又称为声源编码，是将信源信号在频带域或其他正交变换域提取特征参量，并将其变换成数字代码进行传输。参量编码不直接传送语音波形，而是传送产生、激励语音波形的基本参量。相当于传送语音信号的主要特征而并非具体的语音波形的幅值。

解码为其反过程，将收到的数字序列经变换恢复特征参量，再根据特征参量重建语音信号。具体来说，参量编码是根据语音形成机理，首先分析表征语音特征的信息参数，然后对参数进行编码传输，接收端解码后根据所得的参数合成为近似原始语音。

参量编码虽然力图使重建语音信号具有尽可能高的可靠性，即保持原语音的语意，但重建信号的波形同原语音信号的波形可能会有相当大的差别。这种编码技术可实现低速率语音编码，比特率可压缩到 2 ~ 4.8kbit/s，甚至更低。但是与波形编码相比，语音质量只能达到中等，特别是自然度较低，连熟人都不一定能听出讲话的人是谁。所以，一般不能用于骨干网，仅适合于特殊的通信系统。

参量编码电路又称为声码器。常用的参量编码电路有线性预测声码器、通道声码器和共振峰声码器等。

### 2.5.5　子带编码

前面介绍 PCM、DPCM、ADPCM 和 ΔM 编码方式属于波形编码，其速率通常在 16 ~ 64kbit/s 范围。线性预测等声码器编码方式属于参量编码，其速率常在 4.8kbit/s 以下。而子带编码是波形编码和参量编码的混合，属于混合编码。混合编码在 GSM 数字蜂窝通信中得到了应用。混合编码技术结合了波形编码和参量编码的优点，它先对语音信号进行抽样，接着分析抽样值。混合编码并不立即传输分析得到的语音参数，而且用这些参数合成语音，并将合成的样值与实际的样值相比较，通过迅速地调整一个或多个语音参数，构造出更好的模型。

子带编码（Sunband Coding，SBC）是一种在频率域中进行数据压缩的方法。在子带编码中，首先用一组带通滤波器 BPF 将输入信号分成若干个在不同频段上的子带信号，然后将这些子带信号经过频率搬移转变成基带信号，再对它们在奈奎斯特速率上分别重新取样。取样后的信号经过量化编码，合并成一个总的码流传送给接收端，量化编码可以采用 PCM、DPCM 等方式。图 2-23 给出了子带编码的工作原理图。

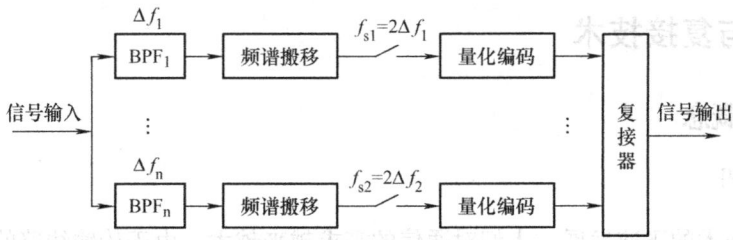

图 2-23　子带编码原理框图

在接收端，首先用一组带通滤波器把码流分成与原来的各子带信号相对应的子带码流，然后解码、将频谱搬移至原来的位置，最后经带通滤波、相加，得到重建的信号。图 2-24 给出了子带编码其解码的工作原理图。

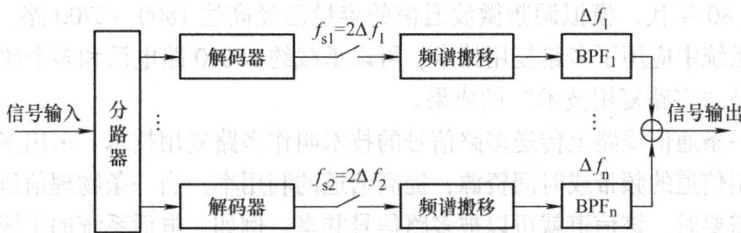

图 2-24　子带编码其解码原理框图

在子带编码中，用带通滤波器将语音频带分割为若干个子带变成低通型信号。这样就可以使抽样速率降低到各子带频宽的两倍。各子带经过编码的子带码流通过复接器复接起来送入信道。在接收端，先经过分接器将各子带的码流分开，经过解码，移频到各原始频率位置上。各子带相加就恢复出原来的语音信号。由于各子带是分开编码的，因此可以根据各子带的特性，选择适当的编码位数，以使量化噪声最小。例如，在低频子带可安排编码位数多一些，以便保持音节和共振峰的结构；而高频子带对通信的重要性略低于低频子带，叫安排较少的编码位数，这样就可以充分地压缩编码速率。

把语音信号分成若干子带进行编码主要有两个优点。首先，如果对不同的子带合理地分配比特数，就可能分别控制各子带的量化电平以及相应的重建信号的量化误差方差值，使误差谱的形状适应人耳的听觉特性，获得更好的主观听音质量。由于语音的基音和共振峰主要集中在低频段，它们要求保存比较高的精度，所以对低频段的子带可以用较多的比特数来表示其样值，而高频段可以分配较少的比特。其次，各子带的量化噪声相互独立，被束缚在自己的子带内，这样就避免输入电平较低的子带信号被其他子带的量化噪声所淹没。

子带编码器 SBC 越来越受到重视，其已广泛地应用在语音和音频编码中。在语音通信中，16～32kbit/s 的子带编码能给出高质量的重建语音，在 9.6kbit/s 的速率上，能得到中等的通信质量。在中等速率的编码系统中，SBC 的动态范围宽、音质高、成本低。使用子带编码技术的编译码器已开始用于语音存储转发（Voice Store-and-Forward）和语音邮件，采用 2 个子带和 ADPCM 的编码系统也已由 CCITT 作为 G. 722 标准向全世界推荐使用。

1986 年 Woods 等将子带编码又引入到图像编码，此后子带编码在视频信号压缩领域得到了很大发展。目前，已经研制出采用子带编码技术的具有演播室质量的 140Mbit/s HDTV 硬件编解码系统。

## 2.6 复用与复接技术

### 2.6.1 基本概念

#### 1. 多路复用

随着通信技术的飞速发展，人们对通信的需求越来越大。由于传输线路的投资比例占整个通信系统总资产的65%以上，所以提高通信线路利用率、实现多路复用始终是通信工作者研究的课题。

在无线通信方面，多路复用技术得到了广泛的应用。早在20世纪30年代，无线通信技术中就采用了多路复用技术。20世纪40年代后，微波通信中更是广泛应用了多路复用技术。到20世纪80年代，模拟调频微波通信的容量已经高达1800~2700路。20世纪90年代，卫星通信系统中应用了多路复用技术，可以承载约35000路电话和多个频道电视节目的传输。这些都是"多路复用技术"的成果。

实现在同一条通信线路上传送多路信号的技术叫作多路复用技术。采用多路复用技术的目的是为了利用信道的频带或时间资源，提高信道的利用率。当一条物理信道的传输能力高于一路信号的需要时，该信道就可以被多路信号共享。例如，电话系统的干线通常有数千路信号在一根光纤中传输。信号多路复用有两种常用的方法：频分复用和时分复用。除此外还有码分复用、空分复用、极化复用和波分复用等新的复用方法。

频分复用是将信号分别调制到不同的频段进行传输，多用于模拟通信。

时分复用是利用时间上离散的脉冲组成相互不重叠的多路信号，广泛应用于数字通信。因各种原因，时分复用技术的标准未能统一，存在两种不同的制式，三套不同的标准，其大大影响了时分复用技术的发展和应用。为此，ITU-T制定了统一的标准来解决这一问题，这套标准即为数字复接等级标准。

从本质上来说，波分复用技术（Wave Division Multiplexing，WDM）是一种频分复用技术。光波的频率发生变化时，波长也发生变化。因此波分复用技术是一种专用于光纤通信技术的特殊的频分复用技术。在现阶段可以应用的光纤窗口为0.85μm、1.31μm和1.55μm。

在时分复用技术中，每个终端用户都被固定分配了一条信道，即使有的终端用户并没有有效数据进行传输，仍然要占据一条信道，造成了信道的浪费，导致信道的利用率下降。为此，在传统时分复用技术的基础上进行改进，发展了统计时分复用技术。与传统时分复用技术不同的是，在统计时分复用技术下，终端用户信道是动态分配的，只有那些确实有数据要传送的终端才能分配到信道，有效地提高了线路的利用率。

#### 2. 复接和分接

随着通信网的发展，在数字通信系统中往往有多次复用，把若干低次群合并成高次群过程称为复接。反之，将高次群分解成低次群的过程称为分接。

### 2.6.2 频分复用

频分复用（Frequency Division Multiplexing，FDM）是指按照频率的不同来复用多路信号的方法。在 FDM 中，信道的带宽被分成多个相互不重叠的频段（子通道），每路信号占据其中一个子信道，并且各路之间留有未被使用的频带（防护频带）进行分割，以防止信号重叠。在接收端，采用适当的带通滤波器将多路信号分开，从而恢复出所需要的信号。

频分复用是在频域上将各路信号分割开来，但在时域上各路信号是混叠在一起的，广泛用于长途载波电话系统、立体声调频和电视广播等方面。

图 2-25 所示为频分复用系统组成框图。在发送端，首先使各路基带语音信号通过低通滤波器（LPF），以便限制各路信号的最高频率。然后，将各路信号调制到不同的载波频率上，使得各路信号搬移到各自的频段范围内，合成后送入信道传输。在接收端，采用一系列不同中心频率的带通滤波器分离出已调各路信号，它们被解调后即恢复出各路相应的基带信号。

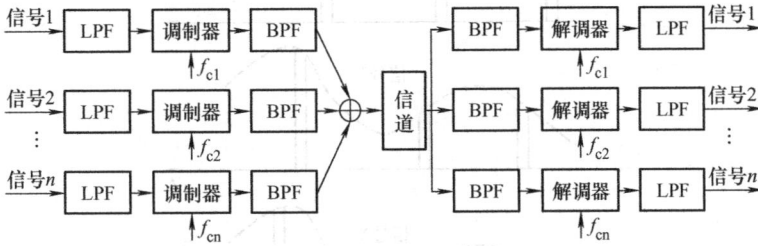

图 2-25　频分复用系统组成方框图

为了防止相邻信号之间产生相互干扰，应合理选择载波频率 $f_{c1}$、$f_{c2}$、$\cdots$、$f_{cn}$，以使各路已调信号频谱之间留有一定的防护频带。

频分复用技术普遍应用在多路载波通信系统中。其主要优点是信道利用率高，技术成熟，成本低；缺点是抗干扰能力差，没有排错和纠错功能，不适用于传输数字信号。而现代通信系统是以数字化通信为发展方向，因此，在实际应用中广泛采用时分复用技术。

## 2.6.3　时分复用

时分复用（Time Division Multipexing，TDM）是指多路信号在同一信道上占有不同的时间间隙进行通信。在 TDM 中，将信道时间划分为不同的帧，帧又进一步分割为不同的时隙，各信号按照一定的顺序在每一帧中占用各自的时隙。在发送端，按照这一顺序将各路信号合成形成帧；在接收端，再从每一帧中按这一顺序将各路信号进行分离。时分复用是在时域上将各路信号分割开来，但在频域上各路信号是混叠在一起的。

时分多路复用技术建立在抽样定理基础之上。其原理如图 2-26a 所示。图中在发送和接收端分别有一个电子旋转开关，以抽样频率同步旋转。在发送端，各路信号经低通滤波器将频带限制在 3400Hz 以下，然后加到快速电子旋转开关 $S_1$ 上，$S_1$ 开关不断重复地作匀速旋转，每旋转一周 $T_s$ 则对每路信号每隔一个周期抽样一次，这样 $N$ 个样值先后错开，合成的复用信号是 $N$ 个抽样信号之和，如图 2-26b 和图 2-26c 所示。由各个信息构成单一抽样的一组脉冲被称为一帧。一帧中相邻之间的时间间隔被称为时隙（Time Solt），未被抽样脉冲占用的时隙部分被称为防护时间。

图中，发送端分配器不仅起到抽样作用，同时还起到合路作用。合路后的抽样信号被送到 PCM 编码器进行量化和编码，然后将数字信号送往信道。在接收端将这些从发送端送来的各路信号依次解码，还原 PAM 信号由接收端分配器旋转开关 $S_2$ 依次接通每一路信号，再

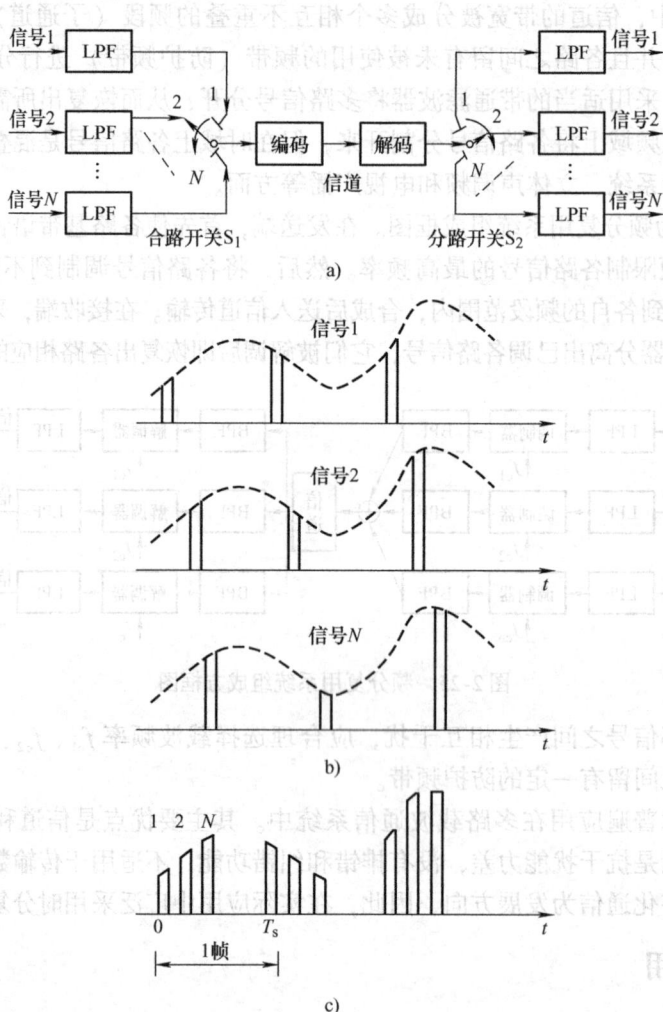

图 2-26 时分多路复用示意图

a) 时分复用原理图 b) 1~N 路信号的抽样 c) N 路 PAM 时分多路信号波形

经低通滤波器滤波平滑，重建语音信号。可见，接收端的分配器起到时分复用的分路作用，所以接收端分配器又称为分路器。

与频分复用相比，时分复用的主要优点是便于实现数字通信、抗非线性失真能力强、易于制造、适于采用集成电路实现和生产成本较低。

其缺点是时钟相位会产生抖动，收发时钟不同时会产生码滑动，码率调整会产生时钟抖动；系统要求产生准确的位、帧定时；还要插入冗余比特，进行帧同步。

## 2.6.4 正交频分复用

正交频分复用（Orthogonal Frequency Division Multiplexing，OFDM），实际上是多载波调制（Multi-Carrier Modulation，MCM）的一种。其主要思想是：将信道分成若干正交子信道，将高速数据信号转换成并行的低速子数据流，调制到每个子信道上进行传输。正交信号可以通过在接收端采用相关技术来分开，这样可以减少由多径传播造成子信道之间的相互干扰

（ICI）。每个子信道上的信号带宽小于信道的相关带宽，因此每个子信道可以看成平坦性衰落，从而可以消除符号间干扰（ISI）。而且由于每个子信道的带宽仅仅是原信道带宽的一小部分，信道均衡变得相对容易。

目前 OFDM 技术已经被广泛应用于广播式的音频和视频领域以及民用通信系统中，主要的应用包括：非对称的数字用户环路（ADSL）、ETSI 标准的数字音频广播（DAB）、数字视频广播（DVB）、高清晰度电视（HDTV）和无线局域网（WLAN）等。目前，在移动通信技术中应用 OFDM 技术，主要是为了解决多址干扰问题。OFDM 通过将一个高速的串行数据流分割成多个低速率的数据流，并分别发送每个数据流，从而降低了比特速率。

### 1. OFDM 与 FDM 技术的比较

传统的 FDM 系统的各个频率之间需要一个间隙，即防护带，以保证它们之间可以被明显地区分，其各个子信道的频谱是不允许重叠的。而 OFDM 取消了这个保护间隙，由于各个子载波之间存在正交性，利用正交的载波来抑制干扰，所以其各个子信道的频谱可以重叠。OFDM 与 FDM 相比提高了带宽的利用率，可最大限度地利用频谱资源。图 2-27a 和图 2-27b 所示为 OFDM 与 FDM 之间的带宽利用率比较。

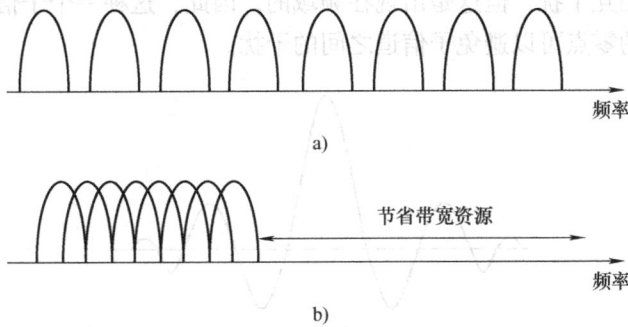

图 2-27　OFDM 与 FDM 带宽利用率比较
a）传统的 FDM 多载波调制技术　b）OFDM 多载波调制技术

### 2. OFDM 的系统构成

OFDM 是一种特殊的多载波传输技术，也可以看作是一种调制技术。OFDM 是建立在 FDM 的技术之上。在 FDM 系统中，不同的信息流映射到不同频率的并行信道（频率）上，用一定的频率保护间隔将 FDM 信道区分开来以减少邻道干扰。OFDM 技术与传统的 FDM 不同，它用多个载波（子载波）来承载信息流，子载波之间彼此正交；在子信息符号之间增加时间间隔以对抗信道时延扩展。

OFDM 信号的产生是基于快速离散傅里叶变换实现的，其系统收、发典型的框图如图 2-28a 和 b 所示。由于 OFDM 采用的基带调制为离散傅里叶反变换，因此，可以认为数据的编码映射是在频域进行的，经过 IFFT 变换为时域信号发送出去，接收端通过 FFT 恢复出频域信号。

OFDM 的高数据速率与子载波的数目有关，增加子载波的数目就能提高数据的传送速率。其次，OFDM 的每个频带的调制方法也可以不同，这增加了系统的灵活性，大多数通信

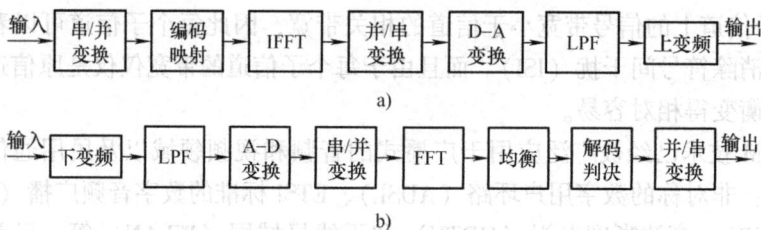

图 2-28  基于快速离散傅里叶变换的 OFDM 收发系统
a) 发端  b) 收端

系统都能提供两种以上的业务来支持多个用户，OFDM 适用多用户的灵活度、高利用率的通信系统。

**3. OFDM 信号的频谱**

图 2-29a 为一个 OFDM 子信道的频谱，图 2-29b 为一个 OFDM 信号的频谱。为了提高频谱利用率，OFDM 方式中各子载波频谱有 1/2 的重叠，但保持相互正交。

从图 2-29 可以看出，OFDM 符号频谱实际上是可以满足奈奎斯特准则的，即多个子信道频谱之间不存在相互干扰，但这是出现在频域的。因此，这种一个子信道频谱的最大值对应于其他信道频谱的零点可以避免子信道之间的干扰。

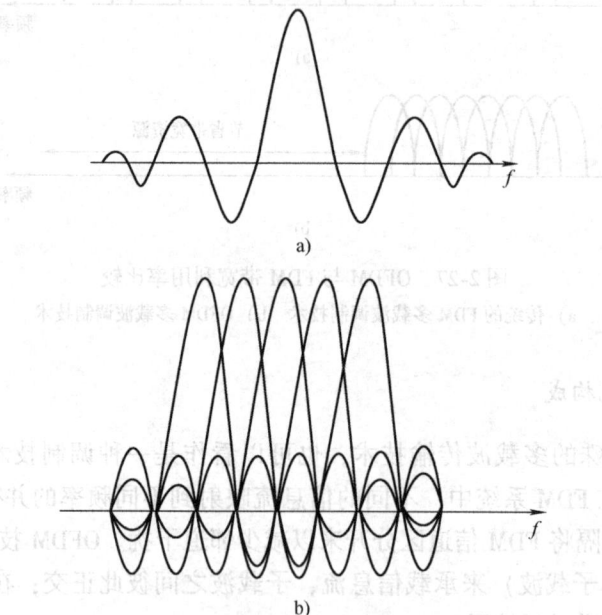

图 2-29  OFDM 频谱
a) 一个 OFDM 子信道的频谱  b) OFDM 信道的频谱

**4. OFDM 技术的优点**

OFDM 可提供高带宽并且保证带宽传输效率，而且适当的纠错技术可以确保可靠的数据传输。OFDM 技术的主要优点如下：

1) 通过各个子载波的联合编码，OFDM 具有很强的抗衰落能力。

2) OFDM 系统可以有效地抗信号波形间干扰，适用于多径环境和衰落信道中的高速数据传输。

3) OFDM 系统也有很强的抗窄带干扰能力。由于 OFDM 系统通过动态地分配比特和子信道的方法，利用高信道比的子信道，其系统能够很好地对抗信道的频率选择性衰落。窄带干扰只能影响 OFDM 系统一小部分的载波，所以可以抵抗窄带干扰。

4) OFDM 由于各载波之间相互正交，减小了各子载波之间的相互干扰，同时也大大提高了频谱的利用率，这点在频谱资源有限的无线环境中尤其重要。

5) 实现不同的传输速度。OFDM 支持非对称高速率数据传输，可以通过不同数量的子信道来实现上下行链路中不同的传输速率。

但是，OFDM 也存在两个缺陷：对频率偏移和相位噪声比较敏感；峰值与平均值比相对较大，这个比值变大会降低射频发射器的功率效率。

## 2.6.5 数字复接

### 1. 数字复接的概念

在时分制数字通信系统中，为了扩大传输容量和提高传输速率，常常将若干个低速数字信号合并成一个高速数字信号流，以便在高速宽带信道中传输。扩大数字通信容量有两种方法。一种称为 PCM 复用，即采用 PCM30/32 系统（基群或一次群）复用的方法。如可以将 4 个基群 E1 信号复用成其二次群，也可以将 4 个二次群 E2 信号复用成其三次群等。这种方法大大提高了其编码速率，从原理上讲是可行的。但对编码电路及元器件的速度和精度要求很高，实现起来非常困难。另一种方法是将几个，例如 4 个经 PCM 复用后的数字信号再进行时分复用，形成更多路的数字通信系统。显然，经过数字复用后的信号的码速提高了，但对每个基群编码速度没有提高，实现起来容易，目前广泛采用这种方法提高通信容量。

可见，数字复接就是将多个低速率的数字信号合并成一个高速率数字信号的技术。它可以将多个低次群（如 PCM30/32 路信号）复接形成高次群。

### 2. 数字复接系统的组成

数字复接系统的方框图如图 2-30 所示。数字复接系统是由数字复接器和数字分接器两部分组成的。数字复接器是把两个或两个以上的低次群信号按时分复用的方式合并成一个高次群数字信号的设备，它由定时、码速调整和复接 3 个基本单元组成。数字分接器是把已经合成的高次群数字信号分解为原来的低次群数字信号的设备，它由帧同步、定时、数字分接和码速恢复 4 个单元组成。

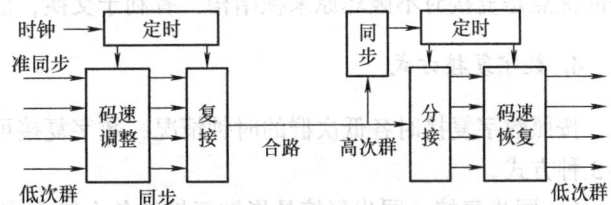

图 2-30　数字复接系统方框图

1）定时单元的作用是为整个系统提供一个统一的基准时钟信号。复接器的时钟信号可以是内部产生的，也可以是由外部提供。分接器只能从接收到的信号中提取时钟，这样才能使分接器和复接器保持时钟同步。

2）码速调整单元的作用是把速率不同的各支路数字信号进行必要的调整，使各支路信号与定时信号同步，以便复接。若输入信号是同步的，那么只需调整相位。

3）复接单元的作用是将速率一致的各支路信号按规定顺序复接成高次群。

4）帧同步单元的作用是从合路信号中提取帧定时信号，用它再去控制分接器定时单元。

5）分接单元的作用是把合路分解为各支路数字信号，它是复接单元的逆过程。

6）码速恢复单元的作用是恢复出原低次群信号的码速，它是码速调整单元的逆过程。

需要说明的是，对于一个实际的双工通信系统，每一个终端设备都必须有数字复接器和数字分接器（Muldex），称为复接分接器，简称为数字复接器。

**3. 数字复接方法**

数字复接技术的实现有 3 种方法：按位复接、按路复接和按帧复接。

1）按位复接。又称为比特复接，按位复接是指对每个复接支路的信号每次只复接一位码（一个比特），这种复接方式设备简单、要求的储存容量小、较易实现，但对信号的交换处理不利，且要求各支路的码速和相位必须相同。按位复接目前应用广泛。

2）按路复接。按路复接也称为按字复接，对 PCM30/32 系统来说，一个码字有 8 位码，它是将 8 位码先储存起来，按规定时间 4 个支路轮流复接，这种复接技术有利于多路合成处理和交换，保存了完整的字结构，但要求有较大的储存容量，使得电路复杂。按位复接和按路复接的区别如表 2-5 所示。

**表 2-5　按位复接和按路复接比较**

| 基群1 | ⋯ | 1 | 0 | 1 | 0 | 0 | 1 | 1 | 1 | ⋯ |
|---|---|---|---|---|---|---|---|---|---|---|
| 基群2 | ⋯ | 1 | 1 | 0 | 0 | 1 | 0 | 1 | 0 | ⋯ |
| 基群3 | ⋯ | 0 | 1 | 1 | 1 | 0 | 0 | 1 | 0 | ⋯ |
| 基群4 | ⋯ | 1 | 1 | 0 | 0 | 0 | 0 | 1 | 1 | ⋯ |
| 按位复接 | ⋯ | 1101 | 0111 | 1010 | 0010 | 0100 | 1000 | 1111 | 1001 | ⋯ |
| 按路复接 | ⋯ | 10100111 | | 11001010 | | 01110010 | | 11000011 | | ⋯ |

3）按帧复接。按帧复接是指每一次复接一个支路的一个帧（一帧含有256bit），这种方法的优点是复接时不破坏原来帧结构，有利于交换，但要求更大的储存容量。

**4. 数字复接方式**

按照数字复接时各低次群的时钟情况，数字复接可分为同步复接、异步复接和准同步复接 3 种方式。

1）同步复接。同步复接是指被复接的各个输入支路的时钟都出自同一时钟源，即各支路的时钟频率完全相等的复接方式。复接时由于各支路信号并非来自同一地方，各支路信号到达复接设备的传输距离不同，因此到达复接设备时各支路信号的相位不能保持相同，在复接时应先进行相位调整。例如，PCM30/32 路基群就采用这种复接方式。同步数字复接示意图如图 2-31 所示。

图 2-31 同步数字复接示意图

2）异步复接。异步复接是指各输入支路的时钟不是出自同一时钟源且又没有统一的标称频率或相应的数量关系的复接方式。这种复接方式各支路信号在复接前必须进行频率和相位调整技术。

3）准同步复接。准同步复接是指参与复接的各低次群使用各自的时钟，但各支路的时钟被限制在一定的容差的范围内。这种复接方式在复接前必须将各支路的码速都调整到统一的规定值后才能复接。这是目前应用最广泛的一种复接方式，在这种复接方式中必须采用码速调整技术。准同步数字复接示意图如图 2-32 所示。

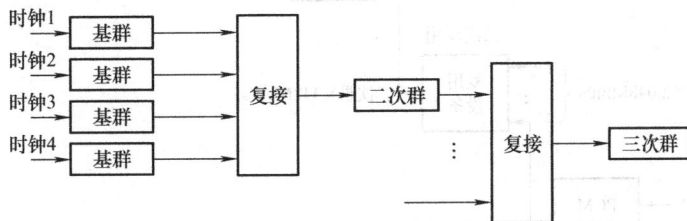

图 2-32  准同步数字复接示意图

## 2.6.6  准同步数字体系

### 1. E 体系的结构

ITU 提出了两个 PDH 体系的建议，即 E 体系和 T 体系，目前广泛使用的是分别以 2.048Mbit/s（E1）和 1.544Mbit/s（T1）。前者被我国、欧洲等国及国际间连接采用；后者仅被北美地区、日本和其他少数国家和地区采用，并且北美地区和日本采用的标准也不完全相同。CCITT 已推荐两种数字速率系列，这两种建议的速率和路数如表 2-6 所示。

表 2-6  准同步数字体系两种速率系列

| 群　号 | 一次群 | 二次群 | 三次群 | 四次群 |
|---|---|---|---|---|
| 比特率/(Mbit/s) | 2.048(E1) | 8.448(E2) | 34.368(E3) | 139.264(E4) |
| 话路数 | 30 | 30×4＝120 | 120×4＝480 | 480×4＝1920 |
| 比特率/(Mbit/s) | 1.544(T1) | 6.312(T2) | 32.064(T3) | 97.728(T4) |
| 话路数 | 24 | 24×4＝96 | 96×5＝480 | 480×3＝1440 |

E 体系的复接等级结构如图 2-33 所示。它以 30 路 PCM 数字电话信号的复用设备为基本层（E1），每路 PCM 信号的比特率为 64kbit/s。由于需要加入群同步码元和信令码元等额外开销，所以实际占用 32 路 PCM 信号的比特率。故其输出总比特率为 2.048Mbit/s，此输出称为一次群信号。4 个一次群信号进行二次复用，得到二次群信号，其比特率为 8.448Mbit/s。按照同样的方法再次复用，得到比特率为 34.368Mbit/s 的三次群信号和比特率为 139.264Mbit/s 的四次群信号等。由此可见，相邻层次群之间路数成 4 倍关系，但是比特率之间不是严格的 4 倍关系。和一次群需要额外开销一样，高次群也需要额外开销，故其输出比特率都比相应的 1 路输入比特率的 4 倍还高一些。此额外开销占总比特率很小百分比，但是当总比特率增高时，此开销的绝对值还是不小的，这很不经济。所以，当比特率更高时，就不采用这种准同步数字体系了，转而采用同步数字体系（SDH）。

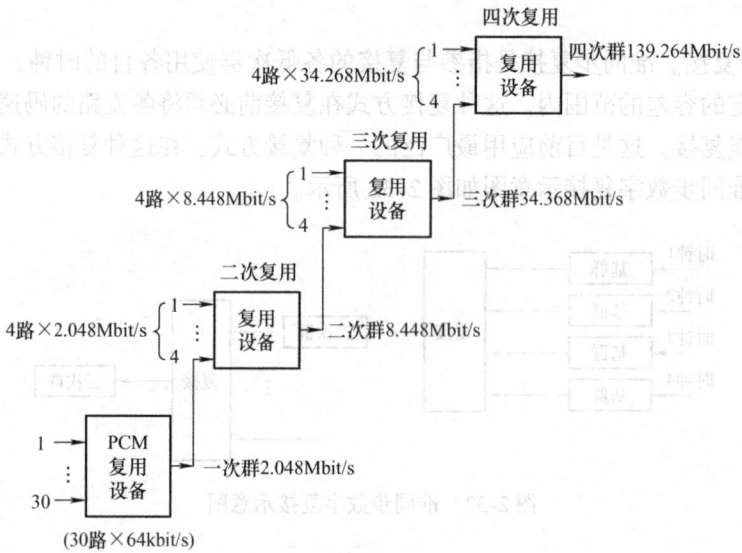

图 2-33　E 体系数字复接等级示意图

## 2. PCM 一次群帧结构

现以 PCM30/32 路电话系统为例，来说明时分复用的帧结构。如前所述，E 体系是以 64kbit/s 的 PCM 信号为基础的。它将 30 路 PCM 信号合为一次群。由于 1 路 PCM 电话信号的抽样频率为 8000Hz，即抽样周期为 125μs，这就是一帧的时间。将此 125μs 时间分为 32 个时隙，每个时隙容纳 8bit。这样每个时隙正好可以传输一个 8bit 的码组。在 32 个时隙中，30 个时隙传输 30 路语音信号，另外 2 个时隙可以传输信令码和帧同步码。CCITT 建议 G.732 规定的 PCM 一次群帧结构如图 2-34 所示。

从图中可以看出，PCM30/32 路系统中一个复帧包含 16 个帧，其编号为 $F_0$ 帧、$F_1$ 帧、…、$F_{15}$ 帧，一复帧的时间为 2ms。每一帧（每帧的时间为 125μs）又包含有 32 个时隙，其编号为 $TS_0 \sim TS_{31}$，每路时隙的时间为 3.9μs。每路时隙包含有 8 个位时隙，每个时隙的时间为 488.3ns。

其中时隙 $TS_0$ 和 $TS_{16}$ 规定用于传输帧同步码和信令等信息；其他 30 个时隙，即 $TS_1 \sim TS_{15}$ 和 $TS_{17} \sim TS_{31}$，用于传输 30 路语音抽样值的 8bit 码组。时隙 $TS_0$ 的功能在偶数帧和奇数

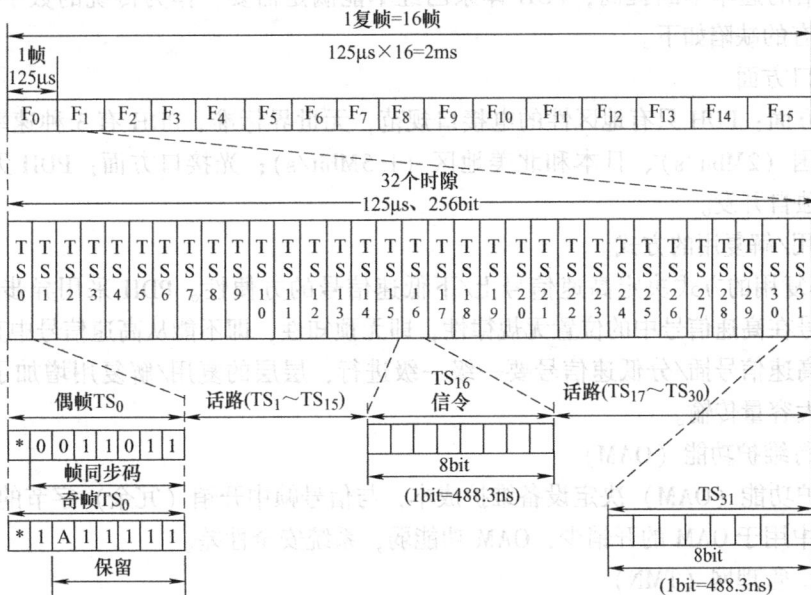

图 2-34　PCM30/32 路系统一次群帧结构

帧时不同。由于帧同步码每两帧发送一次，故规定在偶数帧的时隙 $TS_0$ 发送。每组帧同步码含 7bit，为 "0011011"，规定占用时隙 $TS_0$ 的后 7 位。时隙 $TS_0$ 的第一位 "＊" 供国际通信用；若不是国际链路，则它也可以给国内通信用。$TS_0$ 的奇数帧作为告警等其他用途。在奇数帧中，$TS_0$ 第一位 "＊" 的用途和偶数帧的相同；第二位的 "1" 用以区别偶数帧的 "0"，辅助表明其后不是帧同步码；第三位的 "A" 用以远端告警，"A" 在正常时状态为 "0"，在告警时状态为 "1"；第 4～8 位保留作为维护、性能监测等其他用途，在没有其他用途时，在中国链路线上全为 "1"。

时隙 $TS_{16}$ 可以用于传输信令，当无须用于传输信令时，它也可以像其他 30 路一样用于传输语音。$F_1$ 帧 $TS_{16}$ 时隙前 4 位码用来传输第一路信号的信令码，后 4 位码用来传输第十六路信号的信令码……直到 $F_{15}$ 帧 $TS_{16}$ 时隙前后各 4 位码分别传送第十五路、第三十路信号的信令码，这样一个复帧中各个话路分别轮流传送信令码一次。

如图 2-34 所示的帧结构，根据抽样理论，每帧频率为 8000 帧/s，帧周期为 125μs，所以 PCM30/32 路系统的总速率为

$$R_b = 8000(帧/s) \times 32(路时隙/帧) \times 8(bit/路时隙) = 2.048Mbit/s$$

随着数字通信业务的不断发展，未实现标准化的准同步数字系列（PDH）逐渐成为实现数字通信的重要阻碍。为此，CCITT 于 1988 年通过了同步数字系列（SDH），采用同步转移模式（STM），它的第一级速率为 155.52Mbit/s（STM-1），而其他高级速率是在第一级速率基础上采用同步复接实现，解决了准同步数字系列的非标准化及其他的缺点。

## 2.6.7　同步数字体系

### 1. SDH 速率等级

光纤通信优良的宽带特性、传输性能和低廉的价格使其已成为电信网的主要传输手段。

随着数字通信的速率不断提高，PDH 体系已经不能满足需要，作为传统的数字传输体制，PDH 具有固有的缺陷如下。

（1）接口方面

电接口方面：PDH 只有地区性的电接口规范，无世界标准。PDH 有 3 种速率等级：欧洲各国和中国（2Mbit/s）、日本和北美地区（1.5Mbit/s）；光接口方面：PDH 无光接口规范，各厂家独自开发。

（2）复用/解复用的方式

复用/解复用的方式决定高速信号上/下低速信号的方便性。PDH 采用异步复用方式，导致低速信号在高速信号中的位置无规律性，即无预知性，即不能从高速信号中直接分离低速信号。从高速信号插/分低速信号要一级一级进行，层层的复用/解复用增加了信号的损伤，不利于大容量传输。

（3）运行维护功能（OAM）

运行维护功能（OAM）决定设备维护成本，与信号帧中开销（冗余）字节的数量有关。PDH 信号帧中用于 OAM 的开销少，OAM 功能弱，系统安全性差。

（4）电信管理网（TMN）

PDH 无统一的网管接口，无法形成统一的电信管理网（TMN）。

因此，PDH 体制不适应大容量传输网的组建，SDH 体制应运而生。于是，在 1989 年 ITU 参照美国的同步光网络（SONET）体系制定出同步数字体系（SDH）的建议。SDH 针对更高速率的传输系统制定出了全球统一的标准，并且整个网络中设备的时钟来自同一个级精确的时间标准，没有准同步中各设备定时存在误差的问题。

同步数字体制（Synchronous Digital Hierarchy，SDH），是一种数字传输技术，该技术由一套世界性的统一标准构成，其中包括传输终端设备的同步数字复用、节点的分插和交叉连接以及同步传输的标准化数字信号速率等级。其信息是以同步传送模块（Synchronous Transport Module，STM）信息结构传送的。目前 SDH 制定了 4 级标准，其容量（路数）每级翻为 4 倍，而且速率也是 4 倍的关系，在各级间没有额外开销，每级速率如表 2-7 所示。

表 2-7 同步数字体制 SDH 的速率等级

| SDH 信号 | 比特率/（Mbit/s） |
| --- | --- |
| STM-1 | 155.520 简称 155M |
| STM-4 | 622.080 简称 622M |
| STM-16 | 2488.320 简称 2.5G |
| STM-64 | 9953.280 简称 10G |

SDH 中最基本的，也是最重要的模块信号是 STM-1，其速率为 155.520Mbit/s，更高等级的模块 STM-$N$ 是 $N$ 个基本模块信号 STM-1 按同步复用，经字节间插后形成的，其速率是 STM-1 的 $N$ 倍，$N$ 取正整数 1、4、16、64。其高等级信号速率是相邻低等级信号的 4 倍。

2. SDH 帧结构

（1）SDH 信号帧特点

SDH 按一定的规律组成矩形块状帧结构，它以与网络同步的速率串行传输。SDH 帧结构是实现数字同步时分复用、保证网络可靠有效运行的关键。其帧结构如图 2-35 所示。

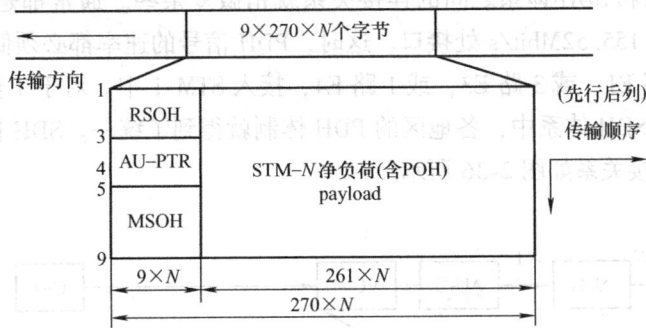

图2-35　SDH帧结构

一个STM-$N$帧有9行，每行由$270 \times N$个字节组成。这样每帧共有$9 \times 270 \times N$个字节，每字节为8bit，每字节速率为64kbit/s。以字节为单位（8bit）的矩形块状帧，帧周期为125μs，即每秒传输8000帧。对于STM-1而言，传输速率为$9 \times 270 \times 8 \times 8000 = 155.52$Mbit/s。字节发送顺序为：由上往下逐行发送，每行先左后右。

（2）SDH信号帧的构成

SDH帧由信息净负荷、段开销（SOH）、管理单元指针（AU-PTR）3部分组成。

1）信息净负荷（Payload）。

信息净负荷是STM-$N$帧结构中存放用户信息的地方。各种有效信息，例如2M、34M、140M打包成信息包后，放于其中，然后由STM-$N$信号承载，在SDH网上传输。为了实时监测信号，在将低速信号打包的过程加入了通道开销（POH）字节。它负责对低阶通道进行通道性能监视、管理和控制。

需要注意的是：信息净负荷并不等于有效负荷，因为在低速信号中加上了相应的POH。

2）段开销（SOH）。

段开销是为了保证信息净负荷正常传送所必须附加的网络运行、管理和维护（OAM）字节。段开销又分为再生段开销（RSOH）和复用段开销（MSOH），RSOH监控的是STM-$N$整体的传输性能，而MSOH则是监控STM-$N$中每一个STM-1的性能情况。

再生段开销在STM-$N$帧中的位置是第$1 \sim 3$行的第1列到第$9 \times N$列，共$3 \times 9 \times N$个字节；复用段开销在STM-$N$帧中的位置是第$5 \sim 9$行的第1列到第$9 \times N$列，共$5 \times 9 \times N$个字节。

需要注意的是：RSOH和MSOH的区别在于监控范围的不同。RSOH、MSOH、POH组成SDH层层细化的监控体制。

3）管理单元指针（AU-PTR）。

管理单元指针位于STM-$N$帧中第4行的第1列到第$9 \times N$列，共$9 \times N$个字节。其作用是定位低速信号在STM-$N$帧中（净负荷）的位置，使低速信号在高速信号中的位置可预知。指针有高、低阶之分，高阶指针是管理单元指针AU-PTR，低阶指针是支路单元指针TU-PTR。TU-PTR的作用类似于AU-PTR，所指示的信息负荷要小一些。

3. SDH体系的复用结构

（1）复用映射结构

在SDH中，4路STM-1可以合并成1路STM-4，4路STM-4可以合并成1路STM-16等。

71

但是，在 PDH 体系和 SDH 体系之间的连接关系就稍微复杂些。通常都是将若干路 PDH 接入 STM-1 内，即在 155.52Mbit/s 处接口。这时，PDH 信号的速率都必须低于 155.52Mbit/s。例如，可以将 63 路 E1，或 3 路 E3，或 1 路 E4，接入 STM-1 中。对于 T 体系也可以做类似的处理。这样，在 SDH 体系中，各地区的 PDH 体制就得到了统一。SDH 体系的机构和这两种复用体系间的连接关系如图 2-36 所示。

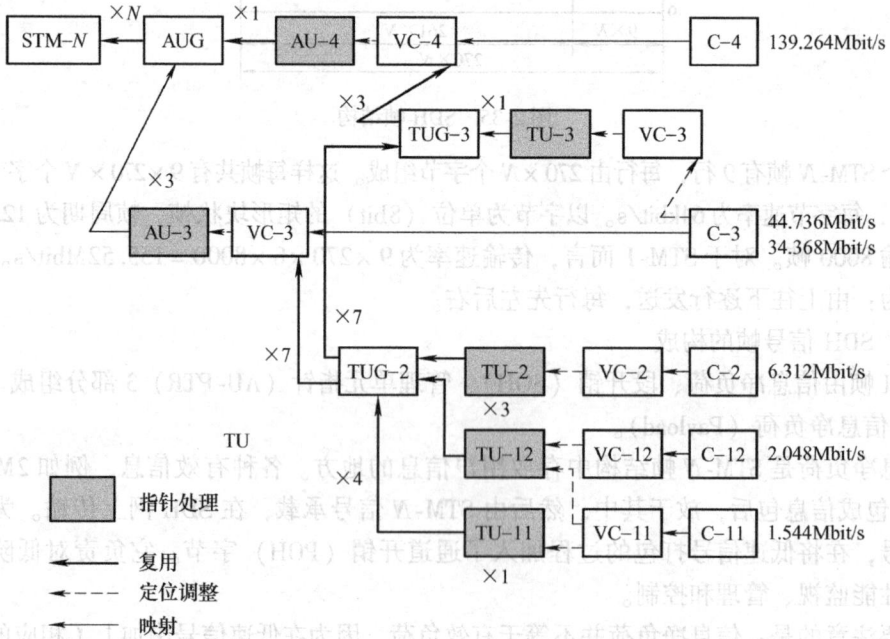

图 2-36　SDH 的复用结构图

SDH 传输业务信号时各种业务信号要进入 SDH 的帧都要经过映射、定位和复用 3 个步骤。

映射：是将各种速率的信号先经过码速调整装入相应的标准容器（C），再加入通道开销（POH）形成虚容器（VC）的过程。如图中将 2.048Mbit/s 信号装进 VC-12，将 34.368Mbit/s 信号装进 VC-3，将 139.264Mbit/s 信号装进 VC-4 等的过程。

定位：即是将帧偏移信息收送支路单元（TU）或管理单元（AU）的过程，它通过支路单元指针（TU-PTR）或管理单元指针（AU-PTR）的功能来实现。

复用：复用也就是通过字节交错间插方式把 TU 组织进高阶 VC 或把 AU 组织进 STM-N 的过程。如图中将 TU-12 经 TUG-2 再经 TUG-3 装进 VC-4 的过程，将 TU-3 经 TUG-3 装进 VC-4 的过程，将 AU-4 装进 STM-N 帧的过程等。

（2）复用单元说明

1）容器（C）。

由图 2-36 可见，PDH 体系的输入信号首先进入容器 C-$n$（$n$=11、12、2、3、4）。容器是一种用来装载各种速率的业务信号的信息结构。主要完成适配功能，即完成输入信号和输出信号间的码型、码速变换。已装载的容器又可视为虚容器的信息净负荷。我国有 C-12(2M)、C-3(34M)、C-4(140M)。

2）虚容器（VC）。

虚容器（VC）用于支持 SDH 通道层连接的信息结构。它由容器输出的信息净负荷加上通道开销（POH）组成，即：

$$VC\text{-}n = C\text{-}n + POH$$

虚容器可分为低阶虚容器和高阶虚容器。我国的 VC-12、VC-3 都是低阶虚容器，VC-4 为高阶虚容器。

3）支路单元和支路单元组。

支路单元是一种提供低阶通道层和高阶通道层之间适配功能的信息结构，即负责将低阶虚容器经支路单元组装进高阶虚容器。

它由低阶 VC-n 和相应的支路单元指针（TU-n-PTR）组成。

即：TU-n = 低阶 VC-n + TU-n-PTR

它的功能是为低阶路径层和高阶路径层之间进行适配。支路单元指针指明有效负荷帧起点相对于高阶虚容器帧起点的偏移量。一个或几个支路单元称为一个支路单元组（TUG），后者在高阶 VC-n 有效负荷中占据不变的规定的位置，TUG 可以混合不同容量的支路单元以增强网络的灵活性。例如，一个 TUG-2 可以由相同的 4 个 TU-11 或 1 个 TU-2 组成；一个 TUG-3 可以由相同的 7 个 TUG-2 或 1 个 TU-3 组成。

4）管理单元和管理单元组。

管理单元是提供高阶通道层和复用段层之间适配功能的信息结构（即负责将高阶虚容器经管理单元组装进 STM-N 帧）。

它由高阶 VC 和相应的管理单元指针（AU-PTR）组成。

即：AU-n = 高阶 VC-n + AU-n-PTR

管理单元指针 AU-n-PTR 指示高阶 VC-n 净负荷起点在 AU 帧内的位置。

管理单元有两种：AU-3 和 AU-4。AU-4 由一个 VC-4 和一个管理单元指针组成，此指针指明 VC-4 相对于 STM-N 帧的相位定位调整量。AU-3 由一个 VC-3 和一个管理单元指针组成，此指针指明 VC-3 相对于 STM-N 帧的相位定位调整量。在不同的情况下，管理单元指针的位置相对于 STM-N 帧总是固定的。

一个或多个管理单元称为一个管理单元组（AUG），它在一个 STM 有效负荷中占据固定的位置。一个 AUG 由 3 个相同的 AU-3 或 1 个 AU-4 组成。

(3) 结论

从上图 2-36 可知 PDH 信号复用成一个 SDH 的 STM-1 信号有以下结论：

一个 SDH 的 STM-1 信号可复用进 63 个 2M 的 PDH 信号；

一个 SDH 的 STM-1 信号可复用进 3 个 34M 的 PDH 信号；

一个 SDH 的 STM-1 信号可复用进 1 个 140M 的 PDH 信号。

在复用过程中，虚容器（VC）与支路单元组（TUG）之间的关系如下：

一个 STM-1 帧中可容纳 1 个 VC-4；

1 个 VC-4 中可容纳 3 个 TUG-3；

1 个 TUG-3 中可容纳 7 个 TUG-2；

1 个 TUG-2 中可容纳 3 个 TUG-12；

1 个 TUG-12 中可容纳 1 个 2M 信号。

### 4. SDH 的特点

与 PDH 相对比，SDH 体制的优势体现如下。

（1）接口方面

SDH 标准的光接口：标准的信息结构等级（速率等级），同步传输块 STM-$N$。使 1.544Mbit/s 和 2.048Mbit/s 两大数字体系在 STM-1 等级上获得统一。数字信号在跨越国界通信时，不再需要转换成为另一种标准，第一次真正实现了数字传输体制上的世界性标准，给网络的互联、互通提供了方便。

（2）复用方式

采用同步复用和灵活的映射结构（指针定位可预见性），可以直接分/插低速 SDH 信号。低阶 SDH→高阶 SDH 过程中（例如：4×STM-1→STM-4），采用字节间插复用方式，通过指针定位预见低速信号在帧中位置，使收端可直接下低速信号。

（3）OAM 功能

SDH 帧中用于 OAM 的开销多，SDH 的 OAM 功能强，系统安全性高。在 SDH 的帧结构中具有丰富的用于监控和管理的开销比特，提高了网络的监管和管理功能。

（4）兼容性——决定成本

SDH 中老体制设备还可发挥作用。SDH 对新体制设备能接入，允许宽带接入。

SDH 网与现有网络能完全兼容，即可以兼容现有准同步数字体系的各种速率。同时，SDH 网还能容纳各种新的业务信号，使之具有完全的向后兼容性和向前兼容性。

总结起来，SDH 核心特点是：标准光接口、同步复用和灵活的映射结构、强大的网络管理能力、兼容性强。

当然，SDH 技术并不是十全十美的，它也有一些不足之处。

1）频带利用率低——有效性和可靠性的矛盾；

2）指针调整机理复杂，并且产生指针调整抖动；

3）软件的大量应用，使系统易受病毒或误操作的危害。

## 2.7 实训

### 2.7.1 实训1 抽样定理仿真

**1. 实训目的**

1）学习用 System View 软件建立抽样仿真系统。

2）进一步理解低通抽样定理。

**2. 实训原理**

模拟信号数字化包括抽样、量化和编码三个过程。其中抽样是把时间连续信号变成时间离散信号。对于一定频率的低通模拟信号，低通抽样定理给定了在没有混叠失真时的最大取样间隔。

74

一个频带为 $B$ 的连续低通信号 $x(t)$，如果抽样速率大于或等于 $2B$，则可以由抽样序列无失真地重建恢复原始信号 $x(t)$。

图 2-37 所示是低通信号采样与恢复的原理图。对应的 System View 仿真系统原理图如图 2-38 所示。图中被采样的模拟信号源幅度为 1V，频率为 100Hz 的正弦波，抽样脉冲为窄带宽矩形脉冲，脉宽为 1μs。抽样器采用乘法器代替，用于恢复信号的低通滤波器采用三阶巴特沃兹（Butterworth）低通滤波器。为观察信号抽样与恢复不失真的条件和引起失真的原因，分别选取了 100Hz、200Hz 和 500Hz 等几种不同的抽样频率。

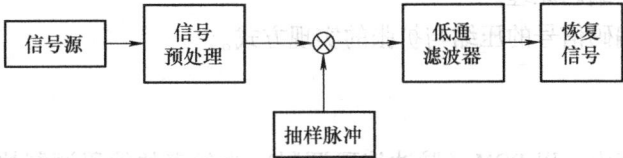

图 2-37　低通信号采样与恢复原理图

### 3. 实训内容

根据图 2-38 所示信号的采样与恢复仿真原理图建立的仿真系统。主要模块及其参数设置如下。

token 0 : Source > Sinusoid，′Freq（Hz）′ = 100

token1 : Operator > Filters/Systems > Linear Sys Filters > Analogue > ButterWorth > Lowpass

′No. of Poles′ = 3，′Low Cutoff（Hz）′ = 100

token 2 : Multiplier

token 3 : Source > Pulse Train，′Freq′ = 500

token 8 : Operator > Gain，′Gain′ = 100

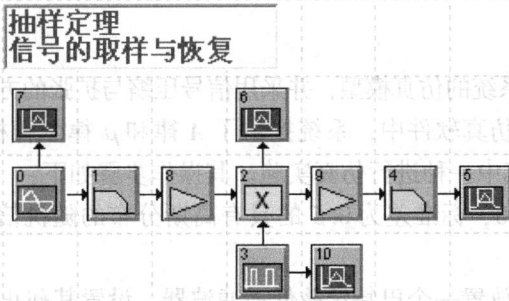

图 2-38　信号的采样与恢复仿真原理图

### 4. 实训报告及要求

1）观察并分析 token 7、5、6、10 的波形。

2）观察并分析 token 5、7 的频谱。

3）改变 token 2 的抽样速率（100Hz、200Hz），观察并分析混叠失真时的波形和频谱。

4）参考提出的试验方法，直接利用 System View 的采样模块实现低通信号的抽样定理，并把实训过程和结果写在报告册中。

## 2.7.2 实训 2 模拟信号的数字传输仿真

### 1. 实训目的

1）掌握 PCM 的编码原理。

2）掌握 PCM 编码信号的压缩与扩张的实现方式。

### 2. 实训原理

在现代通信系统中，以 PCM（脉冲编码调制）为代表的编码调制技术被广泛地应用于模拟和数字传输中。所谓脉冲编码调制就是将模拟信号的抽样量化值变换成所需的代码。

PCM 经过抽样、量化和编码 3 个步骤，将连续变化的模拟信号转换为数字编码。为了便于用数字电路实现，其量化电平数一般为 2 的整数次幂，这样可以将模拟信号量化为二进制编码形式。其量化方式可分为两种。

（1）均匀量化编码

常用二进制编码，主要有自然二进码和折叠二进码两种。

（2）非均匀量化编码

常用 13 折线编码，它用 8 位折叠二进码来表示输入信号的抽样量化值，第一位表示量化值的极性，第二至四位（段落码）的 8 种可能状态分别代表 8 个段落的起始电平，其他 4 位码（段内码）的 16 种状态用来分别代表每一段落的 16 个均匀划分的量化级。

通常情况下，采用信号压缩与扩张技术来实现非均匀量化，就是在保持信号固有动态范围的前提下，在量化前将小信号放大，而将大信号进行压缩。采用信号压缩后，用 8 位编码就可以表示均匀量化的 11 位编码，能有效提高信号的信噪比。

### 3. 实训内容和步骤

设计一个 PCM 调制系统的仿真模型，并采用信号压缩与扩张的方式来提高信号的信噪比。

在 System View 系统仿真软件中，系统提供了 A 律和 μ 律两种标准的压缩器和扩张器，用户可以根据需要选取其中一种进行仿真实验。其操作步骤如下：

1）设置一个均值为 0，标准差为 0.5 的具有高斯分布的随机信号作为仿真用的模拟信号源。

2）在信号源的后方放置一个巴特沃兹低通滤波器，设置其截止频率为 10Hz。

3）在滤波器右侧放置一个 A 律 13 折线的压缩器，对信号进行压缩，并设定最大输入为 1V。

4）放置一个模数转换器，对压缩的模拟信号进行抽样量化，并编码为数字信号，根据 PCM 的要求，设定编码位数为 8 位，输出真假值为 1 和 0，阈值为 0.5，最大最小输入为正负 1.28V；并放置一个 100Hz 的采样时钟信号对模拟信号进行抽样。由此可得出 8 位编码的 PCM 信号。

5）放置一个数模转换器，将编码好的 PCM 信号重新还原为模拟信号。数模转换器的参数设置与模数转换器基本相同。

6）将模数转换器的 8 个数据位与数模转换器相对应的 8 个数据位相连，将数字信号送入数模转换器。

7）放置一个扩张器，接收从数模转换器产生的经过压缩的模拟信号，并对其进行扩张，还原为原始信号，参数的设置与压缩器基本相同。最终的仿真系统如图 2-39 所示。

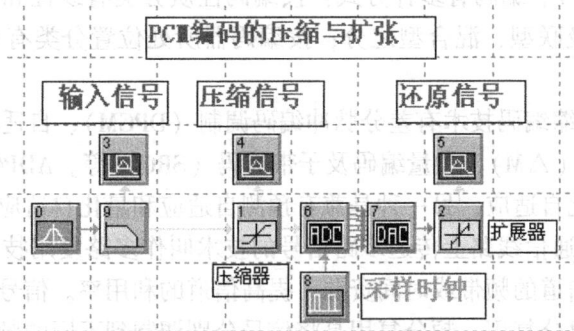

图 2-39　PCM 仿真实现图

4. 实训报告及要求

1）为验证信号恢复不失真条件和分析信号失真的原因，对采样仿真电路分别选取 100Hz、200Hz 和 500Hz 等几种不同的抽样频率，对原输入信号波形与抽样恢复后的波形进行观察和分析，记录并保存结果。

2）观察并记录脉冲编码调制仿真电路中各个接收器的波形，把实训过程和结果写在报告册中。

## 2.8　小结

1）脉冲编码调制 PCM 是实现模拟信号数字化的最常用的一种方法。这一数字化过程一般包含抽样、量化和编码 3 个步骤。

2）抽样是把时间连续的模拟信号变成时间离散模拟信号的一种过程，它的任务是每隔一定的时间间隔抽取模拟信号的一个瞬间取值。低通信号抽样定理：一个频带限制在 $(0, f_{\mathrm{H}})$ 内的低通模拟信号 $m(t)$，如果抽样频率 $f_{\mathrm{s}} \geq 2f_{\mathrm{H}}$，则可由抽样信号序列 $m_{\mathrm{s}}(t)$ 无失真地重建出原始信号 $m(t)$。带通信号抽样定理：对于某一上限截止频率为 $f_{\mathrm{H}}$，下限截止频率为 $f_{\mathrm{L}}$，带宽为 $B = f_{\mathrm{H}} - f_{\mathrm{L}} < f_{\mathrm{L}}$ 的带通模拟信号，所需最小抽样频率 $f_{\mathrm{s}}$ 应满足

$$f_{\mathrm{s}} = 2B\left(1 + \frac{m}{n}\right)$$

式中，$m = \dfrac{f_{\mathrm{H}}}{B} - n$，$n \leqslant \dfrac{f_{\mathrm{H}}}{B}$ 的最大正整数。

3）对抽样信号幅度进行离散化处理的方法称为量化，经过量化把模拟的 PAM 信号变为

77

数字信号，即用有限个量化值近似代替无穷多个抽样值的过程。量化方式有均匀量化和非均匀量化两种。均匀量化是指量化区内的量化间隔是均匀划分的，均匀量化对于小信号传输是非常不利的，为了克服这个缺点，改善小信号时的信号量噪比，在实际应用中采用非均匀量化。非均匀量化的量化间隔随信号电平大小而改变，目的是使量化信噪比均匀。非均匀量化包括数字压缩和均匀量化两部分，非均匀量化常用的是 A 律 13 折线压缩特性。

4）编码就是将量化后的 PAM 信号转换成对应的二进制代码过程，编码后得到的二进制码组就是 PCM 基带信号。编码有多种方式：按编码性质分类有线性和非线性之分；按结构分类有逐次反馈型、级联型、混合型之分；按编码器所处位置分类有单路编码和群路编码之分。

5）常用的语音压缩编码技术有差分脉冲编码调制（DPCM）、自适应差分脉冲编码调制（ADPCM）、增量调制（△M）、参量编码及子带编码（SBC）等。ADPCM 技术有两种方案，一种是预测固定，量化自适应；另一种是兼有预测自适应和量化自适应。

6）实现在同一条通信线路上传送多路信号的技术叫作多路复用技术。采用多路复用技术的目的是为了利用信道的频带或时间资源，提高信道的利用率。信号多路复用有两种常用的方法：频分复用和时分复用。频分复用是将信号分别调制到不同的频段进行传输，多用于模拟通信；时分复用是利用时间上离散的脉冲组成相互不重叠的多路信号，广泛应用于数字通信。

7）正交频分复用 OFDM，实际上是多载波调制的一种。其主要思想是：将信道分成若干正交子信道，将高速数据信号转换成并行的低速子数据流，调制到每个子信道上进行传输。

8）数字复接就是将多个低速率的数字信号合并成一个高速率数字信号的技术，它可以将多个低次群复接形成高次群。数字复接技术的实现有 3 种方法：按位复接、按路复接、按帧复接；数字复接的方式可分为同步复接、异步复接和准同步复接 3 种方式。

9）准同步数字体系 PDH 有 E 体系和 T 体系，分别以 2.048Mbit/s(E1) 和 1.544 Mbit/s(T1)，前者被我国、欧洲等国及国际间连接采用；后者仅被北美地区、日本和其他少数国家和地区采用。

10）同步数字体制 SDH 是一种数字传输技术，该技术由一套世界性的统一标准构成。SDH 中最基本的，也是最重要的模块信号是 STM-1，其速率为 155.520Mbit/s，更高等级的模块 STM-N 是 N 个基本模块信号 STM-1 按同步复用，经字节间插后形成的，其速率是 STM-1 的 N 倍，N 取正整数 1、4、16、64。其高等级信号速率是相邻低等级信号精确的 4 倍。

## 2.9　习题

1. 什么叫抽样、量化和编码？
2. 抽样的任务是什么？抽样后的信号称为什么？
3. 为什么要进行量化？8 位二进制码可以表示多少种状态？
4. PCM 通信能否完全消除量化误差？为什么？
5. 抽样后为什么要加保持电路？
6. 非均匀量化的实质是什么？

7. 对频率范围为 30 ~ 300Hz 的模拟信号进行线性 PCM 编码，求其最低的抽样频率；若量化电平数 $M$ 为 64，求 PCM 信号的传输速率。

8. 将 $-350\Delta$ 编为 8 位 PCM 码，采用逐次比较型编码器，按 $A$ 律 13 折线编 8 位码，写出极性码，段落码，段内电平码的编码过程及编码误差。

9. 某设备未过载电平的最大值为 4096mV，有一幅度为 2000mV 的样值通过 $A$ 律 13 折线逐次对分编码器，写出编码器编码过程及输出的 8 位 PCM 码。

10. 自适应量化的基本思想是什么？自适应预测的基本思想又是什么？

11. 时分多路复用的概念是什么？

12. 试求 STM-4 中帧频、帧长、RSOH 字节的速率分别为多少？

7. 效用率电信为 30～300Hz 的低频段号进行压扩及 PCM 编码，求其最低的频电数率；若
再对中华区进行大小，求 PCM 信号的传输速率。

8. 将一 0.9V 的信号进行中信号压扩及标准八位 PCM 编码，其段落号为 3，段内等级为 5，码
组长度为。试求其。

9. 将正弦数电平分层压中的最大值为 ±4096mV，-0 一幅号 -2048mV 的信电号进行 13 折线的
非均匀量化编码，试由中段号的基础对其进行出信号 8 位 PCM 编。

10. 已按折基比化段表进行心，自适应编码的基本原理是以 V 量的心？

# 第 3 章　数字信号的可靠传输

## 【内容简介】

本章首先给出了差错控制编码的基本概念，介绍了几种常用的检错码，如奇偶监督码、行列监督码、恒比码及正反码等。在此基础上，对汉明码、循环码、卷积码、Turbo 码及交织编码的基本原理和性能进行了研究分析。

## 【学习目标】

通过本章的学习，达到以下目标：

1）掌握差错控制编码的目的、基本概念、控制方式、分类及基本原理。

2）掌握几种常用的检错码，如奇偶监督码、行列监督码、恒比码及正反码的编码方法及特点。

3）理解汉明码、循环码、卷积码、Turbo 码及交织编码的基本原理和性能。

4）了解差错控制编码技术及各种编码的应用。

## 案例导入　光纤通信系统中的信道编码技术

在现代通信系统中，光纤通信已成为世界通信中主要传输方式。而在光传输系统中，由于加性噪声以及码间串扰会导致信息出现差错；另一方面，当光源不稳定时，也会导致噪声、干扰影响信息传输，突发出现成串错误。因此，如何在光纤通信中实现可靠而有效的通信就显得尤为重要，其中关键技术之一就是信道编码技术。下面将列举出光纤通信系统中常用的几种信道编码的码型。

### 1. Turbo 码

Turbo 码的编码是通过对码字的伪随机交织来实现的，这种编码方式比较接近随机编码，而其译码则采用的是迭代译码的方法，译码复杂度适中。Turbo 码是一种并行级码，其基本思想是用短码来组合构成长码，它有效地将并行级联、随机交织和迭代译码结合在了一起，在迭代译码时又将长码变为短码，与最大似然译码相比，在不破坏译码性能的情况下，降低了译码复杂度。Turbo 码的出现大大突破了传统的约束，挖掘出了级联码的潜在优势，获得极其接近香农极限的性能，为编码界带来了新的动力。

### 2. LDPC 码

LDPC 码是 Gallager 在 20 世纪 60 年代提出的一种纠错编码方式，但由于当时条件的限制，在当时并未引起人们的重视。一直到 20 世纪 90 年代，MacKay 等人又重新提出了它。根据他们的研究，LDPC 码可以实现非常接近香农极限的误码率性能，优于其他已知的纠错码方式。

LDPC 码又称为低密度奇偶校验矩阵码，因为它的校验矩阵是一个稀疏矩阵，又由于它的校验矩阵中的非零元素很少，使得它的译码能以较低的复杂度进行。LDPC 码的性能非常优越，在已报道的最好的 LDPC 码中，它在高斯信道中距离香农极限只有 0.00045dB 的差别。影响 LDPC 码性能的主要参数包括码的最小汉明距离和围长等。其中，最小汉明距离决定了任意两个码字间的最小差别，而围长决定了在 LDPC 码迭代译码时的收敛速度。研究表明，性能优异的 LDPC 码的围长要求在 6 以上，同时又希望有一个较大的最小汉明距离。虽然 LDPC 码具有非常优越的性能，但是它的高编码复杂度是影响其实用化的一个重要因素。同时和移动通信相比，光纤通信系统对纠错码有它的不同要求，包括高效率、高速率、恰当的码长和编译码复杂度等。比如在光纤通信系统中常用的 RS（255，239）码的码长为 2040，效率为 93%，而相应的 SDH 帧的帧长为 4080。因此，很多可用于移动通信的 LDPC 码，由于其效率较低，码长过长，并不适合于光纤通信系统。

### 3. RA 码

重复累积（Repeat Accumulate，RA）码是结合 Turbo 码和 LDPC 码两者优点而提出的一类新的信道编码。它可以看作是一种 Turbo 码，也可以看作是一种 LDPC 码。RA 码的这种双重身份使它不仅具有 Turbo 码的简单编码特性，同时也具有 LDPC 码的简单译码特性。研究表明这类码同样具有接近香农极限的性能，同时 RA 码的简单编码结构、较低的复杂度和低能耗、低延时等性能使得 RA 码在实际应用中具有很大的价值，目前已被应用在无线通信、磁记录以及图像、视频传输等。因此，RA 码在远程光纤通信系统中的应用也具有非常重要的价值。

在将来的光纤通信中，随着通信业务的不断扩展和服务质量的提高，对其可靠性提出更高的要求，因此，信道编码技术必然会得到越来越广泛的应用，其编码方案也会越来越复杂，以保证光纤通信中实现高效数据通信的可行性。

## 3.1 差错控制编码

在数字通信中，根据不同的目的，编码分为信源编码和信道编码。信源编码是为了尽量减小信源的冗余度，即尽可能用最少的信息比特来表示信源，如语音压缩编码、图像压缩编码等，旨在解决有效性指标。信道编码即差错控制编码，是通过对传输的信息中加入冗余码的方式来达到差错控制的目的，从而提高通信系统的可靠性。

### 1. 差错控制编码的概念

差错控制编码是检错码和纠错码的总称，其实质是通过增加冗余信息来检测和纠正差错。具有检测差错能力的编码称为检错码，具有纠正差错能力的编码称为纠错码。差错控制编码的基本思想是通过对信息序列做某种变换，使原来彼此独立、相关性极小的信息码元产生某种相关性，从而在接收端利用这种特性来检查或进而纠正信息码元在信道传输中造成的差错。利用消息前后相关性可以检测传输的错误，同时根据足够的冗余度和前后消息的相关程度可纠错。即在所传递的相互独立无关的数字信号中人为地加入一定的冗余码元（监督码元），使原来无规律的或规律性不强的原始数字信号变为有规律的数字信号，差错控制译码则利用这些规律来鉴别传输过程中是否发生错码，或进而纠正错码。

**2. 差错控制的基本方式**

常用的差错控制方式主要有 3 种：前向纠错、检错重发和混合纠错。

1）前向纠错（Forward Error Correction，FEC）。在发送端设有纠错编码电路，接收端对前向信道送来的信码不仅能发现错码，而且还能够纠正错码。这种方式的优点是不需要反馈信道，译码实时性较好，但是编译码设备较复杂。

2）检错重发（Automatic Repeat Request，ARQ）。在发送端设有检错编码电路，接收端则根据编码规则对收到的信码进行译码，若接收端认为有错，则给出重发指令，通过反馈信道告诉发送端，发送端根据重发指令将有错的那部分码元重传，直到正确接收为止。该方式的优点是译码设备简单，但需要有反馈信道，并且实时性较差。

3）混合纠错（Hybrid Error Correction，HEC）。HEC 方式是前两者的结合，发送端经纠错编码处理后发送的码元不仅能够检测错误，而且还有一定的纠错能力，接收端信号的错码数在码的纠错能力以内，则接收端自动进行纠错，如果错误较多，超出了码的纠错能力，但能检测出来，此时接收端通过反馈信道给发送端发送要求重发的指令，发送端将出错的信码重发。

在实际应用中，上述几种差错控制方式应根据具体情况合理选用。

**3. 差错控制编码的分类**

根据编码方式和不同的衡量标准，差错控制编码有多种形式和类别。

1）按照差错控制编码的不同功能可分为检错码和纠错码。检错码仅能检测错误；纠错码则兼有检错和纠错能力，当发现不可纠正的错误时可发出错误指示。

2）按照信息码元和附加的监督码元之间的检验关系可分为线性码和非线性码。若信息码元与监督码元之间的关系为线性关系，即监督码元是信息码元的线性组合，则称为线性码。反之，则称为非线性码。常用的差错控制编码一般为线性码，其中包含分组码和卷积码。

3）按照信息码元和监督码元之间的约束方式不同，可分为分组码和卷积码。在分组码中，编码后的码元序列每 $n$ 位分为一组，其中 $k$ 位信息码元，$r$ 个监督位，$r = n - k$，分组码一般用符号 $(n, k)$ 表示。监督码元仅与本码组的信息码元有关。但在卷积码中，码中的监督码元不但与本组信息码元有关，而且与前面码组的信息码元也有约束关系，就像链条那样一环扣一环，所以卷积码又称为连环码或链码。

**4. 差错控制编码的基本原理**

差错控制编码就是在信息码序列中加入冗余码（即监督码元），接收端利用监督码与信息码之间的某种特殊关系加以校验，以实现检错和纠错功能。下面以重复码为例详细介绍检错和纠错的基本原理。

假设要发送天气预报的消息，且天气只有晴、阴两种状态，这里用表 3-1 中的 3 种编码情况来讨论。

表3-1 编码表

| 编码方案 | 晴 | 阴 | 检、纠错能力 |
|---|---|---|---|
| A | 1 | 0 | 不能检、纠错 |
| B | 11 | 00 | 能发现一个错码，不能纠错 |
| C | 111 | 000 | 能发现两位错码，或纠一个错码 |

从表3-1中可知，在编码方案A中，假设不经信道编码，在信道中直接传输按表中编码规则得到的0、1数字序列，则在理想情况下，接收端收到"0"就认为是阴，收到"1"就认为是晴，如此可完全了解发送端传过来的信息。而在实际通信中由于干扰（噪声）的影响，会使信息码元发生错误而出现误码（比如码元"0"变成"1"或"1"变成"0"）。从上表可见，任何一组码只要发生错误，都会使该码组变成另外一组信息码，从而引起信息传输错误。因此，这种编码不具备检错和纠错的能力。

当增加1位冗余码，如编码方案B中，如果干扰使码元中仅一位传错，即出现"01"或"10"码，接收端译码时，可发现并不存在这样的码字（禁用码），这时接收端认为传输过程中出现错误，这是"11"或是"00"中的一位出错造成的，但错误到底是哪个码字造成的，难以判断，即可检出一个错，但不能纠错。

当增加2位冗余码，如编码方案C中，当干扰误传为110、101、011、001、010、100时，则接收端都认为是错码，这些码字可能是错一位造成的，也可能是错两位造成的，所以，它可以发现两位错码。因为传输中码字错的位数多的情况比错的位数少出现的情况概率更小，例如，上面收到"110""101""011"都可以认为是由"111"错一位造成的，直接判为"111"，而"001，010，100"判为由"000"错一位造成的，并纠正为"000"。此时接收端不仅能检测到1位错误，而且还能自动纠正该错码。

由此可见，增加冗余码的个数就能增加检、纠错能力。

**5. 差错控制编码的有关概念及性质**

**（1）几个概念**

1）许用码组：按照编码规则允许使用的码字。

2）禁用码组：不符合编码规则的码字。

3）码长：码字中码元的数目。

4）码重：码字中所含非0码元的个数称为该码字的码重，又称为汉明重量。对于二进制码来讲，码重$w$就是码元1的数目，例如码字01011，码长$n=5$，码重$w=3$。

5）码距：两个等长码字之间对应位不同的个数称为两个码字之间的码距，又称汉明距离。例如，码字00110与10010之间的码距$d=2$。

6）最小码距：在$(n, k)$线性分组码中，任意两个不同码字之间的距离最小值称为该分组码的最小汉明距离，用$d_{min}$表示。它表示了各个不同码之间的差异程度，若$d_{min}$越大，则发生差错的概率越小，检、纠错能力越强。

**（2）最小码距与检纠错能力**

分组码的最小码距$d_{min}$决定一种编码的抗干扰能力。因此，最小码距是信道编码的一个重要参数。理论研究表明，最小码距与检、纠错能力存在如下关系：

1）如果要检测$e$个错误，则要求

$$d_{\min} \geqslant e+1 \tag{3-1}$$

2）如果要纠正 $t$ 个错误，则要求

$$d_{\min} \geqslant 2t+1 \tag{3-2}$$

3）若码字用于检测 $e$ 个错误，同时纠正 $t$ 个错误，则要求

$$d_{\min} \geqslant t+e+1 \quad (e>t) \tag{3-3}$$

（3）编码效率

通常，在差错控制编码中，监督位越多纠错能力就越强，但编码效率就越低。若码字中信息位数为 $k$，监督位数为 $r$，码长 $n=k+r$，则编码效率 $R_c$ 可以用下式表示

$$R_c = k/n = (n-r)/n = 1-r/n \tag{3-4}$$

信道编码的任务就是要根据不同的干扰特性，设计出编码效率高、纠错能力强的编码。在实现设计过程中，需要根据具体指标要求，尽量简化编码实现的复杂度，节省设计费用。

【例3-1】 已知两码组为（0000）、（1111）。若用于检错，能检出几位错码？若用于纠错，能纠正几位错码？若同时用于检错与纠错，问检错与纠错的性能如何？

解：由已知条件知，这两个码组的最小距离 $d_{\min}=4$。

若用于检错，则根据 $d_{\min} \geqslant e+1$，得 $e=3$，所以能检出 3 位错码；

若用于纠错，则根据 $d_{\min} \geqslant 2t+1$，得 $t=1$，所以能纠正 1 位错码；

若同时用于检错与纠错，则根据 $d_{\min} \geqslant t+e+1(e>t)$，得 $e=2$，$t=1$，所以能同时检出 2 位错码，并能纠正 1 位错码。

## 3.2 几种常用的检错码

本节介绍的几种检错码编码很简单，但都有一定的检错能力，且易于实现，因此得到广泛应用。

### 3.2.1 奇偶监督码

奇偶监督码又称为奇偶校验码，是奇监督码和偶监督码的统称。奇偶监督码的编码方法是把信息码元先分组，然后在每组码元之后增加一位监督码元，使该码组中"1"码的数目为奇数或偶数。如果是奇监督码，加上一个监督码元以后，码长为 $n$ 的码字中"1"的个数为奇数个。例如，若原信息码是 10001，按照奇监督码编码后变成 100011，是在信息码后面加了一个校验码"1"，使该码组中"1"的数目为奇数；如果是偶监督码，加上一个监督码元以后，码长为 $n$ 的码字中"1"的个数为偶数个。例如，若信息码还是 10001，按照偶监督码编码以后则变成 100010，是在信息码后面加了一个校验码"0"，使该码组中"1"的数目为偶数。

显然，对于奇监督码，要使码组中"1"的数目为奇数，其监督方程为

$$a_{n-1} \oplus a_{n-2} \oplus \cdots \oplus a_1 \oplus a_0 = 1 \tag{3-5}$$

其中 $a_{n-1}$、$a_{n-2}$、$\cdots$、$a_1$ 为信息码元，"$\oplus$"为模 2 加，其监督码元 $a_0$ 可用下式表示

$$a_{n-1} \oplus a_{n-2} \oplus \cdots \oplus a_1 \oplus 1 = a_0 \tag{3-6}$$

对于偶监督码，要使码组中"1"的数目为偶数，其监督方程为

$$a_{n-1} \oplus a_{n-2} \oplus \cdots \oplus a_1 \oplus a_0 = 0 \tag{3-7}$$

其监督码元 $a_0$ 可用下式表示

$$a_{n-1} \oplus a_{n-2} \oplus \cdots \oplus a_1 = a_0 \qquad (3-8)$$

不难看出，这种奇偶监督码只能发现单个和奇数个错误，而不能检测出偶数个错误，因此，它的检错能力不强，且不能纠正错码。但由于其结构简单，易于实现，编码效率高，故在信道干扰不严重、码字不长的情况下被广泛应用。

## 3.2.2　行列监督码

行列监督码又称为二维奇偶监督码，有时还被称为方阵码。它不仅对水平（行）方向的码元进行奇偶监督，而且还对垂直（列）方向的码元实施奇偶监督。

这种监督码是在上述奇偶校验码的基础上发展而来的。将奇偶校验码的若干码组排列成矩阵，即每一码组写成一行，然后再按列的方向增加校验位，如图 3-1 所示。图 3-1 中 $a_0^1$, $a_0^2$, $\cdots$, $a_0^m$ 为 $m$ 行偶校验码组中的 $m$ 个监督位，$c_{n-1}$, $c_{n-2}$, $\cdots$, $c_0$ 为按列增加的 $n$ 个列监督位，可见 $n$ 个列监督位构成了一监督位行。行列监督码不仅能检测每行及每列中的奇数个错码，而且有

$$
\begin{matrix}
a_{n-1}^1 & a_{n-2}^1 & \cdots & a_1^1 & a_0^1 \\
a_{n-1}^2 & a_{n-2}^2 & \cdots & a_1^2 & a_0^2 \\
\vdots & \vdots & & \vdots & \vdots \\
a_{n-1}^m & a_{n-2}^m & \cdots & a_1^m & a_0^m \\
c_{n-1} & c_{n-2} & & c_1 & c_0
\end{matrix}
$$

图 3-1　行列监督码

可能检测偶数个错误。因为每行的监督位 $a_0^1$, $a_0^2$, $\cdots$, $a_0^m$ 虽然不能用于检测本行中的偶数个错误，但按列的方向有可能由 $c_{n-1}$, $c_{n-2}$, $\cdots$, $c_0$ 等监督位检测出来。然而有一些偶数错误则不可能检出，例如，分布在矩阵的四个顶点一类的偶数个错误，如图 3-1 中的 $a_{n-2}^2$, $a_1^2$, $a_{n-2}^m$ 和 $a_1^m$ 四个码元。

行列监督码适用于检测突发错码（成串出现的错误），试验表明采用行列监督码可使误码率 $P_e$ 降至原来的百分之一到万分之一，而前述的一维奇偶监督码一般只适用于检测随机错误。

行列监督码不仅可用来检错，还可用来纠正一些错码。例如，当码组中仅在一行中有奇数个错误时，就能够确定错码位置，从而纠正它。

## 3.2.3　恒比码

码字中"1"数目与"0"的数目保持恒定比例的码称为恒比码，又称为等重码。检测时，只要计算接收码组中"1"的数目是否正确，就可判断它有无错误。恒比码应用于电报、数据通信和计算机中。

目前我国电传通信中普遍采用 3：2 码，即用五单元电码表示一位阿拉伯数字，再用四位数字表示一位汉字的。该码共有 $C_5^3 = 10$ 个许用码，恰好用来表示 10 个阿拉伯数字"0～9"，如表 3-2 所示。这种码又称为"5 中取 3 码"数字保护码，因为每一个五单元电码都必须包含三个"1"。因为每个汉字是以 4 位十进制数来代表的，所以提高十进制数字传输的可靠性，就等于提高汉字传输的可靠性。实践证明，采用这种码后，我国汉字电报的差错率大为降低。

表 3-2　3：2 数字保护码

| 阿拉伯数字 | 保护电码 | 阿拉伯数字 | 保护电码 |
|---|---|---|---|
| 1 | 01011 | 6 | 10101 |
| 2 | 11001 | 7 | 11100 |
| 3 | 10110 | 8 | 01110 |
| 4 | 11010 | 9 | 10011 |
| 5 | 00111 | 0 | 01101 |

恒比码能检测出码组中所有奇数个码元错误及部分偶数个码元的错误，但不能检测在每一码组中发生的"对换错误"（即在同一码组中"1"变为"0"与"0"变为"1"的错码数目相同）。在国际电报通信中，采用"7中取3"恒比码，有 $C_7^3 = 35$ 个许用码，可表示 26 个英文字母和其他符号。恒比码的优点是简单，适用于传输电传机或其他键盘设备产生的数字、字母和符号。实践证明，应用这种码，使国际电报通信的误码率保持在 $10^{-6}$ 以下。

### 3.2.4 正反码

正反码是一种简单的能纠正错误的编码，其监督位数目与信息位数目相同，监督码元与信息码元是相同还是相反，则由信息码中"1"的个数来决定。通信用的正反码的码长 $n = 10$，其中信息位 $k = 5$，监督位 $r = 5$。

正反码的编码规则为：

1）当信息位中有奇数个"1"时，监督位是信息位的重复。

2）当信息位中有偶数个"1"时，监督位是信息位的反码。

若信息位为 011001 则码组为 011001011001；若信息位为 10111 则码组为 1011101000。

正反码的译码：先将接收码组中的信息位和监督位模 2 加得到一个 5 位的合成码组，然后由该合成码组产生一个校验码组。若接收码组中的信息位中有奇数个"1"，则合成码组就是校验码组；若接收码组的信息位中有偶数个"1"，则取合成码组的反码作为校验码组。最后观察校验码组中"1"的个数，按表 3-3 进行判决及纠正可能出现的错误。

**表 3-3　正反码的错码对照表**

| 序　号 | 校验码组成 | 错码情况 |
|---|---|---|
| 1 | 全为"0" | 无错码 |
| 2 | 有 4 个"1"，1 个"0" | 信息码中有一位错码，其位置对应校验码组中"0"的位置 |
| 3 | 有 4 个"0"，1 个"1" | 监督码中有一位错码，其位置对应校验码组中"1"的位置 |
| 4 | 其他组成 | 错码多于 1 个 |

例如，发送码组为 1100111001，若无错，接收码组仍为 1100111001。合成码组为 $11001 \oplus 11001 = 00000$。由于接收的信息码中有奇数个"1"，所以校验码组为 00000，按表 3-3 判决无错。若传输的过程中产生了错误，使接收码组变成 1000111001，则合成码组为 $10001 \oplus 11001 = 01000$。由于接收的码组中有偶数个"1"，所以校验码组应取合成码组的反码，即 10111。按表 3-3 的规定，表示第 2 位信息码元有错。若接收码组错成 1100101001，合成码组为 $11001 \oplus 01001 = 10000$。由于接收的信息码中有奇数个"1"，所以校验码组为 10000，按表 3-3 判为监督位第一位为错码。若接收码组错成 1001111001，合成码组为 $10011 \oplus 11001 = 01010$。由于接收的信息码中有奇数个"1"，所以校验码组为 01010，按表 3-3 的规定，错码个数超过 1 个，不能自动纠正。

这种长度为 10 的正反码具有纠正一位错码的能力，并能检测全部两位以下的错码和大部分两位以上的错码。正反码的缺点是编码效率较低，仅为 50%。

## 3.3　汉明码

分组码是一组固定长度的码组，可表示为 $(n, k)$，即 $k$ 个信息位被编为 $n$ 位码组长度，而 $r = n - k$ 个监督位的作用就是实现检错与纠错。当分组码的信息码元与监督码元之间的关系为线性关系时，这种分组码就称为线性分组码。数学分析表明，线性分组码具有以下两个性质：

1）任意两个许用码组之和（模2加）后，所得码组仍是许用码组，即线性分组码具有封闭性。

2）码组间的最小码距等于非零码的最小码重。

汉明码是1950年由美国贝尔实验室汉明提出的，是第一个用于纠正一位错码的效率较高的线性分组码，因其编、译码器结构简单，故在数字通信系统和数据存储系统中得到广泛应用。汉明码的特点有：

1）最小码距 $d_{\min}=3$，可以纠正一位错误；

2）监督位数 $r=n-k$；

3）信息位数 $k=2^r-r-1$。

现以 $n=7$，$k=4$ 的（7，4）汉明码为例来说明（$n$，$k$）线性分组编码和译码的理论依据。前面介绍的奇偶监督码就是一种最简单的线性分组码，由于只有一位监督码，通常可以表示为（$n$，$n-1$），式(3-7)表示采用偶校验时的监督关系。在接收端解码时，实际上就是在计算

$$S=a_{n-1}\oplus a_{n-2}\oplus\cdots\oplus a_1\oplus a_0 \tag{3-9}$$

式中，$a_{n-1}$、$a_{n-2}$、$\cdots$、$a_1$ 表示接收到的信息位；$a_0$ 表示接收到的监督位。

若 $S=0$，就认为无错；若 $S=1$ 就认为有错。式(3-9)被称为监督关系式，$S$ 称为校正子。由于校正子 $S$ 的取值只有"0"和"1"两种状态，因此，它只能表示有错和无错这两种信息，而不能指出错码的位置。

如果监督位增加一位，即变成两位，则能增加一个类似于式(3-9)的监督关系式，计算出两个校正子 $S_1$ 和 $S_2$，而 $S_1S_2$ 共有四种组合：00、01、10、11，可以表示4种不同的信息。除了用00表示无错以外，其余3种状态就可用于指示3种不同的误码位置。

同理，有 $r$ 个监督方程式计算得到的校正子有 $r$ 位，可以用来指示 $2^r-1$ 个误码位置。对于码组长度为 $n$、信息码元为 $k$ 位，监督码元为 $r=n-k$ 位的分组码，如果希望用 $r$ 个监督位构造出 $r$ 个监督关系来指示一位错码的 $n$ 种可能，则要求

$$2^r-1\geqslant n \quad \text{或} \quad 2^r\geqslant k+r+1 \tag{3-10}$$

下面通过一个例子来说明线性分组码是如何构成的。设分组码（$n$，$k$）中 $k=4$，为了能够纠正一位错误，由式(3-10)可以看到，要求监督位数 $r\geqslant3$，若取 $r=3$，则 $n=k+r=7$。因此，可以用 $a_6a_5a_4a_3a_2a_1a_0$ 表示这7个码元，用 $S_1$、$S_2$、$S_3$ 表示由3个监督关系式得到的3个校正子，其与误码位置的关系如表3-4所示。（当然，也可以规定成另一种对应关系，这并不影响讨论的一般性）。

表3-4 校正子与误码位置的对应关系

| $S_1S_2S_3$ | 误码位置 | $S_1S_2S_3$ | 误码位置 |
|---|---|---|---|
| 001 | $a_0$ | 101 | $a_4$ |
| 010 | $a_1$ | 110 | $a_5$ |
| 100 | $a_2$ | 111 | $a_6$ |
| 011 | $a_3$ | 000 | 无错 |

由表 3-4 中规定可以看到，仅当一错码位置在 $a_2$、$a_4$、$a_5$ 或 $a_6$ 时，校正子 $S_1$ 为 1；否则 $S_1$ 为 0。这就意味着 $a_2$、$a_4$、$a_5$ 和 $a_6$ 四个码元构成偶数监督关系

$$S_1 = a_6 \oplus a_5 \oplus a_4 \oplus a_2 \tag{3-11}$$

同理，$a_1$、$a_3$、$a_5$ 和 $a_6$ 四个码元构成偶数监督关系

$$S_2 = a_6 \oplus a_5 \oplus a_3 \oplus a_1 \tag{3-12}$$

以及由 $a_0$、$a_3$、$a_4$ 和 $a_6$ 四个码元构成偶数监督关系

$$S_3 = a_6 \oplus a_4 \oplus a_3 \oplus a_0 \tag{3-13}$$

在发送端编码时，$a_6$、$a_5$、$a_4$ 和 $a_3$ 是信息码元，它们的值取决于输入信号，因此是随机的。$a_2$、$a_1$ 和 $a_0$ 是监督码元，它们的值由监督关系来确定，即监督位应使上述的三个表达式中的 $S_1$、$S_2$、$S_3$ 的值为零（表示编成的码组中应无错码），这样上述的三个表达式可以表示成下面的方程组形式

$$\begin{cases} a_6 \oplus a_5 \oplus a_4 \oplus a_2 = 0 \\ a_6 \oplus a_5 \oplus a_3 \oplus a_1 = 0 \\ a_6 \oplus a_4 \oplus a_3 \oplus a_0 = 0 \end{cases} \tag{3-14}$$

由式(3-14) 经移项运算，可解出监督位

$$\begin{cases} a_6 \oplus a_5 \oplus a_4 = a_2 \\ a_6 \oplus a_5 \oplus a_3 = a_1 \\ a_6 \oplus a_4 \oplus a_3 = a_0 \end{cases} \tag{3-15}$$

接收端收到每个码组后，计算出 $S_1$、$S_2$ 和 $S_3$，如不全为 0，则可按表 3-4 确定误码的位置，然后予以纠正。例如，接收码组为 0000011，可算出 $S_1 S_2 S_3 = 011$，由表 3-4 可知在 $a_3$ 位置上有一误码。

不难看出，上述（7，4）码的最小码距 $d_{\min} = 3$，因此，它能纠正一个误码或检测两个误码。若超出纠错能力，则反而会因"乱纠"而增加新的误码。

### 3.3.1 监督矩阵 $H$ 和生成矩阵 $G$

式(3-14) 所述的（7，4）码的 3 个监督方程式可以重新改写为如下形式

$$\begin{cases} 1 \cdot a_6 \oplus 1 \cdot a_5 \oplus 1 \cdot a_4 \oplus 0 \cdot a_3 \oplus 1 \cdot a_2 \oplus 0 \cdot a_1 \oplus 0 \cdot a_0 = 0 \\ 1 \cdot a_6 \oplus 1 \cdot a_5 \oplus 0 \cdot a_4 \oplus 1 \cdot a_3 \oplus 0 \cdot a_2 \oplus 1 \cdot a_1 \oplus 0 \cdot a_0 = 0 \\ 1 \cdot a_6 \oplus 0 \cdot a_5 \oplus 1 \cdot a_4 \oplus 1 \cdot a_3 \oplus 0 \cdot a_2 \oplus 0 \cdot a_1 \oplus 1 \cdot a_0 = 0 \end{cases} \tag{3-16}$$

对于式(3-16) 可以用矩阵形式来表示

$$\begin{pmatrix} 1 & 1 & 1 & 0 & 1 & 0 & 0 \\ 1 & 1 & 0 & 1 & 0 & 1 & 0 \\ 1 & 0 & 1 & 1 & 0 & 0 & 1 \end{pmatrix} \begin{bmatrix} a_6 & a_5 & a_4 & a_3 & a_2 & a_1 & a_0 \end{bmatrix}^{\mathrm{T}} = \begin{pmatrix} 0 \\ 0 \\ 0 \end{pmatrix} \tag{3-17}$$

上式可以记作：$\boldsymbol{HA}^{\mathrm{T}} = \boldsymbol{O}^{\mathrm{T}}$ 或 $\boldsymbol{AH}^{\mathrm{T}} = \boldsymbol{O}$，其中

$$H = \begin{bmatrix} 1 & 1 & 1 & 0 & \vdots & 1 & 0 & 0 \\ 1 & 1 & 0 & 1 & \vdots & 0 & 1 & 0 \\ 1 & 0 & 1 & 1 & \vdots & 0 & 0 & 1 \end{bmatrix} = [\,P \quad I_r\,] \tag{3-18a}$$

$$A = \begin{bmatrix} a_6 & a_5 & a_4 & a_3 & a_2 & a_1 & a_0 \end{bmatrix} \tag{3-18b}$$

$$O = \begin{bmatrix} 0 & 0 & 0 \end{bmatrix} \tag{3-18c}$$

右上标"T"表示将矩阵转置。例如，$\boldsymbol{H}^{\mathrm{T}}$ 是 $\boldsymbol{H}$ 的转置，即 $\boldsymbol{H}^{\mathrm{T}}$ 的第一行为 $\boldsymbol{H}$ 的第一列，$\boldsymbol{H}^{\mathrm{T}}$ 的第二行为 $\boldsymbol{H}$ 的第二列等。

通常 $\boldsymbol{H}$ 称为监督矩阵，$\boldsymbol{A}$ 称为信道编码得到的码字。在这个例子中，$\boldsymbol{H}$ 为 $r \times n$ 阶矩阵，$\boldsymbol{P}$ 为 $r \times k$ 阶矩阵，$\boldsymbol{I}_r$ 为 $r \times r$ 阶单位矩阵，具有这种特性的 $\boldsymbol{H}$ 矩阵称为典型监督矩阵。典型形式的监督矩阵各行是线性无关的，非典型形式的监督矩阵可以经过行或列的运算化为典型形式。对于式(3-15) 也可以用矩阵形式来表示

$$\begin{pmatrix} a_2 \\ a_1 \\ a_0 \end{pmatrix} = \begin{pmatrix} 1 & 1 & 1 & 0 \\ 1 & 1 & 0 & 1 \\ 1 & 0 & 1 & 1 \end{pmatrix} \begin{pmatrix} a_6 \\ a_5 \\ a_4 \\ a_3 \end{pmatrix}$$

或者

$$\begin{bmatrix} a_2 & a_1 & a_0 \end{bmatrix} = \begin{bmatrix} a_6 & a_5 & a_4 & a_3 \end{bmatrix} \begin{pmatrix} 1 & 1 & 1 \\ 1 & 1 & 0 \\ 1 & 0 & 1 \\ 0 & 1 & 1 \end{pmatrix} = \begin{bmatrix} a_6 & a_5 & a_4 & a_3 \end{bmatrix} Q \tag{3-19}$$

比较式(3-18a) 和式(3-19) 可以看到 $\boldsymbol{Q} = \boldsymbol{P}^{\mathrm{T}}$，如果在 $\boldsymbol{Q}$ 矩阵的左边加上一个 $k \times k$ 的单位矩阵，就形成一个新的矩阵 $\boldsymbol{G}$

$$G = \begin{bmatrix} I_k & Q \end{bmatrix} = \begin{bmatrix} 1 & 0 & 0 & 0 & \vdots & 1 & 1 & 1 \\ 0 & 1 & 0 & 0 & \vdots & 1 & 1 & 0 \\ 0 & 0 & 1 & 0 & \vdots & 1 & 0 & 1 \\ 0 & 0 & 0 & 1 & \vdots & 0 & 1 & 1 \end{bmatrix} \tag{3-20}$$

$\boldsymbol{Q}$ 为 $r \times k$ 阶矩阵，$\boldsymbol{I}_k$ 为 $k \times k$ 阶单位矩阵，具有这种特性的 $\boldsymbol{G}$ 矩阵称为典型生成矩阵，利用它可以产生整个码组，即有

$$A = MG = \begin{bmatrix} a_6 & a_5 & a_4 & a_3 \end{bmatrix} G \tag{3-21}$$

利用式(3-21) 产生的分组码必为系统码，也就是信息码元保持不变，监督码元附加在其后。

### 3.3.2 校正子 $S$

在发送端，信息码元 $\boldsymbol{M}$ 利用式(3-21)，实现信道编码，产生线性分组码 $\boldsymbol{A}$，在传输过程中有可能出现误码，设接收到的码组为 $\boldsymbol{B}$，则收发码组之差为

$$\boldsymbol{B} - \boldsymbol{A} = \begin{bmatrix} b_{n-1} & b_{n-2} & \cdots & b_0 \end{bmatrix} - \begin{bmatrix} a_{n-1} & a_{n-2} & \cdots & a_0 \end{bmatrix} = \mathrm{E} = \begin{bmatrix} e_{n-1} & e_{n-2} & \cdots & e_0 \end{bmatrix}$$

$$\tag{3-22}$$

其中 $e_i = \begin{cases} 0 & b_i = a_i \\ 1 & b_i \neq a_i \end{cases}$，若 $e_i = 1$，表示 $i$ 位有错；$e_i = 0$，表示 $i$ 位无错。基于这样的原则接收端利用接收到的码组 $\boldsymbol{B}$ 计算校正子

$$\boldsymbol{S} = \boldsymbol{B}\boldsymbol{H}^{\mathrm{T}} = (\boldsymbol{A} + \boldsymbol{E})\boldsymbol{H}^{\mathrm{T}} = \boldsymbol{A}\boldsymbol{H}^{\mathrm{T}} + \boldsymbol{E}\boldsymbol{H}^{\mathrm{T}} = \boldsymbol{E}\boldsymbol{H}^{\mathrm{T}} \tag{3-23}$$

因此，校正子仅与 $\boldsymbol{E}$ 有关，即错误图样与校正子之间有确定关系。

对于上述（7，4）码，校正子 $S$ 与错误图样的对应关系可由式(3-23) 求得，其计算结果如表3-5 所示。在接收端的译码器中有专门的校正子计算电路，从而实现检错与纠错。

表3-5 （7，4）码校正子与错误图样的对应关系

| 序 号 | 错误码位 | $E$ | | | | | | | $S$ | | |
|---|---|---|---|---|---|---|---|---|---|---|---|
| | | $e_6$ | $e_5$ | $e_4$ | $e_3$ | $e_2$ | $e_1$ | $e_0$ | $S_3$ | $S_2$ | $S_1$ |
| 0 | ／ | 0 | 0 | 0 | 0 | 0 | 0 | 0 | 0 | 0 | 0 |
| 1 | $b_0$ | 0 | 0 | 0 | 0 | 0 | 0 | 0 | 1 | 0 | 1 |
| 2 | $b_1$ | 0 | 0 | 0 | 0 | 0 | 1 | 0 | 0 | 1 | 0 |
| 3 | $b_2$ | 0 | 0 | 0 | 1 | 0 | 0 | 0 | 1 | 0 | 0 |
| 4 | $b_3$ | 0 | 0 | 0 | 1 | 0 | 0 | 0 | 0 | 0 | 1 |
| 5 | $b_4$ | 0 | 0 | 1 | 0 | 0 | 0 | 0 | 1 | 0 | 1 |
| 6 | $b_5$ | 0 | 1 | 0 | 0 | 0 | 0 | 0 | 1 | 1 | 0 |
| 7 | $b_6$ | 1 | 0 | 0 | 0 | 0 | 0 | 0 | 1 | 1 | 1 |

如果要产生一个系统汉明码，可以将矩阵 $H$ 转换成典型形式的监督矩阵，进一步利用 $Q = P^{\mathrm{T}}$ 的关系，得到相应的生成矩阵 $G$。通常汉明码可以表示为

$$(n,k) = (2^r - 1, 2^r - 1 - r) \tag{3-24}$$

根据上述汉明码定义可以看到，前面例子中构造的（7，4）线性分组码实际就是一个汉明码，它满足汉明码的特点。

# 3.4 循环码

循环码是线性分组码的一个重要分支，也是目前研究最成熟的一类码。1957 年普兰奇最早提出循环码的概念，在其后的几十年中，人们对循环码的代数性质、结构、性能和编码译码方法等方面进行了大量的研究，从而推动了循环码在实际差错控制系统中的应用。由于循环码具有较强的检错和纠错能力，特别是它的编译码易于实现，是目前通信系统中广泛采用的一种编码。

## 3.4.1 循环码的代数结构

循环码是一种系统分组码，它除了具有线性分组码的封闭性外，还有一个最大的特点就是码字的循环特性。所谓循环特性是指：循环码中任一许用码组经过循环移位后，所得到的码组仍然是许用码组。

若 $(a_{n-1}a_{n-2}\cdots a_1a_0)$ 为一组循环码组，则 $(a_{n-2}a_{n-3}\cdots a_0a_{n-1})$、$(a_{n-3}a_{n-4}\cdots a_{n-1}a_{n-2})$、$\cdots$ 还是许用码组。也就是说不论是左移还是右移，也不论移多少位，仍然是许用的循环码组。表3-6 给出的一种（7，3）循环码的全部码字，由此表可以直观地看出这种码的循环特性。例如，表中的第 2 码字向右移一位，即得到第 5 码字；第 6 码字向右移一位，即得到第 3 码字。

表 3-6  一种 (7, 3) 循环码的全部码字

| 序  号 | 码 字 | | 序  号 | 码 字 | |
|---|---|---|---|---|---|
| | 信息位 $a_6 a_5 a_4$ | 监督位 $a_3 a_2 a_1 a_0$ | | 信息位 $a_6 a_5 a_4$ | 监督位 $a_3 a_2 a_1 a_0$ |
| 1 | 000 | 0000 | 5 | 100 | 1011 |
| 2 | 001 | 0111 | 6 | 101 | 1100 |
| 3 | 010 | 1110 | 7 | 110 | 0101 |
| 4 | 011 | 1001 | 8 | 111 | 0010 |

为了利用代数理论研究循环码，可以将码组用代数多项式来表示，这个多项式被称为码多项式。对于循环码 $A = (a_{n-1} a_{n-2} \cdots a_1 a_0)$，可以将它的码多项式表示为

$$A(x) = a_{n-1} x^{n-1} \oplus a_{n-2} x^{n-2} \oplus \cdots \oplus a_1 x \oplus a_0 \qquad (3-25)$$

对于二进制码组，多项式的每个系数不是 0 就是 1，$x$ 仅是码元位置的标志。因此，这里并不关心 $x$ 的取值。而表 3-6 中任一码组可以表示为

$$A(x) = a_6 x^6 \oplus a_5 x^5 \oplus a_4 x^4 \oplus a_3 x^3 \oplus a_2 x^2 \oplus a_1 x \oplus a_0 \qquad (3-26)$$

例如，表 3-6 中的第 7 码字可以表示为

$$\begin{aligned} A_7(x) &= 1 \cdot x^6 \oplus 1 \cdot x^5 \oplus 0 \cdot x^4 \oplus 0 \cdot x^3 \oplus 1 \cdot x^2 \oplus 0 \cdot x \oplus 1 \\ &= x^6 \oplus x^5 \oplus x^2 \oplus 1 \end{aligned} \qquad (3-27)$$

模 2 运算的规则定义如下：

模 2 加  $0 \oplus 0 = 0$   $0 \oplus 1 = 1$   $1 \oplus 0 = 1$   $1 \oplus 1 = 0$

模 2 乘  $0 \times 0 = 0$   $0 \times 1 = 0$   $1 \times 0 = 0$   $1 \times 1 = 1$

因此，若一个整数 $m$ 可以表示为

$$\frac{m}{n} = Q \oplus \frac{p}{n} \quad p < n \qquad (3-28)$$

$Q$ 是整数。则在模 $n$ 运算下，有 $m \equiv p$（模 $n$），也就是说，在模 $n$ 运算下，$m$ 等于其被 $n$ 除得的余数。

在码多项式运算中也有类似的按模运算法则。若一任意多项式 $F(x)$ 被一 $n$ 次多项式 $N(x)$ 除，得到商式 $Q(x)$ 和一个次数小于 $n$ 的余式 $R(x)$，即

$$\frac{F(x)}{N(x)} = Q(x) \oplus \frac{R(x)}{N(x)} \qquad (3-29)$$

则可以写为：$F(x) \equiv R(x)$（模 $N(x)$）。这时，码多项式系数仍按模 2 运算，即只取值 0 和 1。例如，$x^4 \oplus x^2 \oplus 1$ 除以 $x^3 \oplus 1$，可得

$$\frac{x^4 \oplus x^2 \oplus 1}{x^3 \oplus 1} = x \oplus \frac{x^2 \oplus x \oplus 1}{x^3 \oplus 1} \qquad (3-30)$$

注意，在上述运算中，由于是模 2 运算，因此，加法和减法是等价的，这样式(3-30)也可以表示为

$$x^4 \oplus x^2 \oplus 1 \equiv x^2 \oplus x \oplus 1 \quad (\text{模 } x^3 \oplus 1) \qquad (3-31)$$

在循环码中，若 $A(x)$ 是一个长为 $n$ 的许用码组，则 $x^i \cdot A(x)$ 在按模 $x^n \oplus 1$ 运算下，也是一个许用码组，即假如：$x^i \cdot A(x) \equiv A'(x)$（模 $x^n \oplus 1$），可以证明 $A'(x)$ 也是一个许用

码组，并且，$A'(x)$ 正是 $A(x)$ 代表的码组向左循环移位 $i$ 次的结果。例如，由式(3-27)表示的循环码，其码长 $n=7$，现给定 $i=3$，则

$$x^3 \cdot A_7(x) = x^3 \cdot (x^6 \oplus x^5 \oplus x^2 \oplus 1) = (x^9 \oplus x^8 \oplus x^5 \oplus x^3)$$
$$= (x^5 \oplus x^3 \oplus x^2 \oplus x) \quad (\text{模 } x^7 \oplus 1) \tag{3-32}$$

其对应的码组为 0101110，它正是表 3-6 中的第 3 个码字。通过上述分析和演算可以得到一个重要的结论：一个长度 $n$ 的循环码，它必为按模（$x^n \oplus 1$）运算的一个余式。

### 3.4.2 循环码的生成多项式和生成矩阵

在循环码中，一个 $(n, k)$ 码有 $2^k$ 个不同的码组。若用 $g(x)$ 表示其中前 $k-1$ 位皆为"0"的码组，则 $g(x)$，$xg(x)$，$x^2 g(x)$，$\cdots$，$x^{k-1} g(x)$ 都是码组，而且这 $k$ 个码组是线性无关的。因此它们可以用来构成此循环码的生成矩阵。可以证明生成多项式 $g(x)$ 具有以下特性：

1）$g(x)$ 是一个常数项为 1 的 $r = n-k$ 次多项式。

2）$g(x)$ 是 $x^n \oplus 1$ 的一个因式。

3）该循环码中其他码多项式都是 $g(x)$ 的倍式。

为了保证构成的生成矩阵 $G$ 的各行线性不相关，通常用 $g(x)$ 来构造生成矩阵，这时，生成矩阵 $G(x)$ 可以表示成为

$$G(x) = \begin{pmatrix} x^{k-1} \cdot g(x) \\ x^{k-2} \cdot g(x) \\ \vdots \\ x \cdot g(x) \\ g(x) \end{pmatrix} \tag{3-33}$$

其中，$g(x) = x^r \oplus a_{r-1} x^{r-1} \oplus \cdots \oplus a_1 x \oplus 1$，因此，一旦生成多项式 $g(x)$ 确定以后，该循环码的生成矩阵就可以确定，进而该循环码的所有码字就可以确定。显然，式(3-33) 不符合 $G = [I_k \ Q]$ 形式，所以此矩阵不是典型形式，不过，可以通过简单的代数变换将它化为典型矩阵。

现在以表3-6 的 $(7, 3)$ 循环码为例，来构成它的生成矩阵和生成多项式，这个循环码参数为 $n=7$，$k=3$，$r=4$。从表中可以看出，其生成多项式可用第 1 码字构造

$$g(x) = A_1(x) = x^4 \oplus x^2 \oplus x \oplus 1 \tag{3-34}$$

$$G(x) = \begin{pmatrix} x^2 \cdot g(x) \\ x \cdot g(x) \\ g(x) \end{pmatrix} = \begin{pmatrix} x^6 \oplus x^4 \oplus x^3 \oplus x^2 \\ x^5 \oplus x^3 \oplus x^2 \oplus x \\ x^4 \oplus x^2 \oplus x \oplus 1 \end{pmatrix} \tag{3-35}$$

$$G = \begin{pmatrix} 1 & 0 & 1 & 1 & 1 & 0 & 0 \\ 0 & 1 & 0 & 1 & 1 & 1 & 0 \\ 0 & 0 & 1 & 0 & 1 & 1 & 1 \end{pmatrix} \tag{3-36}$$

在上面的例子中，是利用表3-6 给出的 $(7, 3)$ 循环码的所有码字，构造它的生成多项式和生成矩阵。但在实际循环码设计过程中，通常只给出码长和信息位数，这就需要设计生成多项式和生成矩阵，这时可以利用 $g(x)$ 所具有的基本特性进行设计。生成多项式 $g(x)$

是 $x^n \oplus 1$ 的一个因式，其次 $g(x)$ 是一个 $r$ 次因式。因此，就可以先对 $x^n \oplus 1$ 进行因式分解，找到它的 $r$ 次因式即为生成多项式 $g(x)$。

### 3.4.3 循环码的编译码方法

#### 1. 编码过程

编码的任务是在已知信息位的条件下求得循环码的码组，而这里要求得到的是系统码，即码组前 $k$ 位为信息位，后 $n-k$ 位是监督位。设信息位的码多项式为

$$m(x) = m_{k-1}x^{k-1} \oplus m_{k-2}x^{k-2} \oplus \cdots \oplus m_1 x \oplus m_0 \tag{3-37}$$

其中系数 $m_i$ 为 1 或 0。$(n, k)$ 循环码的码多项式的最高幂次是 $n-1$ 次，而信息位是在它的最前面 $k$ 位，因此信息位在循环码的码多项式中应表现为多项式 $x^{n-k}m(x)$（最高次幂为 $n-k+k-1=n-1$）。

根据上述原理可以得到一个较简单的系统循环码编码方式：设要产生 $(n, k)$ 循环码，$m(x)$ 表示信息多项式，则其次数必小于 $k$，而 $x^{n-k}m(x)$ 的次数必小于 $n$，用 $x^{n-k}m(x)$ 除以 $g(x)$，可得到余数 $r(x)$，$r(x)$ 的次数必小于 $(n-k)$，将 $r(x)$ 加到信息位后作为监督位，就得到系统循环码。由此，可得到循环码的编码规则：

1）用 $x^{n-k}$ 乘 $m(x)$。这一运算实际上是把信息码后附加 $(n-k)$ 个"0"。即"0"的个数与生成多项式的次数一致。例如，信息码为 110，它相当于 $m(x) = x^2 \oplus x$。当 $n-k=7-3=4$ 时，$x^{n-k}m(x) = x^6 \oplus x^5$，它相当于 1100000。

2）求 $r(x)$。即用 $x^{n-k}m(x)$ 除以 $g(x)$，得到商 $Q(x)$ 和余式 $r(x)$。即

$$\frac{x^{n-k}m(x)}{g(x)} = Q(x) \oplus \frac{r(x)}{g(x)} \tag{3-38}$$

这样就得到 $r(x)$。

3）编码输出系统循环码多项式 $A(x)$ 为

$$A(x) = x^{n-k}m(x) \oplus r(x) \tag{3-39}$$

例如，对于 $(7, 3)$ 循环码，若选用 $g(x) = x^4 \oplus x^2 \oplus x \oplus 1$，信息码 110 时，

$$\frac{x^{n-k}m(x)}{g(x)} = \frac{x^6 \oplus x^5}{x^4 \oplus x^2 \oplus x \oplus 1} = (x^2 \oplus x \oplus 1) \oplus \frac{x^2 \oplus 1}{x^4 \oplus x^2 \oplus x \oplus 1} \tag{3-40}$$

上式相当于 $\frac{1100000}{10111} = 111 \oplus \frac{0101}{10111}$，这时的编码输出为 1100101。

上述三步编码过程，在硬件实现时，可以利用除法电路来实现，这里的除法电路采用一些移位寄存器和模 2 加法器来构成。下面以 $(7, 3)$ 循环码为例，来说明其具体实现过程。该 $(7, 3)$ 循环码的生成多项式为：$g(x) = x^4 \oplus x^2 \oplus x \oplus 1$，则构成的系统循环码编码器如图 3-2 所示，图中有 4 个移位移寄存器 $(a, b, c, d)$，一个双刀双掷开关。当信息位输入时，开关接"2"，输入的信息码一方面送到除法器进行运算，另一方面直接输出；当信息位全部输出后，开关接"1"，这时输出端接到移位寄存器的输出，这时除法的余项即监督位依次输出。

当信息码为 110 时，编码器的工作过程如表 3-7 所示。

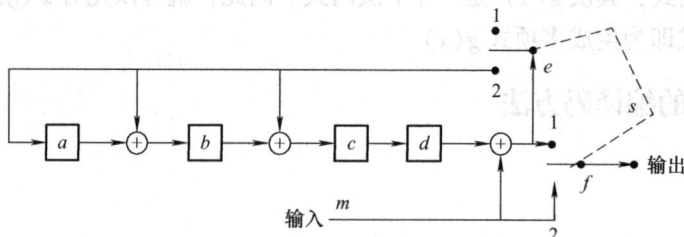

图 3-2 （7，3）循环码编码器

表 3-7　编码器工作过程

| 输入（$m$） | 移位寄存器（$abcd$） | 反馈（$e$） | 输出（$f$） |
|---|---|---|---|
| 0 | 0000 | 0 | 0 |
| 1 | 1110 | 1 | 1 |
| 1 | 1001 | 1 | 1 |
| 0 | 1010 | 1 | 0 |
| 0 | 0101 | 0 | 0 |
| 0 | 0010 | 1 | 1 |
| 0 | 0001 | 0 | 0 |
| 0 | 0000 | 1 | 1 |

### 2. 译码过程

对于接收端译码的要求通常有两个：检错与纠错。达到检错目的的译码十分简单，由于任一码组多项式 $A(x)$ 都应能被生成多项式 $g(x)$ 整除，所以在接收端可以将接收码组 $R(x)$ 用原生成多项式 $g(x)$ 去除。当传输中未发生错误时，接收码组与发送码组相同，即 $R(x) = A(x)$，故接收码组 $R(x)$ 必定能被 $g(x)$ 整除；若码组在传输的过程中发生错误，则 $R(x) \neq A(x)$，$R(x)$ 被 $g(x)$ 除时可能除不尽而有余项，即有

$$\frac{R(x)}{g(x)} = Q(x) \oplus \frac{r(x)}{g(x)} \tag{3-41}$$

因此，这里就以余项是否为零来判别码组中有无错码。需要指出的是，如果信道中错码的个数超过了这个编码的检错能力，恰好使有错码的接收码组能被 $g(x)$ 所整除，这时的错码就不能检测出了，这种错误称为不可检错误。

## 3.5 卷积码

在一个二进制分组码 $(n, k)$ 当中，包含 $k$ 个信息位，码组长度为 $n$，每个码组的 $(n-k)$ 个校验码仅与本码组的 $k$ 个信息位有关，而与其他码组无关。为了达到一定的纠错能力和编码效率（$R_c = k/n$），分组码的码组长度 $n$ 通常都比较大。编译码时必须把整个信息码组存储起来，由此产生的延时随着 $n$ 的增加而线性增加。

94

为了减少这个延迟，人们提出各种解决方案，其中卷积码就是一种比较好的信道编码方式。这种编码方式同样是把 $k$ 个信息比特编成 $n$ 个比特，但 $k$ 和 $n$ 通常很小，特别适宜于以串行形式传输信息，减少编码延时。

与分组码不同，卷积码每个 $(n, k)$ 码段（也称为字码）的 $n$ 个码元不仅与当前段的 $k$ 个信息有关，且与前面 $(N-1)$ 段的信息有关，这 $N$ 段时间内的码元数目 $nN$ 通常被称为这种码的约束长度，$N$ 称为约束度。此种约束关系使已编码序列相邻码字之间存在某种相关性，使该序列可以看成是输入序列经某种卷积运算的结果，因此而得名。利用此种相关性又导出了维特比译码算法。它是一种最佳的译码算法，并具有一定的克服突发错误的能力，在编码调制和卫星通信中都有应用。

卷积码的纠错能力随着 $N$ 的增加而增大，在编码复杂程度相同的情况下，其性能优于分组码，而且实现简单。

下面通过一个例子来简要说明卷积码的编码工作原理。正如前面已经指出的那样，卷积码编码器在一段时间内输出的 $n$ 位码，不仅与本段时间内的 $k$ 位信息位有关，而且还与前面 $m$ 段规定时间内的信息位有关，这里的 $m = N - 1$，通常用 $(n, k, m)$ 表示卷积码（有些文献中也用 $(n, k, N)$ 来表示卷积码）。图 3-3 就是一个卷积码编码器，该卷积码的 $n = 2$，$k = 1$，$m = 2$，因此，它的约束长度 $nN = n \times (m + 1) = 2 \times 3 = 6$。

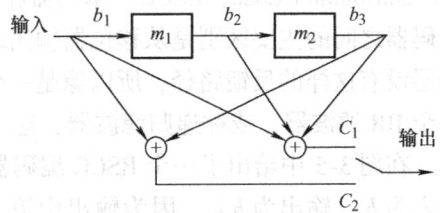

图 3-3 (2, 1, 2) 卷积码编码器

在图 3-3 中，$m_1$ 与 $m_2$ 为移位寄存器，它们的起始状态均为零。$C_1$、$C_2$ 与 $b_1$、$b_2$、$b_3$ 之间的关系如下

$$
\begin{aligned}
C_1 &= b_1 \oplus b_2 \oplus b_3 \\
C_2 &= b_1 \oplus b_3
\end{aligned}
\tag{3-42}
$$

例如输入的信息位 $D = [11010]$，为了使信息 $D$ 全部通过移位寄存器，还必须在信息位后面加 3 个零。表 3-8 列出了对信息 $D$ 进行卷积编码时的状态。

表 3-8　信息 $D$ 进行卷积编码时的状态

| 输入信息 $D$ | 1 | 1 | 0 | 1 | 0 | 0 | 0 | 0 |
|---|---|---|---|---|---|---|---|---|
| $b_3 b_2$ | 00 | 01 | 11 | 10 | 01 | 10 | 00 | 00 |
| 输出 $C_1 C_2$ | 11 | 01 | 01 | 00 | 10 | 11 | 00 | 00 |

描述卷积码的方法有两类：图解表示和解析表示。解析表示较为抽象难懂，而用图解表示法来描述卷积码简单明了。常用的图解描述法包括树状图、网格图和状态图等。

卷积码的译码方法可分为代数译码和概率译码两大类。代数译码方法完全基于它的代数结构，也就是利用生成矩阵和监督矩阵来译码，而代数译码中最主要的方法就是大数逻辑译码。常用的概率译码有两种，一种叫序列译码，另一种叫维特比译码。虽然代数译码所要求的设备简单，运算量小，但其译码性能（误码）要比概率译码方法差很多。因此，目前在数字通信的前向纠错中广泛使用的是概率译码方法。

## 3. 6  Turbo 码

Turbo 码是 Claude. Berrou 等人在 1993 年首次提出的一种级联码，其基本原理是编码器通过交织器把两个分量编码器进行并行级联，两个分量编码器分别输出相应的校验位比特；译码器在两个分量译码器之间进行迭代译码，分量译码器之间传递去掉正反馈的外信息，这样整个译码过程类似涡轮（Turbo）工作。因此，这个编码方法又被形象地称为 Turbo 码。Turbo 码具有卓越的纠错性能，性能接近香农极限，而且编译码的复杂度不高。

### 1. 编码原理

图 3-4 为 Turbo 码编码器的一种基本结构，它由一对递归系统卷积码（Recursive Systematic Convolution Code，RSCC）编码器和一个交织器组成。RSCC 编码器和前面讨论的卷积码编码器之间的主要区别是从移位器输出端到信息位输入端之间有反馈路径。原来的卷积码编码器没有这样的反馈路径，所以像是一个 FIR 数字滤波器。增加了反馈路径后，它就变成了一个 IIR 滤波器，或称递归滤波器，这一点和 Turbo 码的特征有关。

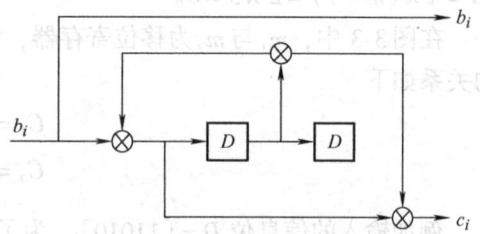

在图 3-5 中给出了一个 RSCC 编码器的例子，它是一个码率等于 1/2 的卷积码编码器，输入为 $b_i$，输出为 $b_i c_i$。因为输出中第 1 位是信息位，所以它是系统码。图 3-4 中的两个 RSCC 编码器通常是相同的。它们的输入是经过一个交织器并联的。此 Turbo 码的输入信息位是 $b_i$，输出是 $b_i c_{1i} c_{2i}$，故码率等于 1/3。

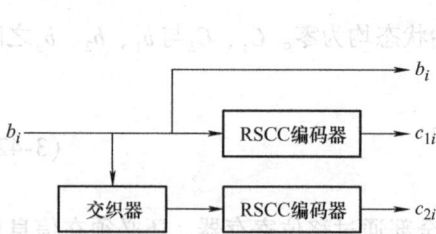

图 3-4　Turbo 编码器　　　　　　　　　　　图 3-5　RSCC 编码器

### 2. Turbo 码的应用

Turbo 码由于很好地应用了香农信道编码定理中的随机性编译码条件而获得了接近香农理论极限的译码性能，它不仅在信道信噪比很低的高噪声环境下性能优越，而且还具有很强的抗衰落、抗干扰能力，因此它在信道条件差的移动通信系统中有很大的应用潜力，在第三代移动通信系统（IMT-2000）中已经将 Turbo 码作为其传输高速数据的信道编码标准。第三代移动通信系统（IMT-2000）的特点是多媒体和智能化，要能提供多元传输速率、高性能、高质量的服务，为支持大数据量的多媒体业务，必须在有限带宽信道上传输数据。由于无线信道传输媒质的不稳定性及噪声的不确定性，一般的纠错码很难达到较高要求的译码性能（一般要求比特误码率小于 $10^{-6}$），而 Turbo 码引起超乎寻常的优异译码性能，可以纠正高速率数据传输时发生的误码。另外，由于在直扩（CDMA）系统中采用 Turbo 码技术可以进一步提高系统的容量，所以有关 Turbo 码在直扩（CDMA）系统中的应用，也就受到了各国学者的重视。

Turbo 码与其他通信技术的结合更提高了它的应用价值，如 Turbo 码与调制技术（如网格编码调制 TCM）的结合、Turbo 码与均衡技术的结合（Turbo 码均衡）、Turbo 码编码与信源编码的结合、Turbo 码译码与接收检测的结合等。Turbo 码与 OFDM 调制、差分检测技术相结合，具有较高的频率利用率，可有效地抑制短波信道中多径时延、频率选择性衰落、人为干扰与噪声带来的不利影响。

## 3.7 交织编码

交织编码是在实际移动通信环境下改善移动通信信号衰落的一种通信技术。将造成数字信号传输的突发性差错，利用交织编码技术可离散并纠正这种突发性差错，改善移动通信的传输特性。

交织编码的目的是把一个较长的突发差错离散成随机差错，再用纠正随机差错的编码（FEC）技术消除随机差错。交织深度越大，则离散度越大，抗突发差错能力也就越强。但交织深度越大，交织编码处理时间越长，从而造成数据传输时延增大，也就是说，交织编码是以时间为代价的，因此，交织编码属于时间隐分集。

信道编码中采用交织技术可打乱码字比特之间的相关性，将信道中传输过程中的成群突发错误转换为随机错误，从而提高整个通信系统的可靠性。交织编码根据交织方式的不同，可分为矩阵交织和卷积交织，其中矩阵交织编码是一种比较常见的形式。

所谓矩阵交织编码器是指把纠错编码器输出信号均匀分成 $m$ 个码组，每个码组由 $n$ 段数据构成，这样就构成一个 $n \times m$ 的矩阵，把这个矩阵称为交织矩阵，每次对 $n \times m$ 个数据位进行交织。通常，每行由 $n$ 个数据位组成一个字，而交织器的深度，即行数为 $m$。交织器的基本形式是矩阵交织器，它由容量为 $n \times m$ 比特的存储器构成。其编码过程如表 3-9 所示，将信号码元按行的方向输入存储器，再按列的方向输出。如表 3-9 所示，数据以 $a_{11}a_{12}\cdots a_{1m}a_{21}a_{22}\cdots a_{2m}\cdots a_{n1}\cdots a_{nm}$ 的顺序进入交织矩阵，交织处理后以 $a_{11}\ a_{21}\cdots a_{n1}\ a_{12}\ a_{22}\cdots a_{n2}\cdots a_{1m}\cdots a_{nm}$ 的顺序从交织矩阵中送出，这样就完成对数据的交织编码。交织的目的是将集中出现的突发错码分散开，变成随机错码。例如，若表中第 1 行的 $m$ 个码元构成一个码组，并且将其连续发送到信道上，则当此码组遇到脉冲干扰，造成大量错码时，可能因超出纠错能力而无法纠正错误。但是，若在发送前进行了交织，按列发送，则能够将集中的错码分散到各个码组，从而有利于纠错。这种交织器常用于分组码的交织中，如 GSM 中就使用这种交织器。

**表 3-9 矩阵交织编码过程**

| $a_{11}$ | $a_{12}$ | ... | ... | ... | $a_{1m}$ |
|---|---|---|---|---|---|
| $a_{21}$ | $a_{22}$ | ... | ... | ... | $a_{2m}$ |
| ... | ... | ... | ... | ... | ... |
| $a_{n1}$ | $a_{n2}$ | ... | ... | ... | $a_{nm}$ |

卷积交织器比分组交织器的时延要小一半，且需要的存储容量小和易于同步，更适合于同格状编码器连用，因此将卷积交织与格状编码相结合的 PSK 和 DPSK 调制编码方式，具有很好的抗快衰落与遮蔽的效果。

## 3.8 实训 差错控制编码仿真

### 1. 实训目的

掌握差错控制编码的实现技术及仿真方法。

### 2. 实训原理

对于码组长度为 $n$、信息码元为 $k$ 位、监督码元为 $r = n - k$ 位的分组码,常记作 $(n, k)$ 码,如满足 $2r - 1 \geq n$,则有可能构造出纠正一位或一位以上错误的线性码。

$(7, 4)$ 分组码的线性码中,设 $k = 4$,为了能纠正一位误码,要求 $r \geq 3$。现取 $r = 3$,则 $n = k + r = 7$。我们用 $a_0 a_1 a_2 a_3 a_4 a_5 a_6$ 表示这 7 个码元,用 $S_1$、$S_2$、$S_3$ 表示由 3 个监督方程式计算得到的校正子。其编码方法如 3.3 所述,这里不再介绍。

### 3. 实训内容和步骤

设计一个 $(7, 4)$ 汉明码编译码仿真模型,并观察经过并串转换后的 $(7, 4)$ 汉明码输出波形图。图 3-6 所示为 $(7, 4)$ 汉明码的编译码仿真原理图。

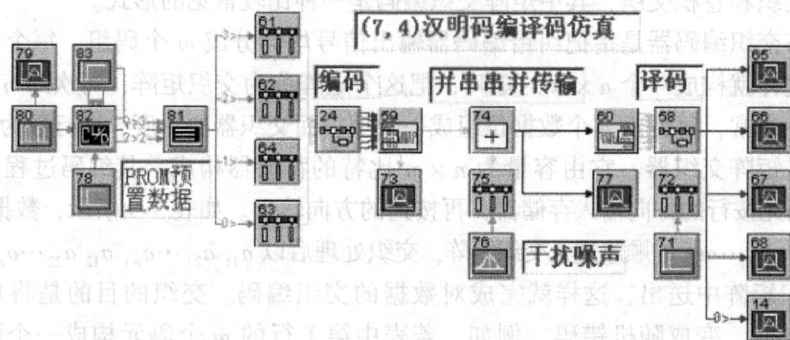

图 3-6 $(7, 4)$ 汉明码编译码仿真原理图

该仿真原理图包含两个子系统,分别是 $(7, 4)$ 汉明码的编码器和译码器。仿真时的信号源采用了一个 PROM,并由用户自定义数据内容,数据的输出由一个计数器来定时驱动,每隔一秒输出一个 4 位数据(PROM 的 8 位仅用了其中 4 位),由编码器子系统编码转换后成为 7 位汉明码,经过并串转换后传输,其中的并串、串并转换电路使用了扩展通信库 2 中的时分复用合路器和分路器图符,该合路器和分路器最大为 16 位长度的时隙转换,这里定义为 7 位时隙。此时由于输入输出数据的系统数据速率不同,因此必须在子系统的输入端重新设置系统采样率,将系统设置为多速率系统。因为原始 4 位数据的刷新率为 1Hz,因此编码器的输入端可设置重采样率为 10Hz,时分复用合路器和分路器的数据帧周期设为 1 秒,时隙数位 7,则输出采样为输入采样率的 7 倍,即 70Hz。如果要加入噪声,则噪声信号源的采样率也应设为 70Hz。

通过仿真实验可以发现,出现两位以上错误时汉明码就不能正确纠错了。因此,在要求对多位错误进行纠正的应用场合,就要使用别的编码方式了,如 BCH 码、RS 码和卷积码等。

4. 实训报告及要求

设置4s的时间长度，当输入的4个数据为0、1、3、4时，观察并记录对应的（7，4）汉明码的输出波形，并把实训过程和结果写在报告册中。

## 3.9 小结

1）差错控制编码是检错码和纠错码的总称，其实质是通过增加冗余信息来检测和纠正差错。具有检测差错能力的编码称为检错码，具有纠正差错能力的编码称为纠错码。它是以降低信息传输有效性为代价来换取可靠性的。

2）常用的差错控制方式主要有3种：前向纠错、检错重发和混合纠错。

3）按照差错控制编码的不同功能可分为检错码和纠错码；按照信息码元和附加的监督码元之间的检验关系可分为线性码和非线性码；按照信息码元和监督码元之间的约束方式不同，可分为分组码和卷积码。

4）分组码的最小码距 $d_{\min}$ 决定一种编码的抗干扰能力。如果要检测 $e$ 个错误，则要求：$d_{\min} \geq e+1$；如果要纠正 $t$ 个错误，则要求：$d_{\min} \geq 2t+1$；若码字用于检测 $e$ 个错误，同时纠正 $t$ 个错误，则要求：$d_{\min} \geq t+e+1$（$e > t$）。

5）在差错控制编码中，监督位越多纠错能力就越强，但编码效率就越低。若码字中信息位数为 $k$，监督位数为 $r$，码长 $n=k+r$，则编码效率 $R_c$ 可以用下式表示：$R_c = k/n = (n-r)/n = 1 - r/n$。

6）奇偶监督码是一种最常用的线性分组码，分为奇监督码和偶监督码。奇监督码监督位只有一位，使码组中"1"码元的数目为奇数；偶监督码加一位监督位，使码组中"1"码元的数目为偶数。

7）行列监督码又称为二维奇偶监督码，有时还被称为方阵码。它不仅对水平（行）方向的码元进行奇偶监督，而且还对垂直（列）方向的码元实施奇偶监督。

8）码字中"1"数目与"0"的数目保持恒定比例的码称为恒比码，又称等重码。

9）正反码是一种简单的能纠正错误的编码，其监督位数目与信息位数目相同，监督码元与信息码元是相同还是相反，则由信息码中"1"的个数来决定。

10）汉明码是一种能够纠正1位错误的效率较高的线性分组码。监督位数 $r = n-k$，信息位数 $k = 2^r - r - 1$。

11）具有循环性的线性分组码称为循环码。其生成多项式 $g(x)$ 是 $x^n \oplus 1$ 的一个因式，是一个常数项为1的 $r = n-k$ 次多项式。

12）卷积码与分组码不同，卷积码每个（$n$，$k$）码段的 $n$ 个码元不仅与当前段的 $k$ 个信息有关，且与前面（$N-1$）段的信息有关，这 $N$ 段时间内的码元数目 $nN$ 通常被称为这种码的约束长度，$N$ 称为约束度。

13）Turbo码是一种特殊的链接码，是卷积和交织的混合应用。由于其性能接近于理论上能够达到的最好性能，所以它的发明在编码理论上具有革命性的进步。

14）交织编码是在实际移动通信环境下改善移动通信信号衰落的一种通信技术。将造成数字信号传输的突发性差错，利用交织编码技术可离散并纠正这种突发性差错，改善移动通信的传输特性。

## 3.10 习题

1. 信道编码与信源编码有什么不同？纠错码能够检错或纠错的根本原因是什么？
2. 差错控制的基本工作方式有哪几种？各有什么优缺点？
3. 什么叫作奇偶监督码？其检错能力如何？
4. 行列监督码检测随机及突发错误的性能如何？能否纠错？
5. 什么是线性码？它具有哪些重要性质？
6. 汉明码有哪些特点？
7. 分组码和卷积码的区别是什么？
8. 交织的作用是什么？
9. 已知两码组为（001010）、（101101）、（010001）。若用于检错能检出几位错码？若用于纠错能纠正几位错码？若同时用于检错与纠错，问检错与纠错的性能如何？
10. 一个码长 $n = 15$ 的汉明码，其监督位 $r$ 为多少？其编码效率为多少？

# 第4章 数字信号的基带传输

## 【内容简介】

本章主要介绍数字信号的基带传输系统，先对该传输系统组成及各部分功能进行概述，接着对数字基带信号波形、码型及频谱特点作了介绍，通过例题介绍了数字基带传输常用的码型，如信号交替反转码（Alternative Mark Inversion，AMI）、三阶高密度双极性码（High Density Bipolar of Order，HDB3）、曼彻斯特码、信号反转码（Coded Mark Inrersion，CMI）及密勒码的编码原理和特点。在数字基带传输理论中，分析了码间串扰的成因及无码间串扰的条件，介绍了理想低通信道特性和升余弦滚降特性。最后介绍了眼图及时域均衡的含义和作用、再生中继传输系统组成及各部分功能等。

## 【学习目标】

通过本章的学习，达到以下目标：
1) 掌握数字信号基带传输系统的组成及各部分的作用。
2) 了解数字基带信号波形、码型及频谱的特点。
3) 掌握数字基带传输常用码型的编码原理及各自的特点。
4) 掌握码间串扰的成因及利用奈奎斯特准则计算无码间串扰的条件。
5) 掌握理想低通信道特性和升余弦滚降特性。
6) 能根据眼图定性分析通信系统的性能。
7) 理解时域均衡的基本思想和作用。
8) 掌握再生中继传输系统组成及各部分功能。

## 案例导入 局域网中基带传输系统

基带传输不需要调制解调器，设备成本低，具有速率高和误码率低等优点，适合短距离的数据传输，传输距离在100m内，在音频市话、计算机网络通信中被广泛采用。如从计算机到监视器、打印机等外设的信号就是基带传输的。大多数的局域网使用基带传输，如以太网、令牌环网等。

局域网中使用的传输方式有基带和宽带两种。基带用于数字信号传输，常用的传输媒体有双绞线或同轴电缆。宽带用于无线电频率范围内的模拟信号的传输，常用的传输媒体是同轴电缆。表4-1给出了这两种传输方式的比较。

使用数字信号传输的局域网定义为基带局域网。数字信号通常采用曼彻斯特编码传输，传输媒体的整个带宽用于单信道的信号传输，不采用频分多路复用技术。数字信号传输要求用总线型拓扑，基带系统只能延伸数千米的距离，这是由于信号的衰减会引起脉冲减弱和模糊，以致无法实现更远距离上的通信。基带传输是双向的，媒体上任意一点加入的信号沿两个方向传输到两端的端接器（即终端接收阻抗器），并在那里被吸收，如图 4-1 所示。

**表 4-1 基带传输方式和宽带传输方式比较**

| 基 带 | 宽 带 |
|---|---|
| 数字信号传输 | 模拟信号的传输（需用 MODEM） |
| 全部带宽用于单路信道传输 | 使用频分多路复用技术，多路信道复用 |
| 双向传输 | 单向传输 |
| 总线型拓扑 | 总线型或树型拓扑 |
| 距离达数千米 | 距离达数十千米 |

为了延伸网络的长度，可以采用中继器。中继器由组合在一起的两个收发器组成，连到不同的两段同轴电缆上。中继器在两段电缆间向两个方向传送数字信号，在信号通过时将信号放大和复原。因而，中继器对于系统的其余部分来说是透明的。由于中继器不做缓冲存储操作，所以并没有将两段电缆隔开，因此如果不同段上的两个站同时发送的话，它们的分组将互相干扰（冲突）。为了避免多路径的干扰，在任何两个站之间只允许有一条包含分段和中继器的路径。802 标准中，在任何两个站之间的路径中最多只允许有 4 个中继器，这就将有效的电缆长度延伸到 2.5km。图 4-2 是一个 2 个中继器连接 3 个分段的基带系统例子。

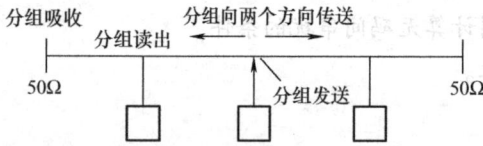

图 4-1 双向基带传输系统模型　　　　图 4-2 带中继器的基带系统模型

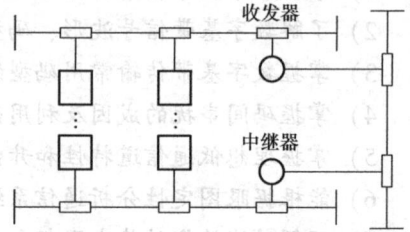

双绞线基带局域网用于低成本、低性能要求的场合，双绞线安装容易，但往往限制在 1km 以内，数据速率为 1～10Mbit/s。

## 4.1 传输类型与方式

### 1. 数字信号的传输类型

数字信号的传输类型按其在传输中对应的信号的不同可分为数字基带传输系统和数字频带传输系统。不使用调制和解调而直接传输数字基带信号的系统称为数字基带传输系统。而在大多数情况下，实际信道（如无线信道、光纤通信等）是带通型的，必须先用数字基带信号对载波进行调制，形成数字频带信号后再进行传输，到接收端还要进行相应的解调，这种传输方式称为数字频带传输。两者的主要区别在于是否在收发两端有调制器和解调器。

虽然在实际使用的数字通信系统中基带传输不如频带传输那样广泛，但是，对于基带传输系统的研究仍然是十分有意义的。这是因为：

1）在频带传输制式里同样存在基带传输的问题（如码间干扰等），因为信道的含义是相对的，若把调制解调器包括在信道中（如广义信道），则频带传输就变成了基带传输，可以说基带传输是频带传输的基础；

2）利用对称电缆构成的近程数据通信系统广泛使用这种传输方式；

3）理论上证明，任何一种采用线性调制的频带传输系统可等效为基带传输系统来研究。

**2. 数字信号的传输方式**

（1）串行与并行传输

在串行传输中，数字信号的各个码元是一位接一位地在一条信道上传输的。对采用这种通信方式的系统而言，同步极为重要。收发双方必须保持位同步和字同步，才能在接收端正确恢复原始信号。串行传输中，收发双方只需要一条传输通道。因此，该传输方式容易实现，是实际通信系统中常用的一种传输方式。

在并行传输中，构成一个码组的所有码元都是同时传送的，码组中的每一位都单独使用一条通道。并行传输一次传送一个码组，收发之间不存在字同步问题。由于并行信道成本高，主要用于设备内部或近距离传输，其优点是传输速度快，处理简单。

（2）异步与同步传输

1）异步传输也称为起止式传输，它利用起止法来达到收发同步。异步传输每次只传输一个字符，用起始位和停止位来指示被传输字符的开始和结束。在异步传输中，每个字符的发送都是独立的。该传输方式简单，但每传输一个信码都要添加附加位，故传输效率较低。

2）同步传输是以一个数据块为单位进行信息传输的。为了使接收方能准确确定每个数据块的开始和结束，需在数据块的前面加上一个前文，表示数据块的开始，在数据块的后面再加上一个后文，表示数据块的结束。

在同步传输方式中，数据的传输是由定时信号控制的。定时信号可由终端设备产生，也可由通信设备（如调制解调器、多路复用器等）提供。在接收端，通常由通信设备从接收信号中提取定时信号。

（3）单工、半双工、全双工传输

信号只能单方向传输，在任何时刻都不能进行反向传输的传输方式称单工传输。例如，广播、电视系统就属于单工传输系统。

信号虽然可以在两个方向上传输，但不能同一时间进行，即只能在一个时间发信号，在另一时间收信号。对讲机就是半双工传输的典型应用。

在全双工传输方式中，信号可以同时在两个方向上传输。固定电话、手机都是全双工传输的例子。

# 4.2 数字基带传输系统

数字基带传输系统的框图如图 4-3 所示。它主要由信道信号形成器（发送滤波器）、信道、接收滤波器和抽样判决器组成。为了保证系统可靠、有序地工作，还应有同步提取电路。

（1）信道信号形成器

因为其输入端的数字基带信号一般是经过码型编码产生的传输码，相应的基本波形通常是矩形脉冲，其频谱很宽，不利于传输。例如，很多基带信号含有直流成分，而信道往往不能传输直流（如信道含有变压器）；又如，有些基带信号不便于提取同步信号等，这些都不利于信道的传输。信道信号形成器的作用就是把原始的基带信号变换成适合于在信道上传输的基带信号，它主要通过对输入的基带信号进行码型变换和波形变换来实现，码型变换和波形变换的目的主要是为了压缩频带、减小码间串扰，便于同步提取和接收端抽样判决。

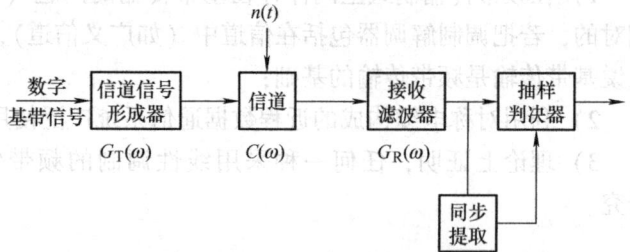

图 4-3　数字基带传输系统的框图

（2）信道

信道是允许基带信号通过的媒质，通常为有线信道，如双绞线、同轴电缆等。信道的传输特性一般不满足无失真传输条件，因此也会引起传输波形的失真。另外信道还会引入噪声 $n(t)$，并假设它是均值为零的高斯白噪声。

（3）接收滤波器

接收滤波器的主要作用是用来接收信号，尽可能滤除信道噪声和其他干扰，对信道特性进行均衡，使输出信噪比尽可能大，并使输出的基带波形有利于抽样判决。

（4）抽样判决器

抽样判决器的主要作用是在传输特性不理想及噪声背景下，在规定时刻（由定时脉冲控制）对接收滤波器的输出波形进行抽样判决，以恢复或再生基带信号。

（5）同步提取电路

用来抽样的位定时脉冲依靠同步提取电路从接收信号中提取，位定时的准确与否将直接影响判决效果。同步提取电路为抽样判决提供同步时钟信号，以保证抽样判决在最佳时刻。

# 4.3　数字基带信号

数字基带信号是指信息代码的电波形，它利用不同的电平或脉冲来表示相应的消息代码。数字基带信号（以下简称为基带信号）的类型有很多，常见的有矩形脉冲、三角波、高斯脉冲和升余弦脉冲等。最常见的是矩形脉冲，因为矩形脉冲易于形成和变换。

在数字通信中，用代码来表示要传达的信息。代码是消息的一个基本单元，称为码元或符号。实际传输时，用电脉冲表示代码，将电脉冲的形状称为数字信号波形，而把电脉冲序列的结构形式称为数字信号的码型。数字信号的波形和码型共同决定着它的频谱结构。合理地设计信号的波形和码型，使之适应信道的要求，这是传输中的重要课题。

## 4.3.1　数字基带信号的波形

为了分析信号在数字基带传输系统中的传输过程，必须先弄清数字基带信号的时域特性和频域特性。下面介绍几种基本的数字基带信号波形。

### 1. 单极性非归零（NRZ）波形

单极性非归零码是一种最简单的码型，分别用占满一个码元周期的正电平（或负电平）和零电平来表示"1"和"0"。在表示一个码元时，电压均无须回到零，故称为非归零码。其占空比为100%（占空比是指脉冲宽度 $\tau$ 与码元宽度 $T_b$ 之比 $\tau/T_b$）。

该波形的特点是电脉冲之间无间隔，极性单一，易用 TTL、CMOS 电路产生；缺点是有直流分量，要求传输线路具有直流传输能力，因而不适用有交流耦合的远距离传输，只适用于计算机内部或极近距离的传输。单极性非归零波形如图 4-4a 所示。

### 2. 双极性非归零（NRZ）波形

双极性 NRZ 码中，"1"和"0"分别对应正、负电平。占空比为100%。因其正负电平的幅度相等、极性相反，当"1"和"0"等概率出现时无直流分量，有利于在信道中传输，并且在接收端恢复信号的判决电平为零值，因而不受信道特性变化的影响，抗干扰能力也较强。但当"1"和"0"出现概率不等时，仍有直流成分，双极性 NRZ 码中仍不能直接提取同步信息。在 ITU-T 制定的 V.24 接口标准和美国电工协会（EIA）制定的 RS-232C 接口标准中均采用双极性波形。双极性非归零波形如图 4-4b 所示。

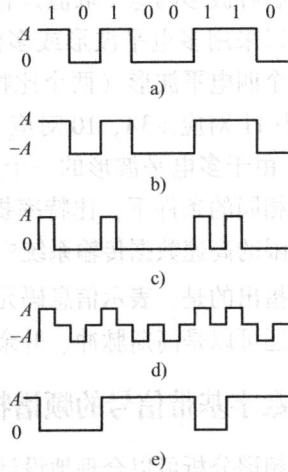

图 4-4　几种基带信号波形

a) 单极性非归零码波形　b) 双极性非归零码波形
c) 单极性归零码波形　d) 双极性归零码波形
e) 差分码波形

### 3. 单极性归零（RZ）波形

单极性归零码码型是用宽度不占满一个码元周期的正脉冲（或负脉冲）表示"1"，用零电平表示"0"，即每个脉冲在码元周期内总要回归到零电平。单极性 RZ 码的占空比为50%。因此，每个脉冲还没有到一个码元终止时刻就回到零值。故称其为单极性归零波形。它与单极性非归零波形相比的优点可以直接提取同步信号。单极性归零波形如图 4-4c 所示。

### 4. 双极性归零（RZ）波形

双极性归零码的构成原理与单极性归零码相同。每一个码元被分成两个相等的间隔，"1"码是在前一个间隔为正电平而后一个间隔回到零电平，"0"码则是在前一个间隔内为负电平而后一个间隔回到零电平，占空比为50%。其相邻脉冲间必有零电平区域存在。因此，在接收端可根据接收波形归于零点便知当前一比特信息已接收完毕，以便准备下一比特信息的接收。这类码兼有双极性和归零波形的特点，使得接收端很容易识别出每个码元的起止时刻，便于同步。双单极性归零波形如图 4-4d 所示。

### 5. 差分波形

用相邻码元电平的跳变和不变来表示消息代码，其占空比为100%。图中，以电平跳变表示"1"，以电平不变表示"0"，即"1"跳变和"0"不跳变，它也称相对码波形。差分波形的优点是：即使接收端收到的码元极性与发送端完全相反，也能实现正确的判决，用差分波形传送代码也可以消除设备初始状态的影响。差分码波形如图 4-4e 所示。

### 6. 多进制波形

前述各种波形的电平取值只有两种，即一个二进制码对应于一个脉冲。为了提高频带利用率，可以采用多电平波形或多值波形。如图 4-5 所示，给出了一个四电平波形（两个比特用四级电平中的一级表示），其中 11 对应 +3A，10 对应 +A，00 对应 – A，01 对应 –3 A。由于多电平波形的一个脉冲对应多个二进制码，在波特率相同的条件下，比特率提高了，因此多电平波形在频带受限的高速数据传输系统中得到广泛应用。

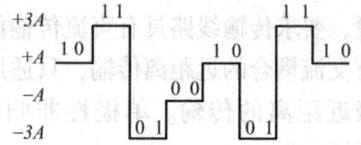

图 4-5　多进制电平波形

需要指出的是，表示信息码元的单个脉冲的波形并非一定是矩形的。根据实际需要和信道情况，还可以是高斯脉冲、升余弦脉冲等其他形式。

## 4.3.2　数字基带信号的频谱特性

通过频谱分析可以合理地设计数字基带信号，将消息代码变换为适合于给定信道传输特性的结构。还可以根据频谱了解信号传输中一些很重要的问题，如信号中有没有直流分量，信号序列中是否含有离散的线状谱，以便确定是否能直接从序列中提取定时信号及信号带宽等。

数字基带信号通常都是随机脉冲序列，它的每个码元是一个确定的脉冲波形，可用傅氏变换求出其频谱。而对于随机脉冲序列，就只能用统计的方法来分析它的平均功率谱。下面分别予以介绍。

### 1. 单个矩形脉冲的频谱特性

单个矩形脉冲的时域表达式可表示为

$$g(t) = \begin{cases} A & |t| \leqslant \dfrac{\tau}{2} \\ 0 & |t| > \dfrac{\tau}{2} \end{cases} \tag{4-1}$$

式中，$A$ 为脉冲幅度；$\tau$ 为脉冲宽度。

由傅氏变换可求得 $g(t)$ 对应的频谱函数 $G(\omega)$ 为

$$G(\omega) = \int_{-\infty}^{\infty} g(t)\mathrm{e}^{-\mathrm{j}\omega t}\mathrm{d}t = \int_{-\tau/2}^{\tau/2} A\mathrm{e}^{-\mathrm{j}\omega t}\mathrm{d}t = A\tau \frac{\sin\dfrac{\omega\tau}{2}}{\dfrac{\omega\tau}{2}} = A\tau Sa\left(\frac{\omega\tau}{2}\right) \tag{4-2}$$

式中，$Sa\left(\dfrac{\omega\tau}{2}\right) = \dfrac{\sin\dfrac{\omega\tau}{2}}{\dfrac{\omega\tau}{2}}$ 称为取样函数。$g(t)$ 波形和 $G(\omega)$ 频谱如图 4-6 所示。

由图 4-6 可知:

1) 矩形脉冲频谱的第一个过零点是在 $\omega = \dfrac{2\pi}{\tau}$ 处，由于信号能量主要集中在第一个零点以下，所以在数字传输系统中，通常定义带宽 $B = \dfrac{1}{\tau}$。显然，脉冲越窄，频带越宽。

2) 功率谱中包含连续谱和直流分量，其频率分布比较宽，可以说矩形脉冲的频谱从零开始，一直到很高的频率。

2. 随机脉冲序列的频谱特性

在通信中，除特殊情况（如测试信号）外，数字基带信号通常都是随机脉冲序列。因为，如果在数字通信

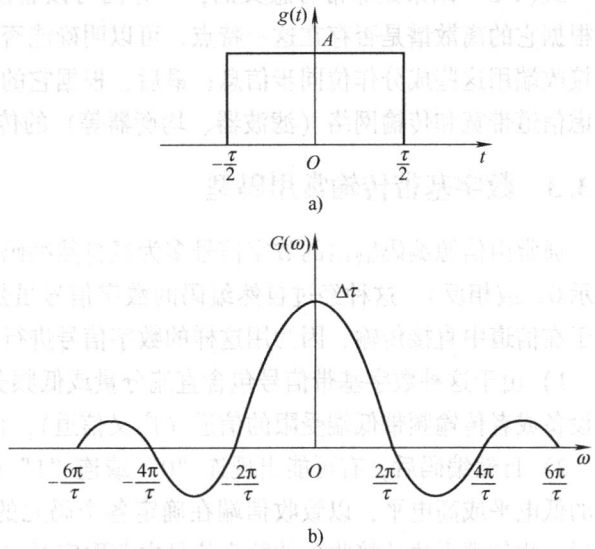

图 4-6　单个矩形脉冲的波形和频谱
a) 波形　b) 频谱

系统中所传输的数字序列是确知的，则消息就不携带任何信息，通信也就失去了意义。所以这里要考虑的是一个随机序列的频谱分析问题。

以一个二进制随机脉冲序列为例。$g(t)$ 表示数字基带信号，设 $g_1(t)$、$g_2(t)$ 分别表示二进制码 "0" 和 "1"，$T_B$ 为码元的间隔，在任一码元时间 $T_B$ 内，$g_1(t)$ 和 $g_2(t)$ 出现的概率分别为 $P$ 和 $1-P$，则随机脉冲序列 $g(t)$ 可用下面的数字式来表示

$$g(t) = \sum_{-\infty}^{\infty} g_n(t) \tag{4-3}$$

其中

$$g_n(t) = \begin{cases} g_1(t - nT_B), \text{以概率 } P \text{ 出现} \\ g_2(t - nT_B), \text{以概率} (1-P) \text{ 出现} \end{cases} \tag{4-4}$$

经理论分析可得随机脉冲的功率谱为

$$P(f) = f_B P(1-P) \mid G_1(f) - G_2(f) \mid^2 + $$

$$\sum_{m=-\infty}^{\infty} f_B \mid P G_1(mf_B) + (1-P) G_2(mf_B) \mid^2 \cdot \delta(f - mf_B) \tag{4-5}$$

式中，$G_1(f)$ 和 $G_2(f)$ 分别为 $g_1(t)$ 和 $g_2(t)$ 的傅里叶变换，$P(f)$ 是基带信号 $g(t)$ 的功率谱，$f_B = 1/T_B$。

从式 (4-5) 可知:

1) 随机脉冲序列的功率谱包含两大部分: 连续谱（第一项）和离散谱（第二项）。对于连续谱而言，由于代表数字信息的 $g_1(t)$ 和 $g_2(t)$ 不能完全相同，故 $G_1(f) \neq G_2(f)$，因此，连续谱总是存在的；而对于离散谱而言，则在一些情况下不存在，如 $g_1(t)$ 和 $g_2(t)$ 互为相反，且出现的概率相同。

2) 当 $g_1(t)$、$g_2(t)$、$P$ 及 $T_B$ 确定后，随机脉冲序列功率谱就确定了。

式(4-5)结果是非常有意义的,一方面可以看出其随机脉冲序列频谱的特点;另一方面根据它的离散谱是否存在这一特点,可以明确能否从脉冲序列中直接提取离散分量,以便在接收端用这些成分作位同步信息;最后,根据它的连续谱可以确定随机序列的带宽,从而考虑信道带宽和传输网络(滤波器、均衡器等)的传输函数等。

### 4.3.3 数字基带传输常用码型

通常由信源编码输出的数字信号多为经自然编码的电脉冲序列(高电平表示1,低电平表示0,或相反),这种经过自然编码的数字信号虽然是名副其实的数字信号,但却并不适合于在信道中直接传输,因为用这样的数字信号进行基带传输会出现很多问题:

1)由于这种数字基带信号包含直流分量或低频分量,那么对于一些具有电容耦合电路的设备或者传输频带低端受限的信道(广义信道),信号将可能传不过去。

2)自然编码后,有可能出现连"0"或连"1"数据,这时的数字信号会出现长时间不变的低电平或高电平,以致收信端在确定各个码元的位置(定时信息)时遇到困难。也就是说,收信端无法从接收到的数字信号中获取定时(定位)信息。

3)对收信端而言,从接收到的这种基带信号中无法判断是否包含有错码。

不管是低通型信道的基带传输还是带通型信道的频带传输,都必须要考虑信息与信道的匹配问题,即要把信号变换为适合与信道传输的码型,这个过程又叫作线路编码。正确地选择传输码型可以改善传输性能,提高通信质量。

不同的码型具有不同的特性,因此在设计或选择适合于给定信道传输特性的码型时,通常要考虑以下的因素,或者说要遵循以下原则:

1)对于传输频带低端受限的信道,线路传输码型的频谱中无直流分量且低频分量尽可能少。在基带传输系统中的,有时存在着变压器或耦合电容,它们对直流和低频信号有较大的阻碍作用。因此,如果基带信号中含有直流和低频分量,则传输过程中会丢失而造成信号波形失真。

2)具有一定的差错检测、纠错能力。从对基带传输系统的维护和使用角度,应能及时对基带信号中的错误码元进行检测和纠错。

3)便于收端从信号中提取位定时信息。收发间的比特同步称位定时,它是从接收到信息比特流中提取的。传输码中不能长时间出现连"0",因为这样会导致系统失去定时信息。

4)尽量减少基带信号频谱中的高频分量,以节省传输频带并减小串扰。

5)尽可能地提高传输码型的传输效率。

6)不受信息源统计特性的影响,即能够适应信息源的变化。

7)码型变换设备简单、易实现。

数字基带信号的码型种类很多,但没有一种码型能满足上述所有要求,在实际应用中,往往是根据需要全盘考虑,有取有舍,合理选择。下面介绍一些目前广泛应用的重要码型。

#### 1. AMI 码

AMI(Alternative Mark Inversion)码又称为信号交替反转码,此方式是单极性方式的变形。它的编码规则为:将二进制码序列中"0"码仍编为"0"码,而"1"码则交替地编为"+1"码及"-1"码。"+1"、"-1"码波形为归零波形。这种码型实际上是把二进制脉冲序列变为三电平的符号序列。

**【例 4-1】** 将二进制代码 10010000100001 编为对应的 AMI 码。

**解：**按 AMI 码的编码规则，对应的 AMI 码为：+100-10000+10000-1。对应的 AMI 码波形如图 4-7 所示。

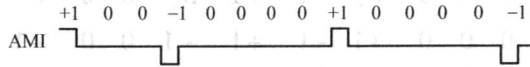

$$+1\ 0\ 0\ -1\ 0\ 0\ 0\ 0\ +1\ 0\ 0\ 0\ 0\ -1$$

AMI

图 4-7 AMI 码波形

AMI 码的优点有：

1）在"0"和"1"不等概率的情况下，也无直流成分，且低频成分少。因此，对于存在变压器或耦合电容的传输信道来说，不易受隔直特性的影响。

2）高频成分少，节省频带，减少串话。

3）具有检错能力，非交替即错，便于观察误码。

4）可提取同步信息。码型频谱中虽无时钟频率成分，但只要将其先进行全波整流变为单极性码，再变为归零信号即可提取位同步信息。

5）编译码电路简单。

不过，AMI 码有一个重要的缺点，即在连"0"码过多时会造成提取定时信号的困难，可用 HDB3 码来克服。

**2. HDB3 码**

HDB3（High Density Bipolar of Order 3）码又称为三阶高密度双极性码，可看作是 AMI 码的一种改进型。它保留了 AMI 码的优点，克服了 AMI 码的缺点。使用这种码型的目的是解决信息码中出现连"0"串时所带来的问题，它使连"0"码的个数限制在 3 个以内。

HDB3 码的编码规则为：

1）先把消息代码变换成 AMI 码，然后去检查 AMI 码的连"0"串情况，当没有 4 个以上连"0"串时，则按照 AMI 码的编码规则对消息代码进行编码（即"0"码仍为"0""1"码交替编为"+1"和"-1"）。

2）当信码中有 4 个及 4 个以上连"0"码时，将每 4 个连"0"码划分为一节，并将每节中的第 4 个"0"码变为"1"码，用 V 脉冲表示，即将"0000"变为"000V"。为了便于接收端识别 V 脉冲，要求 V 脉冲的极性与前一个"1"码的极性相同。由于这一规定破坏了 AMI 码极性交替的规律，因而将 V 脉冲称为破坏点，而将"000V"称为破坏节。

3）相邻破坏点 V 脉冲的极性应交替变化，以保证传输码中没有直流分量。可见 V 脉冲既要满足极性与前一个"1"码的极性相同，同时又要满足"极性交替"的规则。这在原码中相邻两个 V 脉冲之间有奇数个"1"码的情况下，规则可以得到满足。但是当相邻两个 V 脉冲之间有偶数个"1"码时，该规则将不能得到满足。解决的办法是将后一个破坏节中第一个"0"码变为"1"码，并用 B 脉冲表示，即将后一个破坏节变为"B00V"。B 脉冲的极性与同节的 V 脉冲极性相同，与前一个"1"码的极性相反，并让后面的非"0"符号从 V 符号开始再交替变换。

【例4-2】 将二进制代码 0100001100000101 编为对应的 HDB3 码。

**解：**

| 代码： | 0 | 1 | 0 | 0 | 0 | 0 | 0 | 1 | 1 | 0 | 0 | 0 | 0 | 0 | 0 | 1 | 0 | 1 |
|---|---|---|---|---|---|---|---|---|---|---|---|---|---|---|---|---|---|---|
| AMI 码： | 0 | +1 | 0 | 0 | 0 | 0 | 0 | -1 | +1 | 0 | 0 | 0 | 0 | 0 | 0 | -1 | 0 | +1 |
| 加 V 码： | 0 | +1 | 0 | 0 | 0 | $V_+$ | | -1 | +1 | 0 | 0 | 0 | $V_-$ | 0 | | -1 | 0 | +1 |
| 加 B 码： | 0 | +1 | 0 | 0 | 0 | $V_+$ | | -1 | +1 | $B_-$ | 0 | 0 | $V_-$ | 0 | | +1 | 0 | -1 |
| HDB3 码： | 0 | +1 | 0 | 0 | 0 | +1 | -1 | +1 | -1 | 0 | 0 | -1 | 0 | +1 | 0 | -1 |

虽然 HDB3 码的编码规则比较复杂，但译码比较简单。从上述原理看出，每一个破坏符号 V 总是与前一非"0"符号同极性（包括 B 符号在内），故从收到的符号序列中可以容易地找到破坏点 V，从而断定 V 符号及其前面的 3 个符号必是连"0"符号，然后恢复 4 个连"0"码，再将所有 -1 变成 +1，最后便得到原消息代码。

HDB3 码除保持了 AMI 码的优点外，还增加了使连"0"串减少到至多 3 个的优点，而不管信息源的统计特性如何，这对于同步信息的恢复十分有利。HDB3 码是 CCITT 推荐使用的码型之一。

3. 曼彻斯特（Manchester）码

曼彻斯特码又称为分相码或双相码。它的编码规则为：用一个周期的正负对称方波表示"1"码，用它的反相波形表示"0"。即"1"码用正、负脉冲表示，"0"码用负、正脉冲表示。

【例4-3】 将二进制代码 1001001 编为对应的曼彻斯特码。

**解：** 代码： 1 0 0 1 0 0 1
曼彻斯特码： 10 01 01 10 01 01 10

对应的曼彻斯特码波形如图 4-8a 所示。

曼彻斯特码的优点为：

1) 因为双相码在每个码元间隔的中心都存在电平跳变，所以有丰富的定时信息；

2) 无直流分量，最长连"0"、连"1"数为 2；

3) 编译码电路简单。

双相码的缺点是：码元速率比输入的信号速率要高一倍。其适用于数据终端设备在短距离上的传输，在局域网中常被采用。

4. 传号反转（CMI）码

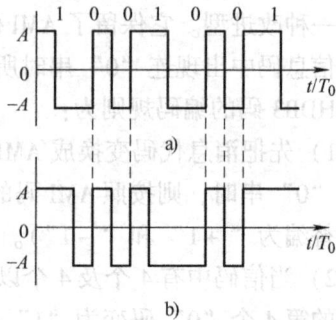

图 4-8 曼彻斯特码和 CMI 码的波形
a) 曼彻斯特码 b) CMI 码

CMI（Coded Mark Inversion）码是传号反转码，它是一种双极性二电平非归零码，它的编码规则为："1"码交替地用"00"码和"11"码表示，"0"码则固定地用"01"码表示。

【例4-4】 将二进制代码 1001001 编为对应的 CMI 码。

**解：** 代码： 1 0 0 1 0 0 1
CMI 码： 11 01 01 00 01 01 11

对应的 CMI 码波形如图 4-8b 所示。

CMI 码的优点为：

1）没有直流分量；

2）有频繁出现的波形跳变，便于提取同步信息；

3）由于"10"码为禁用码，不会出现3个以上的连码，所以具有一定的检错能力。

CMI 码的主要缺点是：存在因极性反转而引起的译码错误问题。其用于高次群脉冲编码终端设备作为接口码型，也可用在光纤传输系统中作为线路传输码型。

5. 密勒（Miller）码

密勒码又称为延迟调制码，可看成是曼彻斯特码的一种变形。编码规则："1"码用码元持续时间中心点出现跃变来表示，即用"10"或"01"来交替表示。"0"码分两种情况处理，对于单个"0"时，在码元持续时间内不出现电平跃变，且与相邻码元的边界处也不跃变；对于连"0"时，在两个"0"码的边界处出现电平跃变，即"00"与"11"交替。

【例4-5】 将二进制代码 1001001 编为对应的密勒码。

解：代码： 1 0 0 1 0 0 1

CMI 码： 10 00 11 01 00 11 10

若两个"1"码中间有一个"0"码时，则在第一个1码中心与第二个1码中心之间无电平跳变，此时密勒码流中出现最大宽度为 $2T_B$（$T_B$ 为码元周期）的波形，也就是说，不会出现多于4个连码的情况，这个性质可用来进行误码检测。密勒码最初用于气象卫星和磁记录，现用于低速基带数传机。

# 4.4 数字基带传输理论

## 4.4.1 理想基带传输系统的特性

### 1. 信道的理想低通特性

一般情况下，原始数字基带信号都是矩形脉冲，它们在频域内是无限延伸的。在实际的传输系统中，任一信道的频带带宽都不可能是无限宽的。因此，信道传输特性可用一等效理想低通特性来近似。当具有无限带宽的信号通过有限带宽的信道时，必然会使信号的频谱受到一定的损失，其结果使接收到的信号波形产生失真。为便于研究问题，可假设信道具有理想的低通特性，其频率特性传输函数为

$$H(\omega) = \begin{cases} Ke^{-j\omega t_d} & |\omega| \le \omega_c \\ 0 & |\omega| > \omega_c \end{cases} \tag{4-6}$$

式中，$\omega_c$ 为信道的截止频率；$t_d$ 为通过信道的延迟；$K$ 为信道的传输增益常数；$\omega t_d$ 为信道的线性相移特性。其理想低通滤波器的传输特性如图4-9所示。若将图4-3所示的基带系统中的信道信号形成器和接收滤波器用理想低通滤波器代替，这时的基带系统就称为理想的基带传输系统。

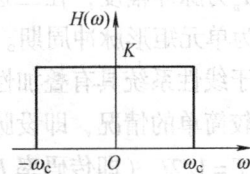

图4-9 理想低通滤波器的传输特性

## 2. 理想低通信道的冲激响应

理论分析表明：一个冲激信号 $\delta(t)$ 在 0 时刻经过一个具有图 4-9 所示的理想低通滤波器特性，就可得到图 4-10 所示的响应波形，其数学表达式为

$$h(t) = \frac{1}{2\pi}\int_{-\omega_c}^{\omega_c} H(\omega)e^{j\omega t}d\omega = \frac{1}{2\pi}\int_{-\omega_c}^{\omega_c} e^{j\omega(t-t_d)}d\omega = \frac{\omega_c}{\pi}\frac{\sin\omega_c(t-t_d)}{\omega_c(t-t_d)} \qquad (4\text{-}7)$$

上式中令 $K$ 为 1。

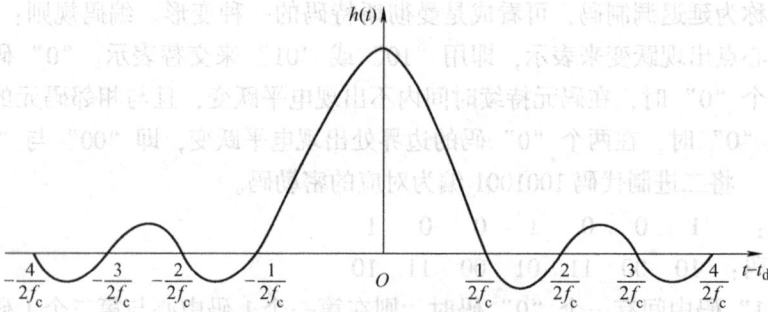

图 4-10 理想低通信道的冲激响应

由图 4-10 可知，理想低通滤波器的单位冲激响应波形特点如下：

1) 在 $t=t_d$ 时有最大值，且波形有很长的拖尾，其拖尾幅度随时间而逐渐衰减；

2) 响应值有许多零点，第一个零点是 $1/2f_c$，而且后面的相邻零点的间隔都是 $1/2f_c$。

## 4.4.2 码间串扰

从图 4-10 中还可发现：一个冲激信号经过理想低通滤波器后，其脉冲被展宽了，除了在 0 时刻处幅度最大，在其他时刻，虽然没有信号输入，但仍有信号输出，这表明当其他时刻有另外的脉冲输入时会受到当前脉冲的影响。

数字基带信号通过基带传输系统时，由于系统（主要是信道）传输特性不理想，或者由于信道中加性噪声的影响，使接收端脉冲展宽，延伸到邻近码元中去，从而造成对邻近码元的干扰，我们将这种现象称为码间串扰（或符号间干扰 ISI）。

在基带传输系统中，信道通常是一种线性系统。设输入理想低通信道的周期性脉冲序列 $S(t)$ 为

$$S(t) = \sum_{-\infty}^{\infty} a_n g(t-nT) \qquad (4\text{-}8)$$

式中，$a_n$ 为脉冲幅度，在二进制情况下，取其值为 "1" 或 "0"，也可取 "+1" 或 "-1"；$T$ 为单元矩形脉冲周期。

由于线性系统具有叠加性，所以，低通信道的输出响应为各输入脉冲的响应之和。现考虑一种较简单的情况，即设脉冲序列中只有两个脉冲，即 $a_1=1$ 和 $a_2=1$，其他脉冲各为零。

当 $T=1/2f_c$（即传码率 $R_B=2f_c$）时，波形如图 4-11a 所示。当 $t=T$ 时，$a_1$ 有最大值而 $a_2$ 的值为零；当 $t=2T$ 时，$a_2$ 有最大值而 $a_1$ 的值为零。可见，此时两脉冲不发生相互干扰。

当 $T < 1/2f_c$（即传码率 $R_B > 2f_c$）时，波形如图 4-11b 所示，当 $t = T$ 时，$a_1$ 有最大值而 $a_2$ 的值并不为零；当 $t = 2T$ 时，$a_2$ 有最大值而 $a_1$ 的值也并不为零。可见此时两脉冲间发生相互干扰。因此，信号经频带受限的系统传输后，其波形在时域上必定是无限延伸。这种由于波形底部展宽，使一个码元的波形侵占到相邻码元的位置，称之为码间串扰。

导致码间串扰的原因是由于传输信道的频带受限，使其响应产生拖尾所致。当信号传输过程中发生码间干扰时，容易使接收端对信号码元错误判决而产生误码，从而影响系统的传输质量。所以，人们总是希望码间串扰越小越好。

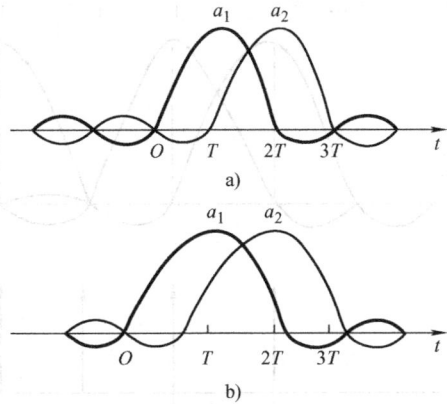

图 4-11　码间串扰示意图
a）无码间串扰的脉冲序列　b）有码间串扰的脉冲序列

## 4.4.3　数字信号传输的基本准则

如何设计基带系统的传输特性 $H(\omega)$ 或 $h(t)$，才能使系统能够做到无 ISI 的传输数字基带信号，提高系统的可靠性？对此奈奎斯特进行了大量的研究，提出了不产生码间串扰的条件。

输入数据若以 $R_B = 2f_c$ 波特速率传输时，在抽样时刻上的码间串扰是不存在的；若系统用高于 $2f_c$ 波特速率传输时，将存在码间串扰。因此，如果信号经传输后整个波形发生了变化，但只要其特定的抽样值波形保持不变，那么用再次抽样（即再生判决）的方法，仍然可以准确无误地恢复原始信码，这就是奈奎斯特准则。

各码元的间隔 $T$ 称为奈奎斯特间隔；$B = f_c = 1/2T$，称为奈奎斯特带宽（也是系统频率）；码元传输速率 $R_B = 2f_c$ 称为奈奎斯特速率，其速率也是系统无码间串扰时的系统最高传输速率；无码间串扰的理想低通系统的频带利用率为

$$\eta = R_B/B = 2\text{Baud/Hz} \qquad (4-9)$$

显然，理想低通传输函数的频带利用率为 2Baud/Hz，这是最大的频带利用率，因为如果系统用高于码元速率传送信码时，将存在码间串扰；若降低传码率，则系统的频带利用率将相应降低。

无码间串扰示意图如图 4-12 所示。其中，图 4-12a 表示某一脉冲序列 "…1101001…" 以 $2f_c$ 的速率发送时输出响应波形，图 4-12b 表示接收端的抽样判决时钟。

【例 4-6】　设某一理想信道的带宽为 2MHz，有一脉冲序列通过该信道时不出现码间干扰，试求该脉冲序列的传信率。

**解：**由于传输中无码间干扰，且信道具有理想的低通特性，根据奈奎斯特第一准则，可求得此时的传码率为

$$R_B = 2f_c = 2\ B = 2 \times 2 \times 10^6 = 4 \times 10^6 \text{Baud}$$

对于二进制来说，传信率在数值上等于传码率，故有

$$R_b = R_B = 4\text{Mbit/s}$$

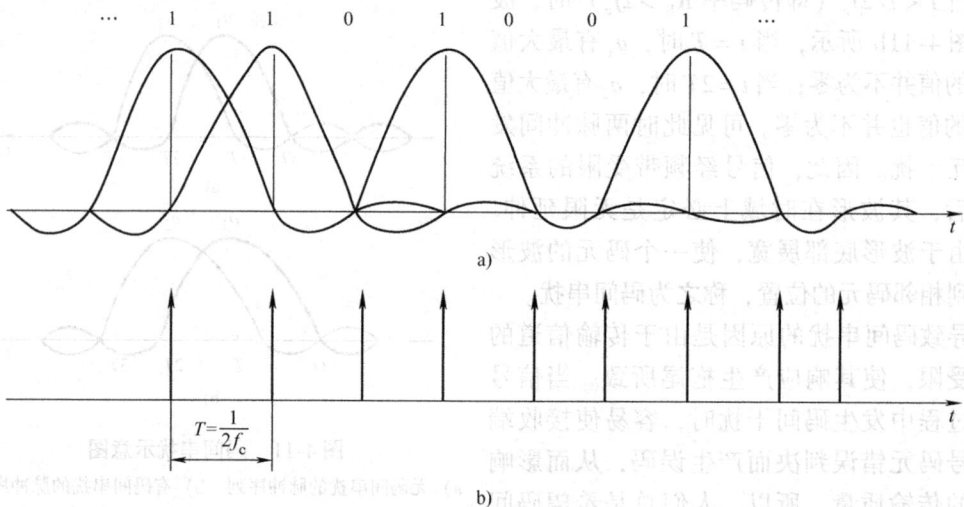

图 4-12 无码间串扰示意图

a）脉冲序列波形　b）抽样序列波形

## 4.4.4 升余弦滚降特性

上面讨论的理想低通信道，虽然在满足奈奎斯特第一准则的条件下能使传输系统避免码间串扰，但其在实际应用中却是无法实现的，其原因有三点：其一，工程上不易实现，因为滤波器截止特性不会做得很陡峭；其二，接收时对判断的要求很严；其三，理想低通传输信道的冲击响应衰减慢，有较大幅度的拖尾。

为了解决理想低通特性存在上述的问题，为使其衰减更快，可采用圆滑振幅特性的方法，这称为"滚降"（Rolloff），一种常用的滚降特性是升余弦滚降特性。

在实际中得到广泛应用的无码间串扰波形，其频域过渡特性以 $\pi/T$ 为中心，具有奇对称升余弦形状，通常称之为升余弦滚降信号。这里的"滚降"指的是信号的频域过渡特性或频域衰减特性，而不是指波形的形状。

能形成升余弦信号的基带系统的传递函数为

$$H(\omega) = \begin{cases} T, & 0 \leqslant |\omega| \leqslant \dfrac{(1-\alpha)\pi}{T} \\[2mm] \dfrac{T}{2}\left[1 + \sin\dfrac{T}{2\alpha}\left(\dfrac{\pi}{T} - \omega\right)\right], & \dfrac{(1-\alpha)\pi}{T} \leqslant |\omega| \leqslant \dfrac{(1+\alpha)\pi}{T}, \\[2mm] 0, & |\omega| \geqslant \dfrac{(1+\alpha)\pi}{T} \end{cases} \tag{4-10}$$

式中，$\alpha$ 称为滚降系数，通常情况下 $0 \leqslant \alpha \leqslant 1$。其定义为 $\alpha = \dfrac{(\omega_c + \omega_\alpha) - \omega_c}{\omega_c}$，其中 $\omega_c + \omega_\alpha$ 为滚降特性截止频率，$\omega_\alpha$ 为滚降时偏离 $\omega_c$ 的频率。

它所对应的冲激响应为

$$h(t) = \dfrac{\sin(\pi t/T)}{\pi t/T} \times \dfrac{\cos(\alpha\pi t/T)}{1 - (2\alpha t/T)^2} \tag{4-11}$$

图 4-13 分别表示了滚降系数 $\alpha=0$，$\alpha=0.5$，$\alpha=1$ 时的传递函数特性和冲激响应，图中给出的是归一化图形。

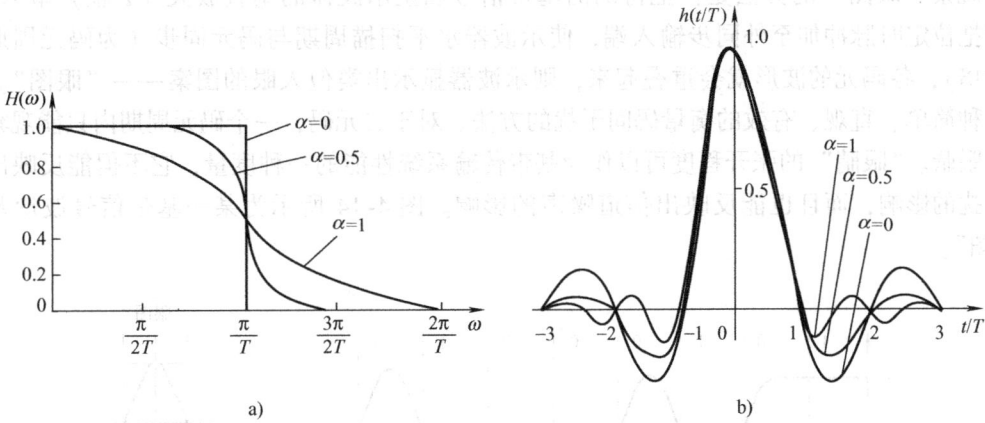

图 4-13　升余弦滚降传输特性

a) 传输特性　b) 冲激响应

由以上关于升余弦滚降传输特性的分析，结合图 4-13 给出不同 $\alpha$ 时升余弦滚降特性的频谱和波形，不难得出：

1) 当 $\alpha=0$ 时，为无"滚降"的理想低通基带传输系统，$h(t)$ 的"尾巴"按 $1/t$ 的规律衰减。当 $\alpha\neq0$ 时，即采用升余弦滚降时，对应的 $h(t)$ 仍旧保持从 $t=\pm T$ 开始，向左、右每隔 $T$ 出现一个零点的特点，即升余弦滚降信号在前后抽样值处的码间串扰始终为零，满足抽样瞬间无码间串扰的条件。

2) 随着滚降系数 $\alpha$ 的增加，两个零点之间的波形振荡起伏变小，其波形的衰减与 $1/t^3$ 称正比。即 $\alpha$ 越大，衰减越快，码间串扰就越小，错误判决的可能性就越小。但随着滚降系数 $\alpha$ 的增大，其所占频带也增加。$\alpha=1$ 时，频带最宽，是理想低通基带系统的 2 倍，频带利用率为 $1\mathrm{B/Hz}$。因此为了减小抽样定时脉冲误差带来的影响，$\alpha$ 值不能取得太大，通常选择 $\alpha\geqslant0.2$。

可见，滚降系数 $\alpha$ 越小，系统占用的带宽越窄，但波形前后尾巴的振荡幅度却越大；$\alpha$ 越大，"尾部"衰减越快，但带宽越宽，频带利用率越低。因此，用滚降特性来改善理想低通，实质上是以牺牲频带利用率为代价换取的。

升余弦滚降特性的实现比理想低通容易得多，因此广泛应用于频带利用率不高，但允许定时系统和传输系统特性有偏差的场合。

## 4.5　眼图

在实际工程中，尽管经过精心设计，但是由于部件传输特性及调试不理想或信道特性发生变化、噪声等的影响，都可能使系统的性能达不到预期的目标。即信号在传输过程中，码间干扰是无法避免的。码间干扰对误码率的影响，除了用专用精密仪器进行定量的测量以外，在调试和维护工作中，技术人员还希望用简单的方法和通用仪器也能监测系统的性能，其中一个有效的方法就是观察接收信号的"眼图"。

眼图是一种利用实验手段方便地估计系统性能的一种方法，它采用示波器观察接收信号波形的方法来分析码间干扰和噪声对系统性能的影响，此即"眼图"分析法。

观察"眼图"的方法是：把待测的基带信号加至示波器的垂直放大（$Y$ 轴）输入端，同时把位定时脉冲加至外同步输入端，使示波器水平扫描周期与码元同步（为码元周期的整数倍），各码元的波形就会重叠起来，则示波器显示出类似人眼的图案——"眼图"。它是一种简单、直观、有效的衡量码间干扰的方法。对于二元码，一个码元周期内只能观察到一只眼睛。"眼睛"的张开程度可以作为基带传输系统性能的一种度量，它不但能反映出码间干扰的影响，而且也能反映出信道噪声的影响。图 4-14 所示为某一基带信号波形及其"眼图"。

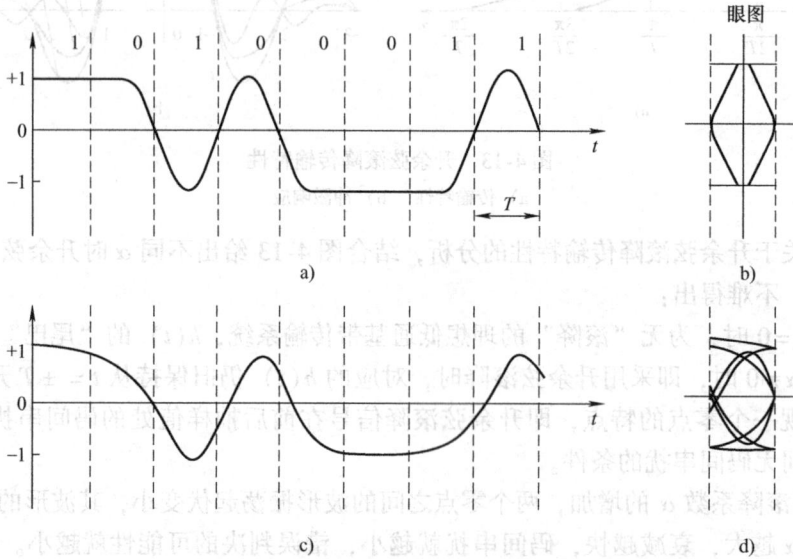

图 4-14　基带信号波形及眼图
a）无码间干扰基带脉冲波形　b）无码间干扰眼图
c）有码间干扰基带脉冲波形　d）有码间干扰眼图

图 4-14a 为没有失真的波形，示波器将此波形每隔一个码元周期 $T$ 重复扫描一次，利用示波器的余辉效应，扫描所得的波形重叠在一起，结果形成图 4-14b 所示的"开启"的大眼图，即示波器显示的迹线又细又清晰。图 4-14c 是有失真的基带信号的波形，由于存在码间干扰，示波器的扫描迹线不能完全重合，于是形成的迹线杂乱不清，重叠后的波形汇聚变差，张开程度变小，且眼图不端正，如图 4-14d 所示。

由以上分析可知，基带波形的失真通常是由码间干扰和噪声造成的，所以眼图张开的大小就能定性地反映系统的性能。当波形无码间干扰时，眼图像一只完全张开的"眼睛"，且眼图端正；当波形有码间干扰时，"眼睛"则部分张开。可见，用眼图的"眼睛"张开大小可反映系统码间干扰的强弱。

当考虑噪声时，由于噪声会叠加在信号波形上，因而眼图的迹线会显得不太清晰，"眼睛"张开更小。所以眼图的功能有：

1）能够观察码间串扰和噪声对系统的影响；

116

2）估价一个基带传输系统的优劣；

3）用眼图调整时域均衡器的特性。

为了说明眼图和系统性能之间的关系，可把眼图化简为一个模型，如图4-15所示。

"眼图"模型可用以下几个参数来表征。

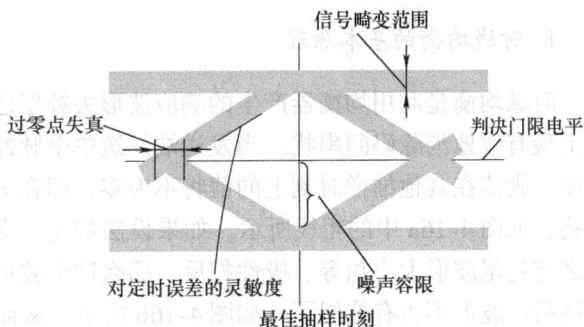

图 4-15　眼图的模型

1）最佳抽样时刻：眼图中央的垂直线表示最佳抽样时刻，设置在"眼睛"张大最大时刻。

2）判决门限电平：眼图中央的水平线为最佳判决门限电平。

3）定时误差灵敏度：是眼图斜边的斜率。斜率越大，对位定时误差越敏感。

4）噪声容限：在抽样时刻，上下两阴影区的间隔距离之半为噪声的容限，即若噪声瞬时值超过这个容限就会发生错误判决，它体现了系统的抗噪声能力。

5）信号畸变范围：阴影区的垂直高度即"眼皮"厚度表示信号畸变的范围。

6）过零点失真：图中倾斜阴影带与横轴相交的区间表示了接收波形零点位置的变化范围，即过零点畸变，它对于利用信号零交点的平均位置来提取定时信息的接收系统有很大影响，范围越大，定时误差越难提取。

总之，掌握了眼图的各个指标后，在利用均衡器对接收信号波形进行均衡处理时，只需观察眼图就可以判断均衡效果，确定信号传输的基本质量。

# 4.6　时域均衡技术

由于受信道传输特性和噪声的影响，实际的数字基带传输系统不可能完全满足无码间串扰的传输条件，因而码间串扰是不可避免的。当码间串扰严重时，必须要对系统的传输特性（传输函数）进行校正，使其达到或接近无码间串扰的特性。理论和实践表明，在基带传输系统中插入一种可调（或不可调）滤波器就可以补偿整个系统的幅频和相频特性，从而减小码间串扰的影响，这个对系统的校正过程称为均衡，实现均衡的滤波器称为均衡器。

均衡分为频域均衡和时域均衡。频域均衡是从频率响应出发，使包括均衡器在内的整个基带传输系统的总传输函数（即频率特性）满足无失真的条件。频域均衡又可分为幅度均衡和相位均衡。幅度均衡主要用来补偿信道及接收滤波器总的幅频特性，使之变得平坦；而相位均衡则用来补偿相频特性，使之呈线性。时域均衡是直接从时间响应的角度出发，使包括均衡器在内的整个基带传输系统的冲激响应满足无码间串扰的条件。

频域均衡在信道特性不变，且传输低速率数据时是适用的，而时域均衡可以根据信道特性的变化进行调整，能有效地减小码间串扰，故在高速数据传输中得以广泛应用，且随着数字信号处理技术和超大规模集成电路的发展，时域均衡已成为高速数据传输的主要方法。本节仅介绍时域均衡技术。

## 1. 时域均衡的基本原理

时域均衡是利用均衡器产生的响应波形去补偿已经畸变的波形，使最终的波形在抽样时刻上最有效地消除码间串扰。当发送端发送单个脉冲时，由于系统传输特性的不理想会产生拖尾，则落在其他抽样时刻上的值将不为零，即在 $nT_s(n \neq 0)$ 时刻会对其他码元造成信号干扰，如图 4-16a 中的粗线所示。如果设法加上一条补偿波形，如图 4-16a 中的细线所示，使之与拖尾波形大小相等、极性相反，那么这个波形恰好可把原来波形的"尾巴"抵消掉。均衡后的波形不再有拖尾了，如图 4-16b 所示，从而消除了对其他码元的干扰，达到了均衡的目的。

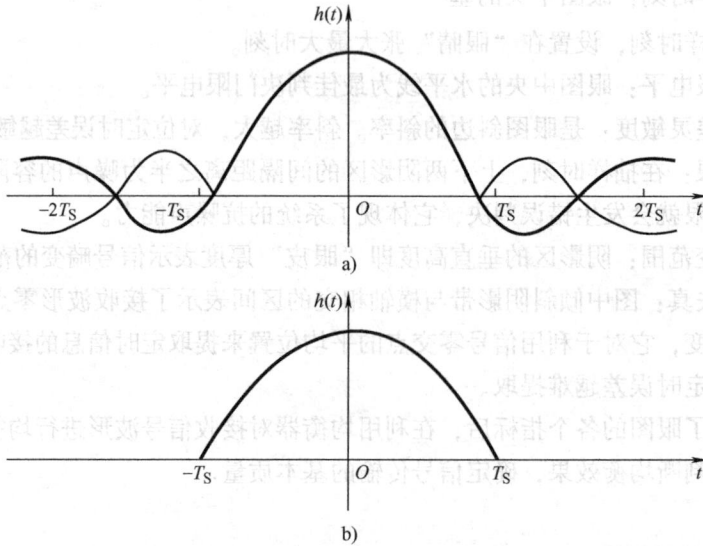

图 4-16　时域均衡前后波形图
a) 均衡前波形　b) 均衡后波形

上述时域均衡通常是利用横向滤波器来实现的，它实际上是由无限多个横向排列的延迟单元构成的抽头延迟线加上一些可变增益放大器组成，因此称为横向滤波器。它通常被设置在接收滤波器与抽样判决器之间，其结构框图如图 4-17 所示。它共有 $2N$ 节延迟线，每节的延迟时间等于码元宽度 $T_B$，在各延迟线之间引出 $2N+1$ 个抽头，每个抽头的输出经可变增益放大器加权后再相加输出。这样，当有码间串扰的波形输入时，经横向滤波器变换，相加器将输出无码间串扰的波形。

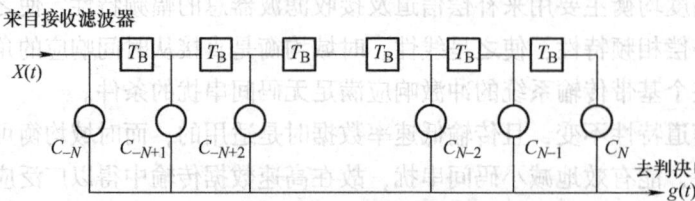

图 4-17　横向滤波器框图

理论上讲，若要完全消除码间串扰，则横向滤波器应有无限多个抽头，这显然是不现实的。因为抽头越多，制造和使用就越困难。因为实际信道往往仅是一个码元脉冲波形对邻近的少数几个码元产生串扰，故实际上只要有一、二十个抽头的滤波器就可以了。实际应用时，利用示波器观察均衡滤波器输出信号的眼图，通过反复调整各可变增益放大器的 $C_i$，使眼图的"眼睛"张开到最大为止。

### 2. 时域均衡的分类

时域均衡按调整方式分为手动均衡和自动均衡。自动均衡可分为预置式自动均衡和自适应式自动均衡。预置式自动均衡是在数据传输之前发送预先规定的测试脉冲序列，利用输出端得到的样值调整各抽头增益，直到误差小于允许的值为止，而在数据传输过程中不再调整。自适应式自动均衡是在数据传输过程中连续测出距最佳调整值的误差电压，并根据此电压去调整各抽头增益。一般地，自适应式均衡不仅可以使调整精度提高，而且当信道特性随时间变化时又能有一定的自适应性，因此受到重视。这种均衡器过去实现比较复杂，但随着大规模、超大规模集成电路和微处理的应用，其发展非常迅速。

## 4.7 再生中继传输

### 1. 再生中继系统

信道是通信系统的重要组成。由于信道特性的不理想，当数字信号在信道中传输时，除了要受到信道的衰减和各种噪声的影响外，还要受到因信道频带受限引起的码间干扰的影响。随着信道长度的增加，信道对信号的影响变得较严重，使信号波形失真，结果导致误码率增加而影响通信的质量。

图 4-18 为一个占空比 50% 的双极性数字脉冲序列在电缆中传输时的输出波形，其出现拖尾失真。且随着传输电缆的长度增加，脉冲波形的拖尾现象将越严重。这种数字信号传输波形的失真主要表现为脉冲波形的幅度减小、波峰延后、底部展宽，产生了拖尾。

可以想象，传输距离越长，波形失真越严重。当传输距离达到一定长度时，接收到的信号将很难识别。因此，为了减小和消除这种波形失真，延长通信距离，需要在信道的合适位置设置再生中继器，使失真的信号经过整形后再向更远的距离传送。

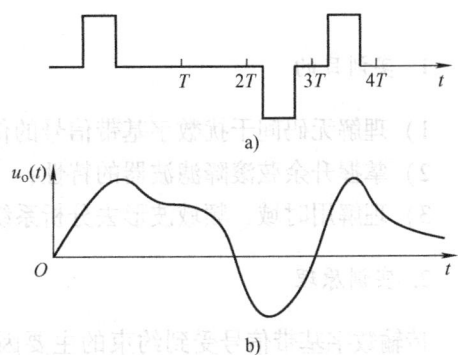

图 4-18 脉冲序列在电缆中传输的波形失真
a) 传输前波形  b) 传输后波形

再生中继传输系统的框图如图 4-19 所示。在两个收、发端局之间适当的距离上加入再生中继器来校正波形失真，并经判决和再生后恢复为原始的发送信号，然后再向远方站传送。一个通信系统需要设置多少个再生中继器，主要取决于通信的距离及通信的质量要求。

### 2. 再生中继器

再生中继器由均衡放大器、判决再生电路和时钟提取电路构成，其组成框图如图4-20所示。

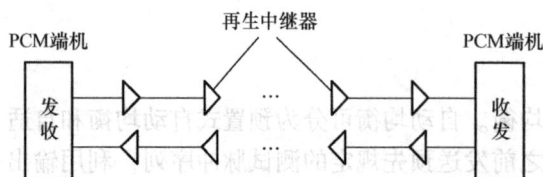

图4-19 再生中继传输系统框图

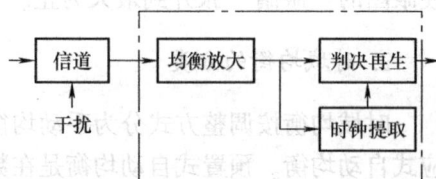

图4-20 再生中继器组成框图

1）均衡放大器。把有衰减和失真的信号进行均衡校正和放大，使接收到的信号适合于抽样判决，波形幅度大且相邻码间干扰尽量小。

2）判决再生电路。判决再生电路是一门限检测电路，在时钟控制下恢复原信号波形，即从均衡好的波形中判决出"1"码和"0"码。为了达到正确地识别，应选择最佳时刻进行判决，即在均衡放大波形的波峰处。此外要选合适的判决电平，常选均衡波峰值的一半。

3）时钟提取电路。时钟提取电路就是从已收到的信号中提取与发送定时钟同步的定时脉冲，以便在最佳时刻判决均衡波的"1"码和"0"码，并把它们恢复成一定宽度和幅度的脉冲。

# 4.8 实训

## 4.8.1 实训1 奈奎斯特第一准则

### 1. 实训目的

1）理解无码间干扰数字基带信号的传输；
2）掌握升余弦滚降滤波器的特性；
3）理解用时域、频域波形去分析系统性能。

### 2. 实训原理

传输数字基带信号受到约束的主要因素是系统的频率特性，当基带脉冲信号通过系统时，系统的滤波作用使脉冲拖宽，在时域上，它们重叠到附近的时隙中去。接收端按约定的时隙对各点进行抽样，并以抽样时刻测定的信号幅度为依据进行判决，来导出原脉冲的消息，若重叠到临近时隙内的信号太强，就可能发生错误判决，从而产生码间串扰。

奈奎斯特第一准则给出了消除这种码间干扰的方法，并指出了信道带宽与码元速率的基本关系，即

$$R_B = \frac{1}{T_B} = 2f_c = 2B$$

假定有一数字基带信号，其码速率为100Baud，照奈奎斯特第一准则，为保证数字基带信号的无失真传输，传输信道的带宽必须要在50Hz以上。同理，如果数字基带信号的码速率高于100Baud，则在50Hz的带宽下不能保证信号的无失真传输。

**3. 实训内容和步骤**

利用 System View 建立一个仿真系统验证奈奎斯特第一准则。

1）设置系统的仿真时间参数：采样频率设定为1000Hz，采样点为512个。

2）放置信号源：码速率为100Baud的伪随机信号。

3）放置用于整形的升余弦滚降低通滤波器，其截止的频率设定为50Hz，在60Hz处有–60dB的衰落，相当于一个带宽为50Hz的信道。

4）为了模拟传输的噪声，将低通滤波器的输出叠加上一个高斯噪声，设定其标准差为0.1。

5）接收端由一个低通 FIR 滤波器、一个抽样器、一个保持器和一个缓冲器组成，分别完成信号的滤波、抽样、判决以及整形输出。其中抽样器的抽样频率与数据信号的数据速率一致，设为100Hz。为了比较发送端和接收端的波形，在发送端的接收器前和升余弦滚降滤波器后各加入了一个延迟图符。最终的仿真系统如图4-21所示。

6）关闭噪声信号，运行仿真，将输入信号波形与输出信号波形进行叠加，观察仿真结果。

7）开启噪声信号，比较输入信号与输出信号的波形。

8）改变噪声幅度，观察输出信号的变化。

9）将伪随机信号的码速率修改为 110Baud，运行仿真，再次观察输入输出信号波形的差别。

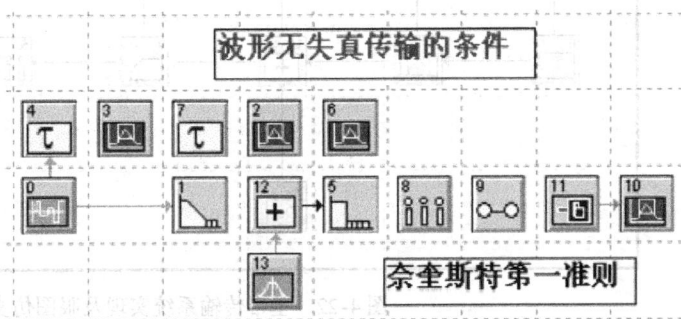

图 4-21　奈奎斯特系统仿真图

**4. 实训报告及要求**

1）用 System View 软件画出图4-21所示的仿真图。

2）根据实训步骤依次记录下仿真过程中相关波形并进行分析，并把实训过程和结果写在报告册中。

## 4.8.2　实训2　数字信号基带传输系统实现及眼图的观察

**1. 实训目的**

1）熟悉使用 System View 软件，了解各功能模块的操作和使用方法；

2）掌握数字基带传输系统的构成及其工作原理；

3）观察数字基带传输系统接收端的眼图，掌握眼图的主要性能指标。

## 2. 实训原理

当一个信号通过一个受限的基带信道时,它的波形将发生变化。当数据传输速率提高时,波形的失真也增大,甚至使得数据不能传输。

眼图通常用于实时观察一个数字数据序列,它能够表达出很多有关传输质量的信息,而做这些仅一个常用的示波器和一位时钟序列就可以了。通过观察眼图,可以测量出基带传输系统的传输质量及接收到的数据中发生错误的可能性。

## 3. 实训内容和步骤

用 System View 建立一个数字基带传输系统仿真电路,信道中加入高斯白噪声(均值为 0,均方差可调),分析理解系统各个模块的功能,并通过观察眼图,判断系统信道中的噪声情况。系统仿真电路如图 4-22 所示。

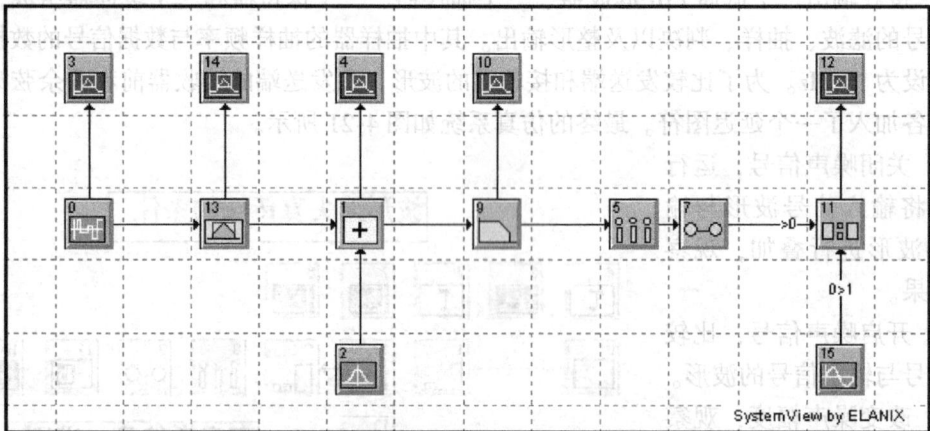

图 4-22 基带传输系统实现及眼图仿真图

(1) 模块说明

Sink3:产生原始码元;Sink14:发送端基带信号形成器。

Sink4:加入高斯白噪声后的波形;Sink10:经过低通滤波器后的输出波形。

Sink12:经过抽样判决后的输出码元。

(2) 参数设置

Token0:Source — Noise/PN — Pn Seg(幅度 1V,频率 100Hz,电平数 2,偏移 0V,产生单极性不归零码,随机产生)。

Token13:在专业库中选择 Comm—Processors—P shape(Select pulse Shape = Rectangular,Time offset = 0,Width = 0.01s,产生矩形脉冲基带信号)。

Token2:Source — Noise/PN — Gauss Noise(均值为 0,均方差为 0.01 高斯白噪声)。

Token9:Operator — Filters/systems — Liner Sys Filters(Analog,Butterworth,No. of Poles = 3,Low Cutoff = 100Hz,产生一个低通 Butterworth 滤波器,用于对信道输出进行滤波)。

Token5:Operator — Sample/Hold — Sample(Sample rate = 100Hz,用于对滤波后的波形进行抽样,抽样速率等于码元速率)。

Token7：Operator — Sample/Hold — Hold（Hold Value = Last Sample，Gain = 1，对抽样后的值延时一段时间，得到恢复后的数字基带信号）。

Token11：Operator—Logic—Compare（Select comparison：a > = b True Output = 1V，False Output = −1V，对抽样值进行判决比较，得到输出码元波形）。

Token15：产生正弦信号，作为比较器的另一个比较输入（振幅 = 0V，频率 = 0Hz）。

（3）眼图参数设置

Sink Calculator — style — slice — start = 0.01，Length = 0.03，在窗口中选择需要观察眼图的波形，单击"OK"按钮，观察其眼图。

（4）系统定时设置

Start Time：0，Stop Time：0.5，Sample Rate：10000Hz。

4. 实训报告及要求

1）观察系统中各个模块的输出波形，并分析说明系统构成原理。

2）观察低通滤波器输出波形的眼图，调节信道中噪声的大小，观察眼图变化。

3）比较抽样判决后的输出码元与原始码元有何不同，说明原因。

4）调节噪声大小，分析系统中是否产生误码，说明原因。

# 4.9 小结

1）数字信号的传输类型分为数字基带传输系统和数字频带传输系统。不使用调制和解调而直接传输数字基带信号的系统称为数字基带传输系统；包含调制和解调装置的数字信号传输方式称为频带传输。

2）数字基带传输系统由信道信号形成器、信道、接收滤波器、抽样判决器和同步提取电路等组成。

3）数字基带信号是指信息代码的电波形，其表示形式有多种，有单极性和双极性波形、归零和非归零波形、差分波形、多电平波形。双极性波形没有直流分量，有利于信道中传输；单极性归零波形中含有定时频率分量，常作为提取位同步信息的波形；差分波形可以消除设备初始状态的影响；多电平波形在波特率相同的条件下，其比特率得到了提高。

4）随机脉冲序列的功率谱包含连续谱和离散谱两大部分。离散谱的存在可以明确能从脉冲序列中直接提取离散分量，以便在接收端用这些成分作位同步信息；连续谱可以确定随机序列的带宽等。

5）线路编码用来把原始信息代码变换成适合于基带信道传输的码型，常见的传输码型有 AMI、HDB3、曼彻斯特码、CMI 码和密勒码等，这些码有其各自的特点，可以针对具体系统的要求来选择。

6）基带信号传输时，会产生码间串扰问题。奈奎斯特第一准则给出了传输脉冲序列无码间串扰的条件。理想低通能满足奈奎斯特第一准则，但无法实现其陡峭的过渡带特性；实际采用的是升余弦滚降特性，其频带利用率低于 2Baud/Hz 的极限利用率。

7）奈奎斯特准则：若输入数据以 $R_B = 2f_C$ 波特速率传输时，在抽样时刻上的码间串扰是不存在的；若系统用高于 $2f_C$ 波特速率传输时，将存在码间串扰。因此，如果信号经传输后整个波形发生了变化，但只要其特定的抽样值波形保持不变，那么用再次抽样的方法，仍然可以准确无误地恢复原始信码。

8）实际信道特性不可能理想，总是存在码间干扰和噪声。"眼图"分析法是用实验手段观察码间干扰和噪声影响从而估计通信系统质量的有效方法。

9）均衡是对通信系统的传输函数进行校正的一种技术。均衡分为时域均衡和频域均衡。目前主要采用时域均衡，是利用均衡器产生的响应波形去补偿已经畸变的波形，使最终的波形在抽样时刻上最有效地消除码间串扰。时域均衡通常是利用横向滤波器来实现的。

10）再生中继传输系统是为了减小和消除波形失真，延长通信距离，在两个收、发端局之间适当的距离上加入再生中继器来校正波形失真，并经判决和再生后恢复为原始的发送信号，然后再向远方站传送。再生中继器由均衡放大器、判决再生电路和时钟提取电路构成。

## 4.10 习题

1. 奈奎斯特准则的内容是什么？
2. AMI 码的缺点是什么？
3. 设二进制符号序列为 110010001110，试以矩形脉冲为例，分别画出相应的单极性码波形、双极性码波形、单极性归零码波形、双极性归零码波形、二进制差分码波形及八电平码波形。
4. 已知信息代码为 100000000011，求相应的 AMI 码、HDB3 码和曼彻斯特码。
5. 已知信息代码为 1010000011000011，试确定相应的 AMI 码及 HDB3 码，并分别画出它们的波形。
6. 带限传输对数字信号有什么影响？码间串扰是怎样形成的？
7. 怎样用示波器观察眼图？眼图恶化说明什么含义？
8. 4 个连 1 和 4 个连 0 交替出现的序列，画出单极性非归零码、AMI 码和 HDB3 码所对应的波形图。

# 第5章　数字信号的频带传输

## 【内容简介】

本章主要介绍数字信号的频带传输系统，对二进制数字调制系统，即幅度键控（2 Amplitude Shift Keying，2ASK）、频移键控（2 Frequency Shift Keying，2FSK）和相移键控 [（2 Phase Shift Keying，2PSK）、（2 Differential Phase Shift Keying，2DPSK）] 的调制、解调原理、波形及频谱等特点作了重点讨论，并对其二进制数字调制系统的性能进行了比较分析。最后简要介绍正交振幅调制（Quadrature Amplitude Modulation，QAM）、最小频移键控（Minimum Shift Keying，MSK）、高斯滤波最小频移键控（Gaussian Filtered Minimum Shift Keying，GMSK）和正交相移键控（Quadrature Phase Shift Keying，QPSK）等几种现代数字调制技术。

## 【学习目标】

通过本章的学习，达到以下目标：

1）掌握数字信号频带传输系统的组成。

2）掌握 2ASK、2FSK、2PSK 及 2DPSK 的调制、解调原理、波形及频谱特点。

3）理解二进制幅度键控、频移键控和相移键控调制系统的各自优缺点及适用场合。

4）了解几种现代数字调制技术的工作原理及其特点。

## 案例导入　移动通信系统中的调制技术

当今移动通信系统基本采用数字调制技术进行信息传递，相比于传统的模拟调制方式，数字调制具有极大优势。现代移动通信网络要求信息传输效率高、精确度好，抗噪性强等优点。数字调制技术可以将信息进行多重复用，同时增设安全密钥，大大提高信息的安全性。随着调制技术的发展，数字调制应用于移动通信网络的成本也得到大大降低。

调制是对信号源的编码信息进行处理，使其变为适合于传输形式的过程。即是把基带信号（信源）转变为一个相对其而言频率非常高的带通信号。带通信号称为已调信号，而基带信号称为调制信号。调制可以通过改变调制后载波的幅度、频率或者相位来实现。数字调制是指用离散的数字信号对载波波形的某些参数（如幅度、频率和相位）进行控制，使这些参数随基带信号的变化而变化。

数字调制技术通常分为线性调制技术和恒包络调制技术两大类。线性调制主要包括PSK、QPSK、DQPSK 和多电平 PSK 等。这里所谓的线性是指这类调制技术要求通信设备从频率变换到放大和发射过程中保持充分的线性，这种方式可以获得较高的频谱利用率。恒包络调制主要包括 MSK、GMSK、GFSK、TFM 和 OFDM 等。这类调制技术的优点是已调信号具有相对窄的功率谱和对放大设备没有线性要求，但其频谱利用率通常低于线性调制技术。

目前，根据移动通信系统发展过程和通信业务要求不同，各移动通信系统采用的调制方式也各有特点，如表5-1所示。

表5-1  各移动通信系统采用的调制方式

| 标　　准 | 服务类型 | 主要调制方式 |
|---------|---------|-------------|
| GSM | 蜂窝 | GMSK |
| IS-95 | 蜂窝 | 上行：OQPSK 下行：BPSK |
| PHS | 无绳 | π/4-DQPSK |
| CDMA 2000 | 蜂窝 | QPSK 和 BPSK |
| WCDMA | 蜂窝 | QPSK 和 HPSK |
| TD-SCDMA | 蜂窝 | QPSK 和 8PSK |
| B3G（4G） | 蜂窝 | OFDM 及其相关技术 |

除了以上介绍的调制技术外，目前应用在移动通信中正在研究的还有很多调制技术，如①可变速率调制，即根据信道的变化自适应地改变无线传输速率，信道条件好，用较高速率；信道条件差，用较低速率。所以称为可变速率调制，或称自适应调制。②平滑调频（TFM），即从如何平滑MSK信号的相位轨迹来压缩已调信号带外辐射功率的角度提出的一种恒定包络调制方式。③通用平滑调频（GTFM），是TFM的扩展，它是通过改变预调制滤波器的参数来平衡频谱特性和误码率性能。

值得一提的是，在目前应用比较广的4G移动通信系统采用新的调制技术，如多载波正交频分复用调制技术及单载波自适应均衡技术等调制方式，以保证频谱利用率和延长用户终端电池的寿命。

以上所列出的各类数字调制技术都是在基本的数字调制技术的基础上发展起来的，本章将主要介绍常见的二进制数字调制系统的原理及性能，然后简要介绍几种改进型数字调制技术。

## 5.1  数字频带传输系统

数字传输系统分为基带传输和频带传输两种，前面已经对数字信号的基带传输进行了介绍。为适应某种需要（如无线信道传输或多路复用等），大部分传输系统都采用频带传输。数字信号对载波的调制与模拟信号对载波的调制过程类似，同样可以用数字信号去控制正弦载波的振幅、频率或相位的变化。

由于数字基带信号的频谱是从零频开始且集中在低频段，因此只适合在低通型信道中传输。但常见的实际信道是带通型的，例如，各个频段的无线信道、限定频率范围的同轴电缆等。另外，基带信号为脉冲信号，它在普通导线上的传输距离不宜太长，这是由于普通导线对低频、低压信号的损耗较大，最大传输距离为十几千米。为了使数字信号能在带通信道中传输，可以通过把基带信号的频谱搬移到较高的载波频率上来解决，即由数字基带信号对载波进行调制来解决。典型的频带传输系统有数字微波系统和数字光纤通信系统。

数字调制是指用数字基带信号对载波信号的某一参数（幅度、频率或相位）进行控制，使之随基带信号的变化而变化。显然，数字调制种类对应的调幅、调频及调相三种基本形式。已调信号通过信道传输到接收端进行解调，还原成原基带数字信号，包括数字调制和解调环节的传输系统称为数字频带传输系统。

在大多数的数字通信系统中，因为正弦信号形式简单，便于产生和接收，所以都选择正弦信号作为载波，这一点与模拟调制没有本质的差异，它们都属于正弦波调制。数字调制与模拟调制相比的不同点在于模拟调制需要对载波信号的参数连续进行调制，在接收端需要对载波信号的已调参数连续进行估值；而在数字调制中则用载波信号参数的某些离散状态来表征所传输的信息，在接收端只要对这有限个离散值进行判决，从而恢复出原始信号。

通常将数字调制技术分成两种类型：一是利用模拟法实现数字调制；二是利用数字信号的离散取值键控载波，从而实现数字调制，这种方法通常称为"键控法"。"键控"就是把数字信号码元对应的脉冲序列看作"电键"对载波的参数进行控制。例如，对载波的振幅、频率及相位进行键控，便可获得幅移键控（ASK）、频移键控（FSK）及相移键控（PSK）三种调制方式。键控法一般由数字电路来实现，它具有调制变换速率快、调整测试方便、体积小和设备可靠性高等特点。

数字信息有二进制和多进制之分，数字调制也分为二进制调制和多进制调制两种。在二进制调制中，信号参量只有两种取值，而在多进制调制中，信号参量有 $M$（$M>2$）种取值。二进制数字调制的基带数字信号只有两个状态，即 1、0 或 +1、−1。在多进制中，一位多进制符号代表若干位二进制符号。在相同的传码率条件下，多进制数字系统的信息速率高于二进制系统。在二进制系统中，随着传码率的提高，所需信道带宽增加。采用多进制可降低码元速率和减少信道带宽。同时，加大码元宽度，可增加码元能量，有利于提高通信系统的可靠性。

数字频带传输系统的框图如图 5-1 所示。由图可见，原始数字序列经基带信号形成器后变成适合于信道传输的基带信号，再送到键控器来控制载波的振幅、频率及相位，形成数字调制信号并送至信道。在信道中传输时还有各种干扰，接收滤波器把叠加有干扰的有用信号提取出来，并经过解调器恢复出数字基带信号。另外，数字传输时是按一定节拍传输数字信号的，因而接收端必须有一个与发送端相同的节拍。否则，就会因收端不同步而造成混乱。

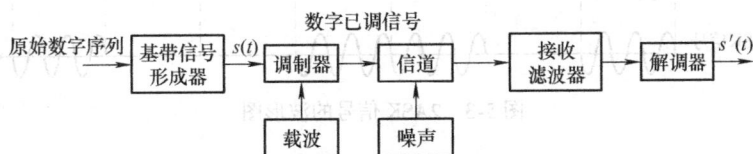

图 5-1　数字频带传输系统框图

## 5.2　二进制幅移键控

幅移键控是用数字信号控制载波振幅的一种数字调制方式。幅移键控（Amplitude Shift Keying）简记为 ASK，二进制幅移键控常记为 2ASK。2ASK 最简单的形式是利用代表数字信息"0"或"1"的矩形脉冲去键控一个连续的载波，使载波时断时续地输出，即有载波输出时表示发送"1"码，无载波输出时表示发送"0"码，这种方法又称通断键控（On-Off Keying，OOK）。

## 5.2.1 2ASK 信号的调制

二进制幅移键控是数字调制方式中出现最早也是最简单的一种方法，其最初用于电报通信系统，由于其抗干扰能力较差，因此在信号传输中用的不多。不过，二进制幅移键控常常是学习各种数字调制的基础。

### 1. 2ASK 信号的实现方法

幅移键控的实现可以利用开关电路来完成。开关电路是以数字基带信号为门脉冲来选通载波信号，从而在输出端得到 2ASK 信号。产生 2ASK 信号的框图如图 5-2 所示，它利用二进制信号 $S(t)$ 来控制开关的通断，即当二进制数字信号为"1"码时，开关接通，输出高频正弦载波；当二进制数字信号为"0"码时，开关断开，输出为零。

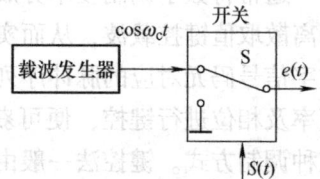

图 5-2 2ASK 信号的实现框图

其 2ASK 信号的数学表达式为

$$S_{2ASK}(t) = \begin{cases} A\cos\omega_c t, & \text{"1"} \\ 0, & \text{"0"} \end{cases} \tag{5-1}$$

### 2. 2ASK 信号的波形

2ASK 信号的波形图如图 5-3 所示。

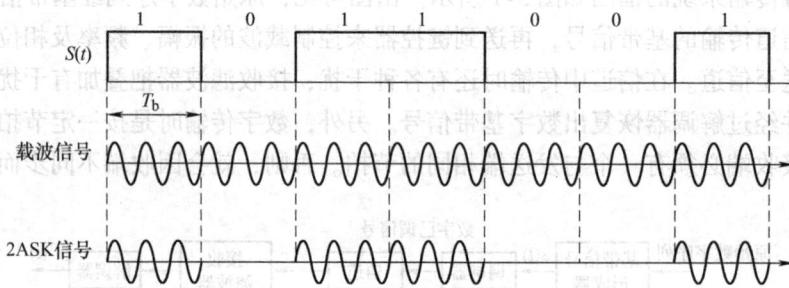

图 5-3 2ASK 信号的波形图

### 3. 2ASK 信号的功率谱及带宽

若二进制脉冲的功率谱密度为 $P_s(f)$，对式(5-1) 求 2ASK 信号的功率谱密度为

$$P_{2ASK}(f) = \frac{1}{4}\left[P_s(f+f_c) + P_s(f-f_c)\right] \tag{5-2}$$

$P_s(f)$ 及 $P_{2ASK}(f)$ 的功率频谱示意图如图 5-4 所示。

由图 5-4 可知：

1) 2ASK 信号的功率谱密度是由连续谱和离散谱组成的，其中，连续谱取决于数字基带信号经线性调制后的双边带谱，即功率谱是基带信号功率谱的线性搬移。而离散谱则由载波分量确定。信号的功率主要集中在以载波 $f_c$ 为中心频率，在功率谱密度的第一对过零点之间。

2）2ASK 信号的频带宽度是基带信号的两倍，即 2ASK 信号的带宽 $B_{2ASK} = 2f_S$，其中 $f_S$ 是基带信号的带宽，称为谱零点带宽。而 $f_S$ 在数值上等于 $R_B$，$R_B$ 为码元速率，说明 2ASK 信号的传输带宽是码元速率的两倍。

3）2ASK 信号的频带利用率为 1/2（Baud/Hz）。这意味着用 2ASK 方式传送码元为 $R_B$ 的数字信号时，要求该系统的带宽至少为 $2R_B$。可见，2ASK 的频带利用率较低。

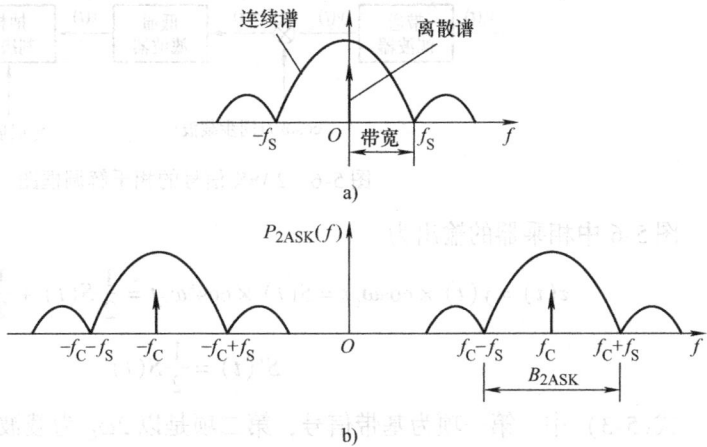

图 5-4　2ASK 信号的功率谱示意图
a）基带信号功率谱　b）2ASK 信号的功率谱

2ASK 信号的主要优点是易于实现，缺点是抗干扰能力不强，主要用在低速数据传送中，最初用于电报系统，目前在数字通信系统中使用较少。

## 5.2.2　2ASK 信号的解调

ASK 信号有两种解调方式，即非相干解调（包络检波）和相干解调（同步解调）。

### 1. 包络检波法

包络检波时不需要同步载波，其原理如图 5-5 所示。图中带通滤波器的作用是滤波信号中的干扰，让有用的 2ASK 信号完整地通过。经包络检波后，输出其包络。低通滤波器的作用是滤除高频杂波，使基带包络信号通过。抽样判决器有时也称为译码器，其包括抽样、判决及码元形成。定时抽样脉冲是很窄的脉冲，通常位于每个码元的中央位置，其重复周期等于码元的宽度。若不计噪声影响时，带通滤波器的输出为 ASK 信号，经包络检波器、抽样、判决后将码元再生，就可以恢复出原始数字序列。

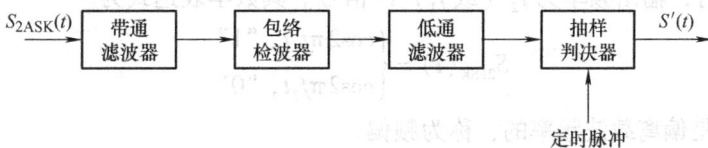

图 5-5　2ASK 信号的包络检波框图

### 2. 相干解调法

相干解调法也称为同步解调法，其框图如图 5-6 所示。同步解调时，接收机要产生一个与发送端载波同频同相的本地载波信号，称为同步载波或相干载波，利用此载波与收到的已调波相乘，经低通滤波器、抽样判决和整形后再生数字基带脉冲。

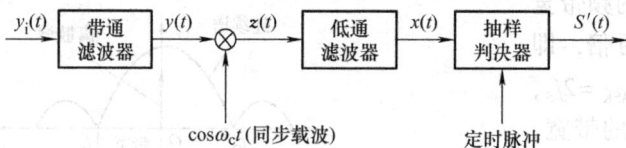

図 5-6　2ASK 信号的相干解调框图

图 5-6 中相乘器的输出为

$$z(t) = y(t) \times \cos\omega_C t = S(t) \times \cos^2\omega_C t = \frac{1}{2}S(t) + \frac{1}{2}S(t) \times \cos2\omega_C t \qquad (5-3)$$

$$S'(t) = \frac{1}{2}S(t)$$

式（5-3）中，第一项为基带信号，第二项是以 $2\omega_C$ 为载波的成分，两者频谱相距很远。经低通滤波器滤波后，即可输出 $\frac{1}{2}S(t)$ 信号。可见，其还原输出的信号为原调制信号幅度的一半，即解调的效率为 1/2。相干解调的特点为：

1）相干解调的抗噪声性能优于非相干解调系统。这是由于相干解调利用了相干载波与信号的相关性，起到了增强信号与抑制噪声的作用。

2）因为相干解调需要一个与发端同频同相的相干载波，使得其设备复杂、成本高。

在一般情况下，对于 2ASK 系统，在大信噪比条件下采用包络解调，即非相干解调；而在小信噪比条件下则采用相干解调。

# 5.3　二进制频移键控

频移键控是继幅移键控之后出现的一种调制方式，它是一种相对简单、低性能的数字调制。由于其幅度不变，它的抗噪声和抗衰落性能均优于幅度调制，设备也较易实现，所以广泛应用于中低速数据传输中。

频移键控（Frequency Shift Keying）简称为 FSK，二进制频移键控简称为 2FSK，是利用载波的频率变化来传送数字信息，即用数字基带信号来控制载波的频率变化，从而产生两个不同的频率 $f_1$ 和 $f_2$ 表示二进制数。当发送数据 "1" 时，输出频率为 $f_1$（或 $f_2$）的信号；当发送数据 "0" 时，输出频率为 $f_2$（或 $f_1$）的信号。其数学表达式为

$$S_{2FSK}(t) = \begin{cases} \cos2\pi f_1 t, & \text{"1"} \\ \cos2\pi f_2 t, & \text{"0"} \end{cases} \qquad (5-4)$$

通常 $f_1$ 和 $f_2$ 是偏离载波频率的，称为频偏。

## 5.3.1　2FSK 信号的调制

### 1. 2FSK 信号的实现方法

2FSK 信号的实现方法有两种，一种是数字键控法（或频率选择法），另一种是模拟调制法（直接调频法），如图 5-7 所示。

数字键控法实现起来较为方便。一般来说，数字键控法产生相位离散的 FSK 信号，而

模拟调制法产生的是相位连续的 FSK 信号。

数字键控法是用数字信号控制两路开关的通和断，使输出为 $f_1$ 和 $f_2$ 的振荡信号。也可用一个频率合成器提供两个频率，则就有较好的频率稳定度和准确度，而且信号的包络稳定，转换速度快，但因相位是离散的，会引起带外辐射。

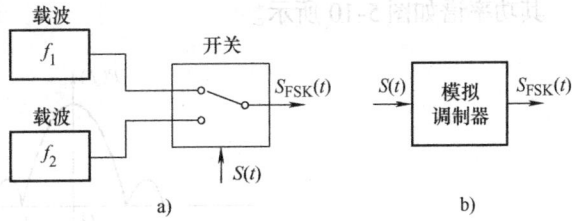

图 5-7  2FSK 信号的实现框图
a) 数字键控法  b) 模拟调制法

模拟调制法是利用一个矩形脉冲对一个载波进行调频，使输出得到不同频率的信号。其电路易于实现，但频率稳定度较差，因而实际应用不广。

### 2. 2FSK 信号的波形

2FSK 信号的波形示意图如图 5-8 所示。

### 3. 2FSK 信号的频谱及带宽

由于 2FSK 调制属于非线性调制，其频谱特性的分析比较困难。如果产生 $f_1$ 和 $f_2$ 的两个振荡器是独立的，则输出的 2FSK 信号的相位是不连续的。对于相位不连续的 2FSK 信号，可视其为两个 2ASK 信号的叠加，其中一个载波频率为 $f_1$，另一个载波频率为 $f_2$，如图 5-9 所示。

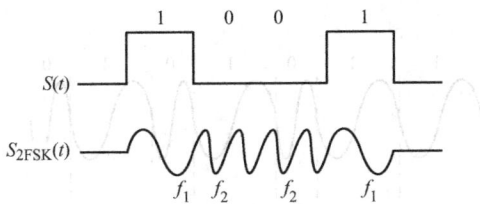

图 5-8  2FSK 信号的波形图

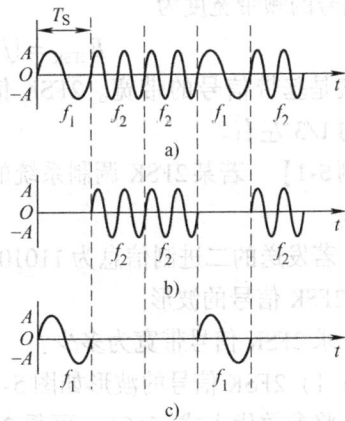

图 5-9  2FSK 信号的波形分解
a) 2FSK 信号的波形  b) 载波频率为 $f_2$ 的信号波形
c) 载波频率为 $f_1$ 的信号波形

因此，2FSK 信号的功率谱可以看成是两个 2ASK 信号的功率谱之和。其频谱表示式如式（5-5）所示。

$$P_{2FSK}(f) = P_{2ASK}(f)|_{f_1} + P_{2ASK}(f)|_{f_2}$$
$$= \frac{1}{4}[P_s(f+f_1) + P_s(f-f_1)] + \frac{1}{4}[P_s(f+f_2) + P_s(f-f_2)]$$

(5-5)

其功率谱如图 5-10 所示。

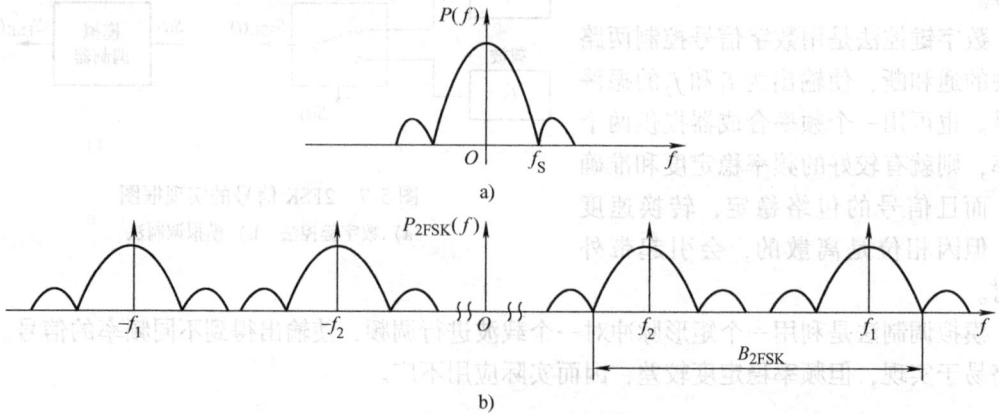

图 5-10　2FSK 信号的功率谱

由图 5-10 可知：

1）相位不连续的 2FSK 信号的功率谱与 2ASK 信号的功率谱类似，同样由离散谱和连续谱两部分组成。其中，连续谱由两个双边带频谱叠加而成，而离散谱出现在两个载频位置上，是位于 $f_1$、$f_2$ 处的两种冲激，这表明 2FSK 信号中含有载波 $f_1$、$f_2$ 的分量。

2）连续谱随着 $|f_1 - f_2|$ 的大小而异。当 $|f_1 - f_2| > f_S$ 时，功率谱将出现双峰；当 $|f_1 - f_2| < f_S$ 时，功率谱出现单峰。

3）2FSK 信号的带宽。若仅计算 2FSK 信号功率谱第一个零点之间的频率间隔，则该 2FSK 信号的频带宽度为

$$B_{2FSK} = |f_1 - f_2| + 2f_S = |f_1 - f_2| + 2R_B \tag{5-6}$$

式中，$f_S$ 是基带信号的带宽。2FSK 信号带宽约为 2ASK 的 3 倍，即系统频率利用率只有 2ASK 的 1/3 左右。

【例 5-1】　若某 2FSK 调制系统的码元传输速率为 1000B，已调信号的载频为 1000Hz 或 2000Hz。

1）若发送的二进制信息为 1101010，试画出相应的 2FSK 信号的波形。

2）求 2FSK 信号带宽为多少？

解：1）2FSK 信号的波形如图 5-11 所示。

2）将参数代入式(5-6)，可得 2FSK 信号带宽为

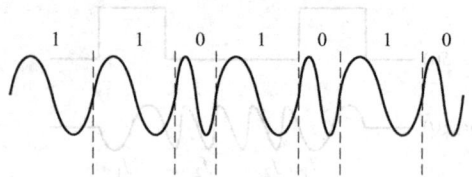

图 5-11　例 5-1 波形图

$$B_{2FSK} = |f_1 - f_2| + 2R_B = \left[ (2000 - 1000) + 2 \times 1000 \right] \text{Hz} = 3\text{kHz}$$

## 5.3.2　2FSK 信号的解调

2FSK 信号的解调有多种方法。这里主要介绍包络检波法、同步解调法与过零检测法。

### 1. 包络检波法

包络检波法属于非相干解调。2FSK 信号的包络检波法框图如图 5-12 所示，其可视为由

两路2ASK包络检波电路组成。用两个窄带的带通滤波器分别滤出频率为$f_1$及$f_2$的高频信号，起分路作用，用以分开两路2ASK信号。经包络检波后分别取出它们的包络，把两路输出同时送至抽样判决器进行比较，从而判决输出原基带数字信号。设频率$f_1$的载波代表数字信号"1"，频率$f_2$的载波代表数字信号"0"，则抽样判决器的判决准则应为：若$v_1 > v_2$，则判为"1"码；若$v_1 < v_2$，则判为"0"码。

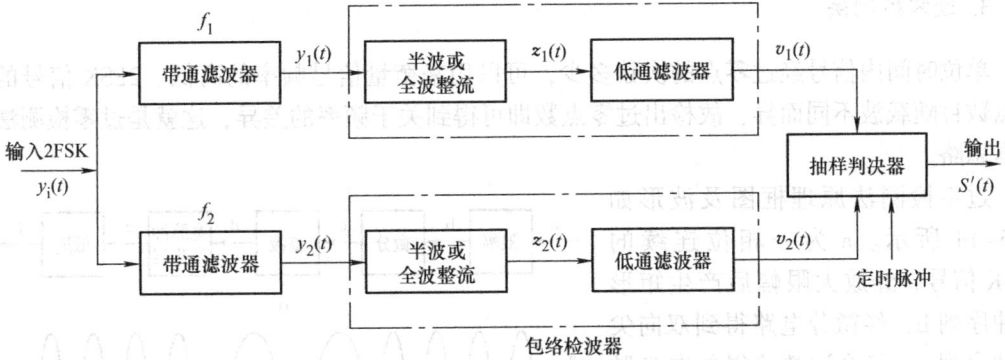

图 5-12　2FSK 信号的包络检波法框图

包络检波法电路较为复杂，但包络检波无须相干载波。一般而言，大信噪比时常用包络检波法，小信噪比时采用同步解调法（相干解调法）。

2. 同步解调法

2FSK 信号的同步解调法框图如图 5-13 所示。

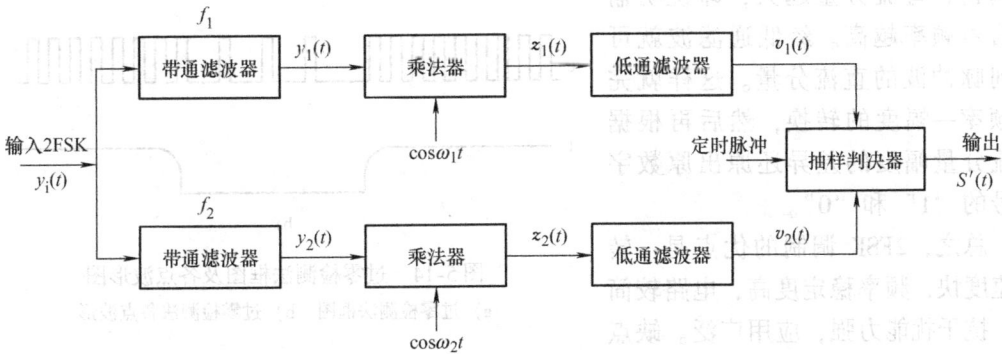

图 5-13　2FSK 信号的同步解调法框图

在图 5-13 中，两个带通滤波器可视为由两路 2ASK 同步解调电路组成，其起分路作用，它们的输出分别与相应的同步载波相乘，再分别经低通滤波器取出含基带数字信息的低频信号，滤掉二倍频信号，抽样判决器在抽样脉冲到来时对两个低频信号$v_1$和$v_2$进行比较判决，即可还原出数字基带信号。

理论分析可知：

1) 在输入信噪比一定时，相干解调的误码率小于非相干解调的误码率；当系统的误码率一定时，相干解调比非相干解调对输入信号的信噪比要求低。所以相干解调 2FSK 系统的抗噪声性能优于非相干的包络检波法。但当输入信号的信噪比很大时，两者的相对差别不很明显。

2）相干解调时，需要插入两个相干载波，电路较复杂。包络检波法无须相干载波，因而电路较为简单。一般而言，大信噪比时常用包络检波法，小信噪比时才用相干解调法，这与 2ASK 的情况相同。

### 3. 过零检测法

单位时间内信号经过零点的次数多少，可以用来衡量信号频率的高低。2FSK 信号的过零点数目随载波不同而异，故检出过零点数即可得到关于频率的差异，这就是过零检测法的基本思路。

过零检测法原理框图及波形如图 5-14 所示。a 为一相位连续的 2FSK 信号，经放大限幅后产生矩形脉冲序列 b，经微分电路得到双向尖脉冲序列 c，经全波整流得单向尖脉冲序列 d，单向尖脉冲的疏密程度反映了 2FSK 信号的频率变化，即信号过零点的数目。用单向尖脉冲去触发一宽脉冲发生器，产生一串具有一定宽度的矩形归零脉冲 e，脉冲串 e 的直流分量代表着信号的频率，脉冲越密，直流分量越大，即说明输入信号频率越高。经低通滤波就可得到脉冲波的直流分量。这样就完成频率—幅度的转换，然后再根据直流分量幅度的差异还原出原数字信号的 "1" 和 "0"。

总之，2FSK 调制的优点是：转换速度快，频率稳定度高，电路较简单，抗干扰能力强，应用广泛。缺点是：占用频带较宽。

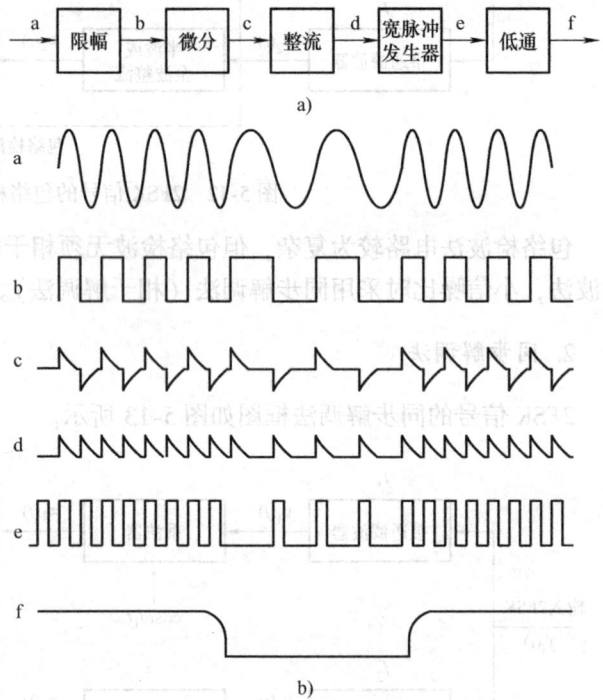

图 5-14　过零检测法框图及各点波形图
a) 过零检测法框图　b) 过零检测法各点波形

## 5.4　二进制相移键控

相移键控（Phase Shift Keying, PSK）是利用载波的相位变化来传送数字信息的调制方式。相移键控可分为绝对相移键控（PSK）和相对相移键控（DPSK）两种。所谓绝对相移键控是指利用载波的不同相位直接表示数字信息，而相对相移键控是利用前后码元载波相位的相对变化表示数字信息。由于绝对相移键控在解调时会产生信号的相位模糊，造成信号判决的错误，所以在实际数据传输系统中几乎都使用相对相移键控。

如果数字基带信号是二进制的相位调制方式为二进制的相移键控；如果数字基带信号是多进制的相位调制方式为多进制的相移键控。

数字相移键控在抗噪声性能与频率利用率等方面具有明显的优势，因此在中高数据传输系统中得以广泛应用。

## 5.4.1 绝对码和相对码

绝对码和相对码是相移键控的基础。绝对码是以基带信号码元的电平直接表示数字信息，如用高电平代表"1"码，低电平代表"0"码。相对码（又称为差分码）是用基带信号码元的电平相对前一码元的电平有无变化来表示数字信息的。如用相对电平有跳变表示"1"码，相对电平无跳变表示"0"码。由于初始参考电平有两种可能，因此，相对码有两种可能的波形，如图 5-15 所示。

绝对码和相对码是可以相互转换的。实现的方法是用模 2 加法器和延迟器（延迟一个码元宽度 $T_B$），如图 5-16 所示。

图 5-16a 是将绝对码变成相对码，称其为差分编码器，完成的功能是 $b_n = a_n \oplus b_{n-1}$（$n-1$ 表示 $n$ 的前一个码）。图 5-16b 是把相对码变为绝对码，称为差分译码器，完成的功能是 $a_n = b_n \oplus b_{n-1}$。

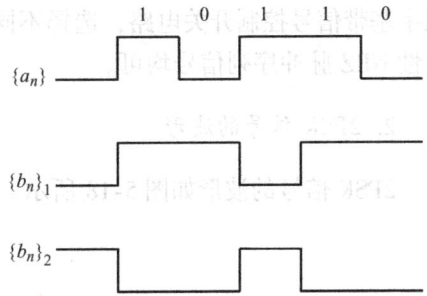

图 5-15 相对码的波形图

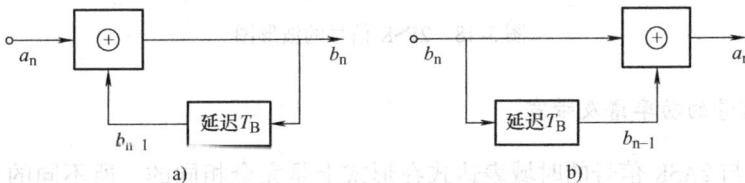

图 5-16 绝对码和相对码的转换框图

a) 将绝对码变为相对码 b) 将相对码变为绝对码

## 5.4.2 二进制绝对相移键控

二进制绝对相移键控（2PSK）是利用载波的相位（指初相）直接表示数字信号的相移方式，即用 0 相载波表示数字信号"1"码，用 π 相载波表示数字信号"0"码，其 2PSK 信号的数学表达式为

$$S_{2PSK}(t) = \begin{cases} \cos\omega_c t, & \text{"1"} \\ \cos(\omega_c t + \pi), & \text{"0"} \end{cases} \tag{5-7}$$

### 1. 2PSK 信号的实现方法

2PSK 信号的实现方法如图 5-17 所示，图 5-17a 是产生 2PSK 信号的模拟调制框图，图 5-17b 是产生 2PSK 信号的键控法框图。

就模拟调制法而言，与产生 2ASK 信号的方法比较，只是对二进制基带信号要求不同，

图 5-17 2PSK 信号的实现框图

a) 模拟调制法　b) 键控法

因此 2PSK 信号可以看作是双极性基带信号作用下的双边带调幅信号。而对键控法来说，用数字基带信号控制开关电路，选择不同相位的载波输出，这时基带信号为单极性 NRZ 或双极性 NRZ 脉冲序列信号均可。

### 2. 2PSK 信号的波形

2PSK 信号的波形如图 5-18 所示。

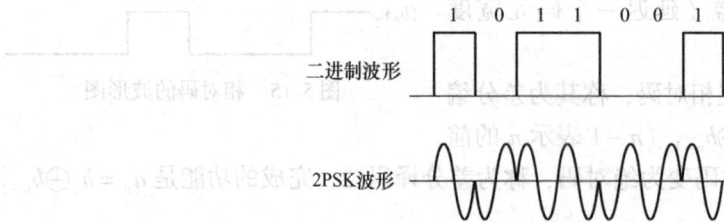

图 5-18　2PSK 信号的波形图

### 3. 2PSK 信号的功率谱及带宽

2PSK 信号与 2ASK 信号的时域表达式在形式上是完全相同的，所不同的只是两者基带信号的构成，一个是由双极性 NRZ 码组成，另一个是由单极性 NRZ 码组成。因此，求 2PSK 信号的功率谱密度时，也可采用与求 2ASK 信号功率谱密度相同的方法。

2PSK 信号功率谱密度的表达式为

$$P_{2PSK}(f) = \frac{1}{4}\left[P_s(f+f_c) + P_s(f-f_c)\right] \tag{5-8}$$

其中双极性 NRZ 码的基带数字信号功率谱密度表达式为

$$P_s(f) = T_b Sa^2(\pi f T_b) \tag{5-9}$$

当 0、1 码概率相等时，即 $P = 1/2$，则有

$$P_{2PSK}(f) = \frac{T_b}{4}\left\{Sa^2\left[\pi(f+f_c)T_b\right] + Sa^2\left[\pi(f-f_c)T_b\right]\right\} \tag{5-10}$$

此时，其功率谱如图 5-19 所示。

由图 5-19 可知：

1）当双极性基带信号以相等的概率出现时，2PSK 信号的功率频谱只有连续谱而没有离散谱。而一般情况下，2PSK 信号的功率谱由连续谱和离散谱两部分组成。其中连续谱取决于数字基带信号经线性调制后的双边带谱，而离散谱则由载波分量确定。

2）2PSK 信号的连续谱部分与 2ASK 信号的连续谱基本相同，只是 2PSK 信号功率谱幅度为 2ASK 的四倍。所以，2PSK 信号的带宽、频带利用率也与 2ASK 相同。即带宽为码元速率的两倍，频带利用率为 $1/2(\text{B/Hz})$。

$$B_{2PSK} = 2f_S = 2R_B \qquad (5\text{-}11)$$

**4. 2PSK 信号的解调**

2PSK 信号具有恒定的包络，因而不能用包络解调法解调，只能进行相干解调。其实现框图如图 5-20 所示。

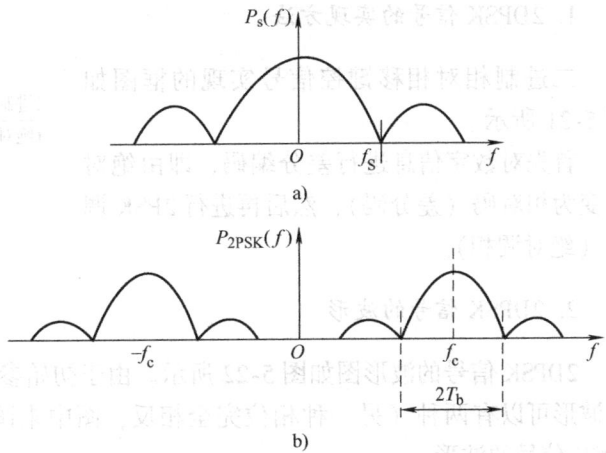

图 5-19　2PSK 信号的功率谱
a）基带信号功率谱　b）2PSK 信号的功率谱

在相干解调中，必须产生一个与载波同频同相的同步信号，即本地载波信号。图 5-20 中，带通滤波器的作用是对输入的 2PSK 信号进行选通，滤除干扰。再将 2PSK 信号与本地载波相乘以实现解调。低通滤波器的作用是滤除无用成分。最后将有用信号送入抽样判决器进行判决，从而得到数字基带信号。

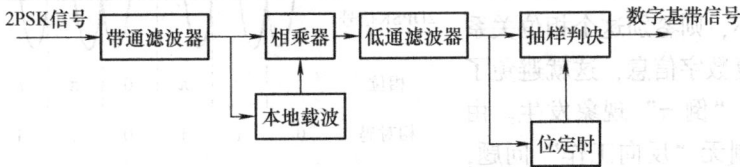

图 5-20　2PSK 信号相干解调框图

由于 2PSK 信号实际上是以一个固定初相的未调载波信号作为参考基准的，因此，解调时必须有与此载波同频同相的同步载波。如果同步载波相位发生变化，如 0 相位变为 π 相位或 π 相位变为 0 相位，则恢复出的数字信息就会发生 "0" 变 "1" 或 "1" 变 "0"，从而造成错误的恢复。这种因为本地参考载波倒相，而在接收端发生错误恢复的现象称为 "倒 π" 现象或 "反向工作" 现象。它可能造成相位模糊，造成反向工作。

所以，本地载波相位的不确定性造成了解调后的数字信号极性完全相反，这对于数字信号的传输来说是不允许的。因此，为了克服 2FSK 存在的相位模糊问题，引入了相对移相键控（DPSK）。

## 5.4.3　二进制相对移相键控

二进制相对移相键控（2DPSK）是利用前后相邻码元的载波相位的相对变化来传送数字信息。一般用前后相邻码元的相位差 $\Delta\varphi = \pi$ 表示数字信号 "1"，用前后相邻码元的相位差 $\Delta\varphi = 0$ 表示数字信号 "0"。因此，相对移相键控又称为差分调相。

### 1. 2DPSK 信号的实现方法

二进制相对相移键控信号实现的框图如图 5-21 所示。

首先对数字信息进行差分编码，即由绝对码变为相对码（差分码），然后再进行 2PSK 调制（绝对调相）。

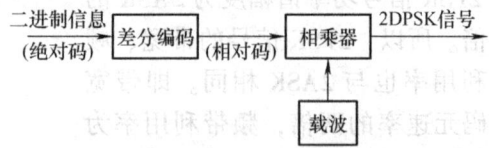

图 5-21　2DPSK 信号实现的框图

### 2. 2DPSK 信号的波形

2DPSK 信号的波形图如图 5-22 所示。由于初始参考相位有两种可能，因此 2DPSK 信号的波形可以有两种（另一种相位完全相反，图中未画出）。为了便于比较，图中还画出了 2PSK 信号的波形。

由图 5-22 可以看出：

1）与 2PSK 信号的波形不同，2DPSK 信号波形的同一相位并不对应相同的数字信息符号，而前后码元的相对相位才唯一确定信息符号。这说明解调 2DPSK 信号时，并不依赖于某一固定的载波相位参考值，只要前后码元的相对相位关系不破坏，则鉴别这个相位关系就可以正确恢复数字信息，这就避免了 2PSK 方式中的"倒 π"现象发生。由于相对相移调制无"反向工作"问题，因此得到了广泛的应用。

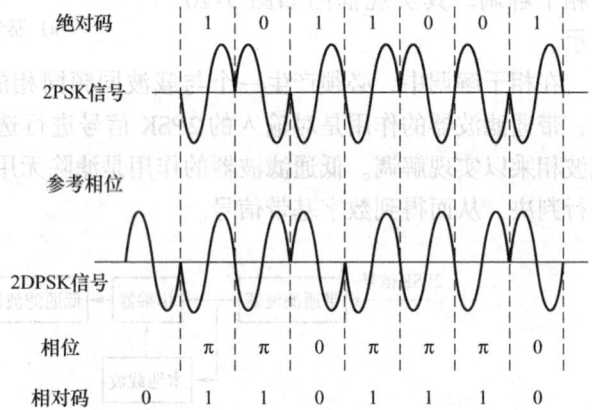

图 5-22　2DPSK 信号的波形图

2）单从波形上看，2DPSK 与 2PSK 是无法分辨的，如图 5-22 中的 2DPSK 也可以是图中相对码经绝对移相而形成的。这说明，只有已知相移键控方式是绝对的还是相对的，才能正确判定原始信息。同时也说明了相对移相信号确实可以看作是把数字信息序列的绝对码先变换成相对码，然后再根据相对码进行绝对移相而成的。这就是前面所实现二进制相对相移键控的基本方法。

### 3. 2DPSK 信号的功率谱及带宽

由前面讨论可知，无论是 2PSK 还是 2DPSK 信号，就波形本身而言，它们都可以等效成双极性基带信号作用下的调幅信号，无非是一对倒相信号的序列。因此，2DPSK 和 2PSK 信号具有相同形式的表达式，所不同的是 2PSK 调制时的基带信号是绝对码，而 2DPSK 调制时的基带信号是相对码。所以，可以得出：

1）2DPSK 和 2PSK 信号具有相同的功率谱，如图 5-19 所示。

2）2DPSK 和 2PSK 信号的带宽相同，是基带信号带宽的 2 倍，即

$$B_{2DPSK} = B_{2PSK} = 2f_S = 2R_B \tag{5-12}$$

3）2DPSK 和 2PSK 信号的频带利用率也相同，为 $1/2(B/Hz)$。

### 4. 2DPSK 信号的解调

2DPSK 信号的解调有两种实现方法，一种是相干解调，另一种是差分相干解调。

（1）相干解调法

相干解调法又称为极性比较法，它后面必须接一个码变换电路才能实现解调。其框图及各关键点波形图如图 5-23 所示。在图 5-23a 中，输入的 2DPSK 信号经带通滤波器滤除干扰，送入相乘器与本地载波相乘，经低通滤波器取其包络，再经抽样判决得到规则脉冲波形，因其为相对码，所以还需经码反变换器把相对码变换为绝对码，即输出为原数字基带信号。

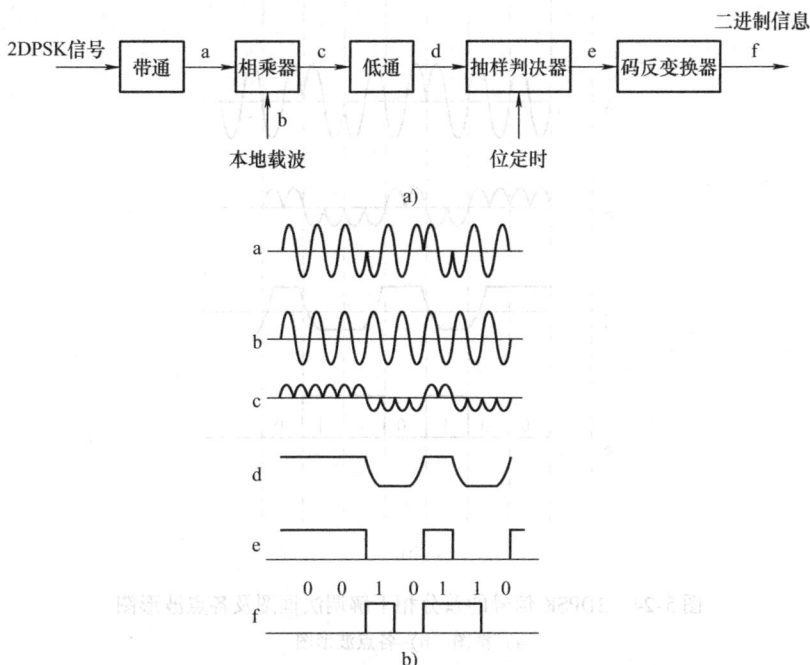

图 5-23　2DPSK 信号的相干解调法框图及各点波形图
a) 框图　b) 各点波形图

（2）差分相干解调法

差分相干解调法是直接比较前后码元的相位差而构成的，故又称为相位比较法，其实现框图及各关键点波形图如图 5-24 所示。通过比较前后码元载波的初相位来完成解调，用前一码元的载波相位作为解调后一码元的参考相位。解调器的输出是绝对码，无须进行码变换。但它要求载波的频率要为码元频率的整数倍。在图 5-24 中，带通滤波器取出 2DPSK 信号，并限制其频谱以外的噪声，然后分为两路，其中一路直接加到相乘器上，另一路延迟一个码元周期，作为解调后一码元的参考载波。经低通滤波器滤波后，在时钟控制下，通过抽样判决，就可恢复原数字基带信号。

这种方法不需要码变换器，也不需要专门的相干载波发生器，因此设备比较简单、实用。图中延迟电路的输出起着参考载波的作用，相乘器起着相位比较的作用。为了与发端产生 2DPSK 信号"1 变 0 不变"的规则相对应，收端抽样判决的判决准则应为：抽样值大于 0，判为"0"码；抽样值小于 0，判为"1"码。

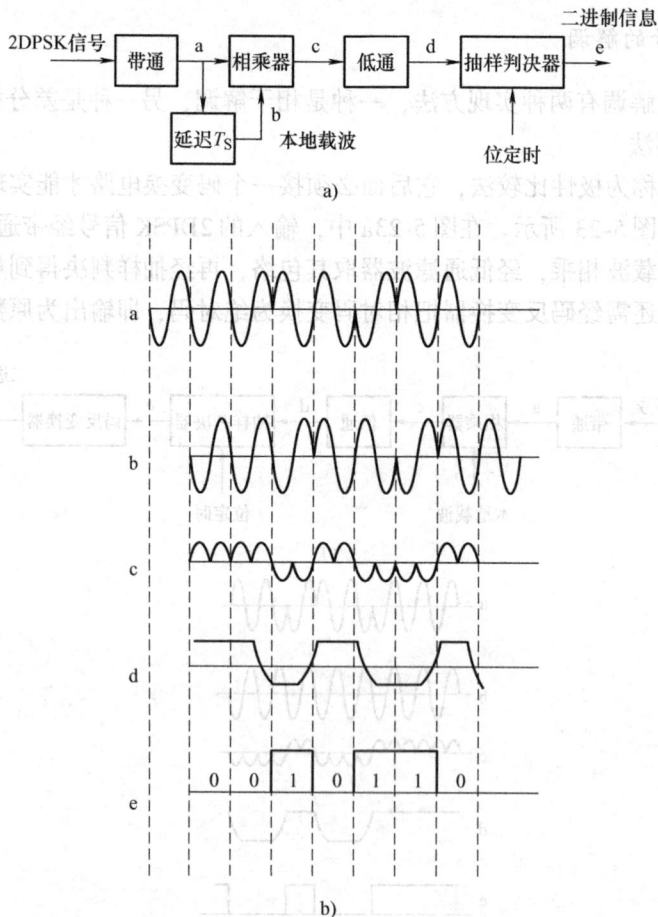

图 5-24　2DPSK 信号的差分相干解调法框图及各点波形图

a）框图　b）各点波形图

### 5. 2PSK 与 2DPSK 系统的性能比较

2DPSK 系统的抗噪性能不及 2PSK 系统，但 2PSK 系统存在"相位模糊"问题，而 2DPSK 不存在这一问题。因此，实际应用中，真正作为传输用的数字调相信号几乎都用 DPSK。

## 5.5　二进制数字调制系统的性能比较

二进制数字调制系统性能比较可以从系统的误码率、频带宽度、频带利用率、对信道的适应能力及设备的复杂度等方面考虑。

### 1. 误码率

在数字通信中，误码率是衡量数字通信系统最重要的性能指标之一。对于各种调制方式，系统误码率性能总结于表 5-2 中。

表 5-2　二进制数字调制系统误码率及带宽

| 名　称 | 解调方式 | 误码率公式 | 带　宽 |
|---|---|---|---|
| 2ASK | 相干解调 | $\frac{1}{2}\mathrm{erfc}\sqrt{\frac{r}{4}}$ | $2f_\mathrm{S}$ |
| 2ASK | 非相干解调 | $\frac{1}{2}e^{-\frac{r}{4}}$ | $2f_\mathrm{S}$ |
| 2PSK 和 2DPSK | 相干 2PSK | $\frac{1}{2}\mathrm{erfc}\sqrt{r}$ | $2f_\mathrm{S}$ |
| 2PSK 和 2DPSK | 差分相干 2DPSK | $\frac{1}{2}e^{-r}$ | $2f_\mathrm{S}$ |
| 2FSK | 相干解调 | $\frac{1}{2}\mathrm{erfc}\sqrt{\frac{r}{2}}$ | $|f_1 - f_2| + 2f_\mathrm{S}$ |
| 2FSK | 非相干解调 | $\frac{1}{2}e^{-\frac{r}{2}}$ | $|f_1 - f_2| + 2f_\mathrm{S}$ |

表 5-2 中所有计算误码率的公式都是 $r$ 的函数，$r$ 是解调器输入端的信号噪声功率比。

对二进制数字传输系统的抗噪声性能做如下两个方面比较。

（1）同一调制方式下不同解调方法的比较

从表中可以看出，同一调制方式下不同解调方法，相干解调的抗噪声性能优于非相干解调。但是，随着信噪比 $r$ 的增大，相干与非相干误码性能的相对差别将不明显。另外，相干解调的设备比非相干的要复杂。

（2）同一解调方法不同调制方式比较

从表中可以看出，相干解调时，在相同误码率的条件下，对信噪比 $r$ 的要求是：2PSK 比 2FSK 小 3dB，2FSK 比 2ASK 小 3dB。在非相干解调时，在相同误码率的条件下，对信噪比 $r$ 的要求是：2DPSK 比 2FSK 小 3dB，2FSK 比 2ASK 小 3dB。

反过来，若信噪比 $r$ 一定，2PSK 系统的误码率低于 2FSK 系统，2FSK 系统的误码率低于 2ASK 系统。因此，从抗噪声上讲，相干 2PSK 性能最好，2FSK 次之，2ASK 最差。

总之，二进制数字传输系统的误码率与信号的调制及解调方式有关。无论采用何种方式，其共同点是当输入信噪比增大时，系统的误码率就降低；反之，误码率就增大。

2. 频带宽度

各种二进制数字调制系统的频带宽度如表 5-2 所示。从表中可以看出，2ASK 系统和 2PSK 及 2DPSK 系统的频带宽度相同，均为 $2f_\mathrm{S}$，是码元传输速率的两倍；而 2FSK 的频带宽度为 $|f_1 - f_2| + 2f_\mathrm{S}$，大于 2ASK 系统和 2PSK 及 2DPSK 系统的频带宽度。因此，从频带利用率上看，2FSK 调制系统最差。

3. 对信道特性变化的敏感性

信道特性变化的灵敏度对最佳判决门限电平有一定的影响。在 2FSK 系统中，是比较两路解调输出的大小来做出判决的，不需要人为设置判决门限。在 2PSK 系统中，判决器的最佳判决门限电平为 0，与接收机输入信号的幅度无关。因此，判决门限不随信道特性的变化而变化，接收机总能工作在最佳判决门限状态。对于 2ASK 系统，判决器的最佳判决门限电平为 $A/2$，它与接收机输入信号的幅度 $A$ 有关。当信道特性发生变化时，接收机输入信号的幅度将随之发生变化，从而导致最佳判决门限随之改变。这时，接收机不容易保持在最佳判决门限状态，误码率将会增大。因此，从对信道变化的敏感度上看，2ASK 调制系统最差。

当信道有严重衰落时，通常采用非相干解调或差分相干解调，因为这时在接收端不易得到相干解调所需的相干参考信号。当发射机有严格的功率限制时，则可考虑采用相干解调，因为在给定的传码率及误码率情况下，相干解调所要求的信噪比比非相干解调小。

### 4. 设备的复杂程度

就设备的复杂程度而言，2ASK、2PSK 及 2FSK 发端设备复杂度相差不多，而接收端的复杂程度则和所用的调制和解调方式有关。对于同一种调制方式，相干解调时的接收设备比非相干解调的接收设备复杂；同为非相干解调时，2DPSK 的接收设备最复杂，2FSK 次之，2ASK 设备最简单。

所以，在选择调制和解调方式时，要全面综合考虑系统指标，并且抓住其中最主要的因素才能做出比较正确的选择。如抗噪声性能是主要的，则应考虑相干 2PSK 和 2DPSK，而2ASK 最不可取；如果带宽是主要的因素，则应考虑 2PSK、相干 2PSK、2DPSK 以及 2ASK，而 2FSK 最不可取；如果设备的复杂性是一个必须考虑的重要因素，则非相干方式比相干方式更为适宜。目前，在高速数据传输中，相干 PSK 及 DPSK 用得最多，而在中、低数据传输中，特别是在衰落信道中，相干 2FSK 用得较为普遍。

## 5.6 现代数字调制技术

随着现代数字通信技术向大容量和远距离方向发展，传统的数字调制方式受到了挑战，特别是要求信道对传输信号影响较小时，就要采用新的数字调制技术。新的数字调制技术的出现，都是围绕充分节省频带和高效地利用频带展开的。新的数字调制技术包括正交振幅调制（QAM）、最小频移键控（MSK）、高斯滤波最小频移键控（GMSK）和 QPSK 调制技术等。

### 5.6.1 正交振幅调制（QAM）

正交振幅调制（Quadrature Amplitude Modulation，QAM）又称为正交双边带调制，是将两路独立的基带信号分别对两个相互正交的同频载波进行抑制载波的双边带调制，利用这种已调信号的频谱在同一带宽内的正交性，实现两路并行的数字信息传输。该调制方式通常有二进制 QAM（4QAM）、四进制 QAM（16QAM）、八进制 QAM（64QAM）等。这种调制方式的频带利用率很高，一般用于高速数字传输系统中。

### 1. QAM 信号的实现方法

正交振幅调制 QAM 系统框图如图 5-25 所示，图中 $m_I(t)$ 和 $m_Q(t)$ 是两个独立的带宽受限的基带信号，$\cos\omega_0 t$ 和 $\sin\omega_0 t$ 是两个相互正交的载波。由图 5-25 可见，发送端形成的正交振幅调制信号为 $e_0(t) = m_I(t)\cos\omega_0 t + m_Q(t)\sin\omega_0 t$。其中，$\cos\omega_0 t$ 项称为同相信号，或称 I 相信号；$\sin\omega_0 t$ 项称为正交信号，或称 Q 相信号。

### 2. QAM 信号的解调

QAM 信号采用正交相干解调，其实现框图如图 5-26 所示。

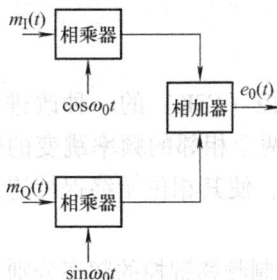

图 5-25　正交振幅调制系统实现框图

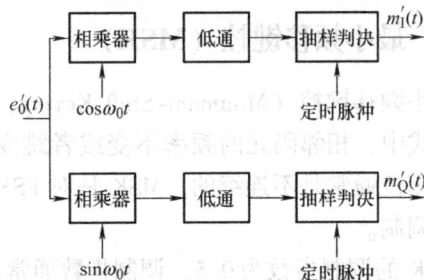

图 5-26　正交振幅调制信号的相干解调框图

解调器首先利用相乘器对收到的 QAM 信号进行正交相干解调，低通滤波器滤除乘法器产生的高频分量，经抽样判决可恢复出 $m_1(t)$ 和 $m_Q(t)$ 两路信号。

### 3. 16QAM 信号的调制及星座图

上述的 QAM 采用两路二电平方式，为 QAM，若采用两路四电平方式，就能进一步提高频谱利用率。其调制方式可以用星座图来描述。所谓信号星座，即坐标系上的一个点阵，该点阵定义了信号所有状态变化。由于采用两路四电平方式，其有四个电平信号，所以在用星座图描述时，在每路星座上有 4 个点，于是 $4 \times 4 = 16$，组成 16 个点的星座图，这种正交调幅称为 16QAM。同理，采用两路八电平方式，可以得到 64 个点的星座图，称为 64QAM 等等。下面以 16QAM 为例，说明其调制原理和星座图。

四进制正交振幅调制（16QAM）的调制框图如图 5-27 所示。

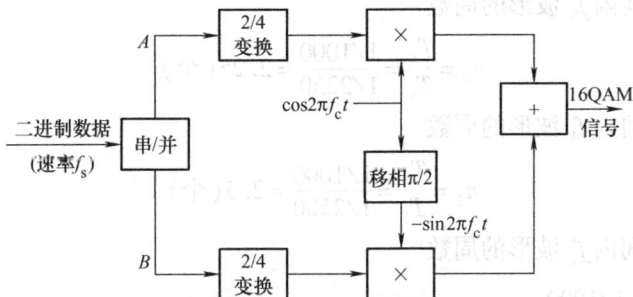

图 5-27　16QAM 调制框图

输入二进制数据经串/并变换和 2/4 变换后速率为 $f_S/4$，2/4 变换后的电平为 $\pm 1V$ 和 $\pm 3V$ 四种，它们分别进行正交调制，再经相加器合成后的信号为 $A\cos 2\pi f_C t - jB\sin 2\pi f_C t$，由于 $A$、$B$ 各有 4 种幅度，所以合成后信号有 16 个状态。其 16 个状态的星座图如图 5-28 所示。

QAM 系统的性能尚比不上 QPSK 系统，但其频带利用率高于 QPSK。因此，在频带受限的系统中，它是一种很有发展前途的调制方式。

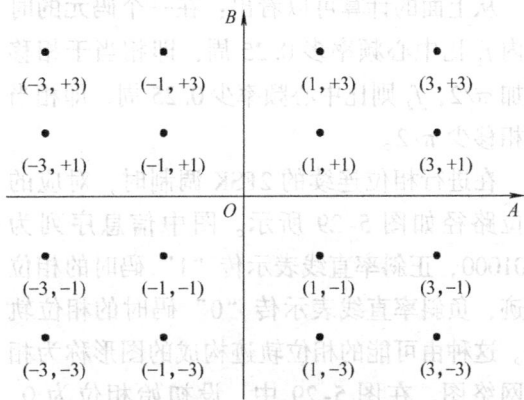

图 5-28　16QAM 星座图

## 5.6.2 最小频移键控（MSK）

最小频移键控（Minimum-Shift Keying，MSK）是频移键控（FSK）的一种改进型。在 FSK 方式中，相邻码元的频率不变或者跳变一个固定值。在两个相邻的频率跳变的码元之间，其相位通常是不连续的。MSK 是对 FSK 信号作某种改进，使其相位始终保持连续不变的一种调制。

MSK 的调制指数为 0.5。调制指数通常以 $h$ 表示。若二进制频移键控的频率分别为 $f_1$ 和 $f_2$，中心频率 $f_0 = \dfrac{f_1 + f_2}{2}$，设 $|f_1 - f_2| = 2\Delta f$，$R_B$ 为码元速率，则调制指数 $h = \dfrac{|f_1 - f_2|}{R_B} = \dfrac{2\Delta f}{R_B}$，所以 $\Delta f = \dfrac{h R_B}{2}$，当 $h = 0.5$ 时，$\Delta f = \dfrac{R_B}{4}$。

$h = 0.5$ 是频移键控中两个信号满足正交条件的最小调制指数，故名最小频移键控。因为在相等带宽和信噪比的条件下，它比常规的频移键控（FSK）和二相相移键控（BPSK）能以更快的速率传输信息。其优点为包络特性恒定，占据的射频带宽较窄，相干检测时的误码率性能较普通频移键控好 3dB 以上。

下面举例说明 MSK 调制的原理。

若 $R_B = 1000B$，$f_0 = 2.25kHz$，则 $T_0 = 1/2250$。因为 $h = 0.5$，所以 $\Delta f = R_B/4 = 1000/4 = 0.25kHz$。设 $f_1 = f_0 + \Delta f = (2.250 + 0.25)kHz = 2.5kHz$，$f_2 = f_0 - \Delta f = (2.250 - 0.25)kHz = 2kHz$。因为 $R_B = 1000B$，则 $T_B = 1/1000$。

在一个码元时间内 $f_0$ 波形的周数

$$n_0 = \frac{T_B}{T_0} = \frac{1/1000}{1/2250} = 2.25（个）$$

在一个码元时间内 $f_1$ 波形的周数

$$n_1 = \frac{T_B}{T_1} = \frac{1/1000}{1/2500} = 2.5（个）$$

在一个码元时间内 $f_2$ 波形的周数

$$n_2 = \frac{T_B}{T_2} = \frac{1/1000}{1/2000} = 2（个）$$

从上面的计算可以看出：在一个码元的时间内 $f_1$ 比中心频率多 0.25 周，即相当于相移增加 $\pi/2$，$f_2$ 则比中心频率少 0.25 周，即相当于相移少 $\pi/2$。

在进行相位连续的 2FSK 调制时，对应的相位路径如图 5-29 所示。图中信息序列为 1101000，正斜率直线表示传"1"码时的相位轨迹，负斜率直线表示传"0"码时的相位轨迹。这种由可能的相位轨迹构成的图形称为相位网络图。在图 5-29 中，设初始相位为 0，"1"码发 $f_1$，相位增加 $\pi/2$；"0"码发 $f_2$，相

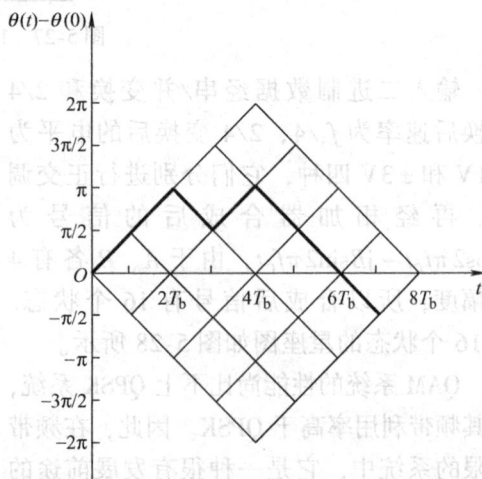

图 5-29　MSK 信号相位轨迹图

位减小 π/2。从图可以看出 MSK 相位呈连续锯齿型变化，而且无论输入是什么序列，相位路径都不会超出图中菱形格子路径之外。以上虽是一个实例的相位路径图，但只要是 $h = 0.5$，相位路径图均相同。符合上述相位路径的调制就是 MSK。

MSK 又称为快速频移键控（FFSK），"快速"指的是这种调制方式对于给定的频带能以比 2PSK 传输更高速的数据；而最小频移键控中"最小"是指这种调制方式能以最小的调制指数（$h = 0.5$）获得正交的调制信号。

MSK 是 2FSK 的一种特殊情况，它具有正交信号的最小频差，在相邻符号交界处相位保持连续。与其他形式的 2FSK 相比，MSK 具有一系列优点。诸如，传输带宽小，它是恒包络信号，功率谱性能好，具有较强的抗噪声干扰能力，特别是 MSK 的几种改进型技术，大量用于移动无线通信，抗衰落性能好。

**【例 5-2】** 设发送的数字信息序列为 1010011，试画出 MSK 信号的相位轨迹图。若码元传输速率 $R_B$ 为 1000B，已调信号的载频 $f_0$ 为 3000Hz，试求 MSK 信号的两个频率为多少？

**解：** 1）根据图 5-29 所示的 MSK 信号相位轨迹图，画出 MSK 信号的相位轨迹图如图 5-30 所示。

2）假设 MSK 信号的两个频率分为 $f_1$ 和 $f_2$，根据公式

$$中心频率 f_0 = \frac{f_1 + f_2}{2} = 3000 \text{Hz},$$

$$|f_1 - f_2| = 2\Delta f, \quad 当 h = 0.5 时, \quad \Delta f = \frac{R_B}{4}。$$

得码元传输速率 $R_B = 2(f_1 - f_2) = 1000 \text{Baud}$，可以算出

$$f_1 = 2750 \text{Hz}, \quad f_2 = 3250 \text{Hz}。$$

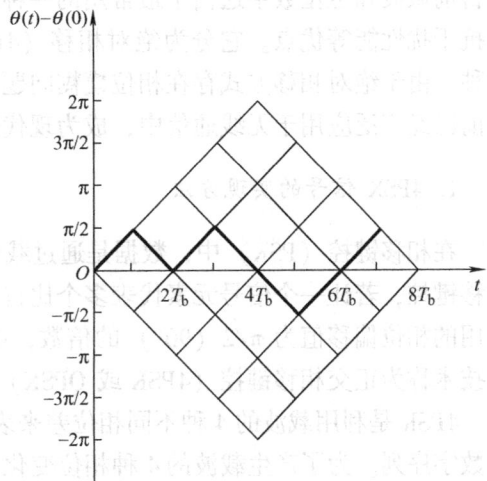

图 5-30　例 5-2 相位轨迹图

## 5.6.3　高斯滤波最小频移键控（GMSK）

尽管 MSK 具有包络恒定、相对较窄的带宽和能进行相干解调的优点，但它还不能满足诸如移动通信中对带外辐射的严格要求。例如，它虽然解决了相位不连续的问题，其相位变化是折线，在码元转换时刻产生尖角，从而使其频谱特性的旁瓣滚降不快，带外辐射相对较大。为了解决这一问题，可以对 MSK 做进一步的改进，高斯滤波最小频移键控（Gaussian Filtered Minimum Shift Keying，GMSK）就是在 MSK 调制器之前，可将数字基带信号先经过一个高斯型低通滤波器对其整形（预滤波），得到平滑后的某种新的波形，之后再进行调频，就可得到良好的频谱特性，而调频指数仍为 0.5。其原理框图如图 5-31 所示。如果恰当地选择此滤波器的带宽，就能使信号的带外辐射功率小到可以满足移动通信的要求。

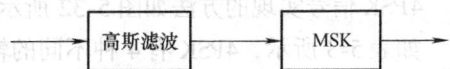

图 5-31　GMSK 调制原理框图

如图 5-31 所示，信号经过高斯滤波器后的冲激响应仍是高斯函数，将高斯波形进行调

频，就可使功率谱高频分量滚降变快，调制信号的能量主要集中在频谱主瓣内。因此，将输入端接有高斯型低通滤波器的 MSK 调制器称为高斯滤波最小频移键控。

在 GMSK 中，基带信号首先被成型为高斯型脉冲，然后再进行 MSK 调制。由于成型后的高斯脉冲其包络无陡峭沿，也无拐点，因此相位路径得以进一步平滑。GMSK 信号的频谱特性也优于 MSK。

由于 GMSK 调制解调结构比较简单，在目前的移动通信中得到了广泛的应用。欧洲电信联盟所确定的数字蜂窝移动通信 GSM 就采用 GMSK 的调制方式。

### 5.6.4 正交相移键控（QPSK）

正交相移键控（Quadrature Phase Shift Keying，QPSK）也称为四相制相移键控（4PSK），是目前微波和卫星数字通信中最常用的一种载波传输方式，它具有较高的频谱利用率、较强的抗干扰性能等优点。它分为绝对相移（4PSK 或 QPSK）和相对相移（4DPSK 或 QDPSK）两种。由于绝对相移方式存在相位模糊问题，所以在实际中主要采用相对相移方式 QDPSK。目前已经广泛应用于无线通信中，成为现代通信中一种十分重要的调制解调方式。

#### 1. 4PSK 信号的实现方法

在相移键控（PSK）中，数据是通过载波信号的相移来表示的。相比于最简单的二进制相移键控，若让一个信号元素代表多个比特，就能更有效地利用带宽。一种常用的编码技术使用的相位偏移值为 π/2（90°）的倍数，而不像 2PSK 中只允许存在 180°的相位偏移，这种技术称为正交相移键控（4PSK 或 QPSK）。

4PSK 是利用载波的 4 种不同相位差来表征输入的数字信息，调制器输入的数据是二进制数字序列。为了产生载波的 4 种相位变化，则需把二进制数据变为四进制数据，于是把二进制数字序列中的每两个比特分成一组，共有 4 种组合，即 00、01、10、11，其中每一组称为双比特码元，其中每一个双比特码元分别代表四进制 4 个符号中的一个符号。假定载波的基准相位为 0，4PSK 信号的 4 个相位间隔为 π/2，它们与基准载波相位关系有两种情况，如表 5-3 所示，分别称为 π/2 系统和 π/4 系统。

表 5-3　双比特码与载波相位的关系

| 双比特码 | 相位（π/2 系统） | 相位（π/4 系统） |
|---|---|---|
| 00 | 0 | π/4 |
| 01 | π/2 | 3π/4 |
| 10 | π | 5π/4 |
| 11 | 3π/2 | 7π/4 |

4PSK 信号实现的方法如图 5-32 所示。

如表 5-3 所示，4PSK 有 4 种不同的输出相位，所以使用 4PSK 时必须有 4 种不同的输入条件。由于输入到 4PSK 调制器的数据是二进制信号，要产生 4 种不同的输入条件，要用双比特输入，即有 4 种情况：00、01、10 和 11。双比特进入分离器后并行输出，一个比特加入 I 信道，另一个则加入 Q 信道。I 信道的载波与 Q 信道的载波相位正交。每个信道的工作原理与 2PSK 相同。从本质上讲，4PSK 调制器是两个 2PSK 调制器的并行组合。对于逻辑

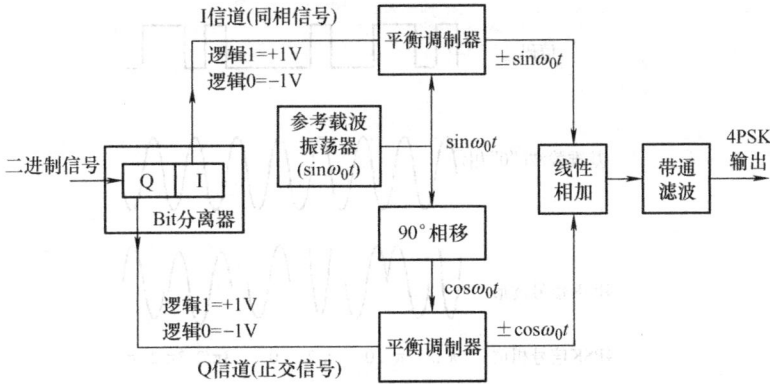

图 5-32　4PSK 信号实现的框图

$1 = +1V$，逻辑 $0 = -1V$，I 平衡调制器可能输出两个相位（$+\sin\omega_0 t$ 和 $-\sin\omega_0 t$），Q 信道调制器可能输出两个相位（$+\cos\omega_0 t$ 和 $-\cos\omega_0 t$）。当这两个正交信号线性组合时，就有 4 种可能的相位结果：$+\sin\omega_0 t + \cos\omega_0 t$，$+\sin\omega_0 t - \cos\omega_0 t$，$-\sin\omega_0 t + \cos\omega_0 t$ 和 $-\sin\omega_0 t - \cos\omega_0 t$。4PSK 调制器的相位真值表、相位图和星座图如图 5-33 所示。

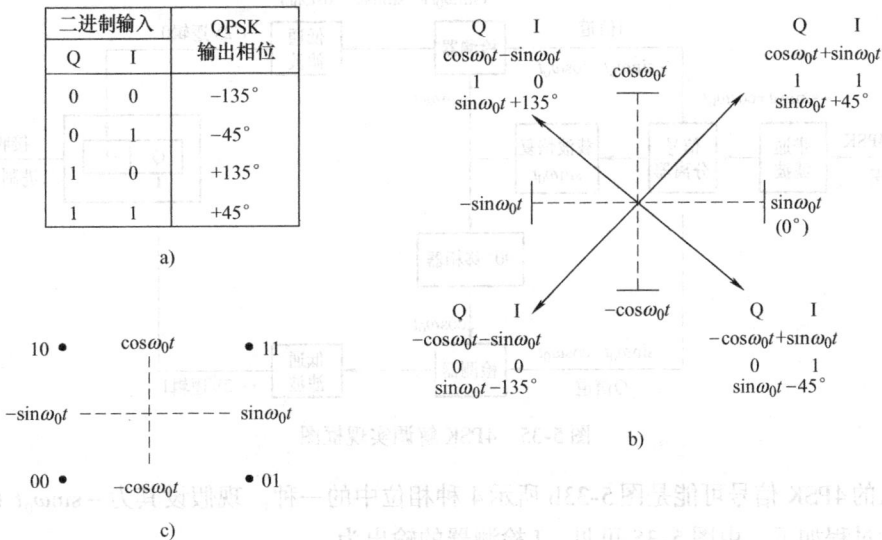

图 5-33　4PSK 信号的相位真值表、相位图和星座图
a）真值表　b）相位图　c）星座图

## 2. 4PSK 信号的波形

4PSK 信号的波形如图 5-34 所示，图中为了与后续的 4DPSK 比较，也画出了 4DPSK 的波形。

## 3. 4PSK 信号的解调

4PSK 调解器框图如图 5-35 所示。信号分离器将 4PSK 信号送到 I、Q 检测器和载波恢复电路。载波恢复电路再生原载波信号，恢复的载波必须和传输载波同频同相。4PSK 信号在 I、Q 解调器中解调。

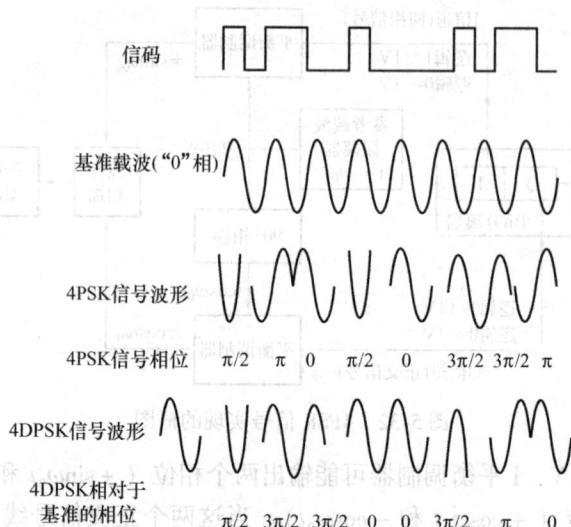

图 5-34  4PSK 及 4DPSK 的波形图

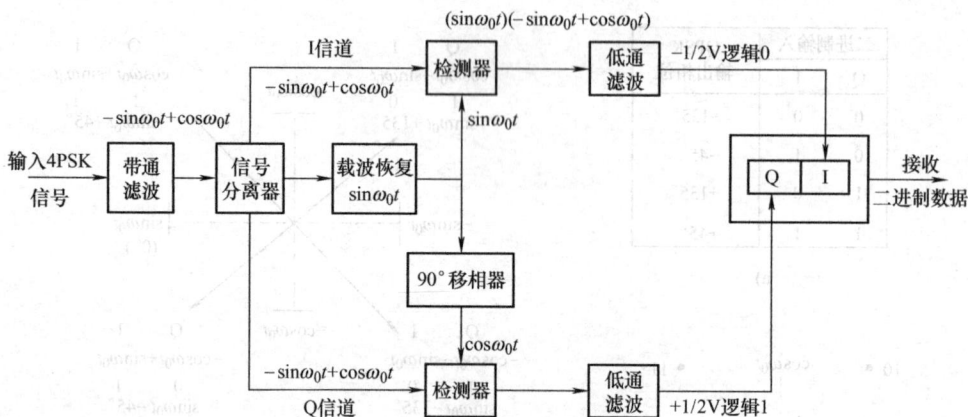

图 5-35  4PSK 解调实现框图

输入的 4PSK 信号可能是图 5-33b 所示 4 种相位中的一种。现假设其为 $-\sin\omega_0 t + \cos\omega_0 t$，则其解调过程如下。由图 5-35 可见，I 检测器的输出为

$$I = (-\sin\omega_0 t + \cos\omega_0 t)\sin\omega_0 t$$
$$= -\sin^2\omega_0 t + \cos\omega_0 t\sin\omega_0 t$$
$$= -\frac{1}{2}(1 - \cos2\omega_0 t) + \frac{1}{2}\sin2\omega_0 t$$

经低通滤波后 $I = -\frac{1}{2}\text{V}$，表示逻辑 0。同时，$Q$ 检测器的输出为

$$Q = (-\sin\omega_0 t + \cos\omega_0 t)\cos\omega_0 t$$
$$= \cos^2\omega_0 t - \cos\omega_0 t\sin\omega_0 t$$
$$= \frac{1}{2}(1 + \cos2\omega_0 t) - \frac{1}{2}\sin2\omega_0 t$$

经低通滤波后 $Q = \frac{1}{2}V$，表示逻辑 1。解调后的 $Q$、$I$ 比特（1、0）符合图 5-33 所示 4PSK 调制器的相位真值表、相位图。

在 2PSK 相干解调过程中会产生"倒 π"，即"180°相位模糊"现象。同样，对于 4PSK 信号的相干解调也会产生相位模糊问题，并且是 0°、90°、180°和 270°共 4 个相位模糊。因此，在实际中更常用的是四相相对相移调制，即 4DPSK。与 2DPSK 信号产生相类似，在直接调相的基础上加码变换器，就可以形成 4DPSK 信号。其解调也与 2DPSK 信号的解调类似，有两种实现方法，一种是相干解调，另一种是差分相干解调，这里不再详细介绍。

QPSK 是一种频谱利用率高、抗干扰性强的数字调制方式，它被广泛应用于各种通信系统中，适合卫星广播。例如，数字卫星电视 DVB-S2 标准中，信道噪声门限低至 4.5dB，传输码率达到 45Mbit/s。

## 5.6.5 交错正交相移键控（OQPSK）

在 QPSK 中，当码组 00→11、11→00 或 01→10、10→01 时，会产生 180°的载波相位跳变。这种相位跳变引起包络起伏，当通过非线性部件后，使已经滤除的带外分量又被恢复出来，导致频谱扩展，增加对相邻波道的干扰。为了消除 180°的相位跳变，在 QPSK 基础上提出了交错正交相移键控（Offset Quadrature Phase Shift Keying，OQPSK）。

OQPSK 是在 QPSK 基础上发展起来的一种恒包络数字调制技术。所谓恒包络技术是指已调波的包络保持为恒定，它与多进制调制是从不同的两个角度来考虑调制技术的。恒包络技术所产生的已调波经过发送限带后，当通过非线性部件时，只产生很小的频谱扩展。这种形式的已调波具有两个主要特点，其一是包络恒定或起伏很小；其二是已调波频谱具有高频快速滚降特性，或者说已调波旁瓣很小，甚至没有旁瓣。

一个已调波的频谱特性与其相位路径有着密切的关系，因此，为了控制已调波的频率特性，必须控制它的相位特性。恒包络调制技术的发展正是始终围绕着进一步改善已调波的相位路径这一中心进行的。

OQPSK 也称为偏移四相相移键控，是 QPSK 的改进型。它与 QPSK 有同样的相位关系，也是把输入码流分成两路，然后进行正交调制。不同点在于它将同相和正交两支路的码流在时间上错开了半个码元周期。由于两支路码元半周期的偏移，每次只有一路可能发生极性翻转，不会发生两支路码元极性同时翻转的现象。因此，OQPSK 信号相位只能跳变 0°、±90°，不会出现 180°的相位跳变，所以说 OQPSK 比 QPSK 更具有优势。

1. OQPSK 信号的实现方法

OQPSK 信号的实现方法可由图 5-36 来说明。输入信号经串/并变换电路后，分为两路信号，即同相信号经 I 信道，正交信号经 Q 信道。图中 $T_b/2$ 的延迟电路是为了保证 I、Q 两路码元偏移半个码元周期。I、Q 两路信号分别经乘法器进行相干调制，π/2 移相器保证两路载波是正交，以便实现正交相干调制。带通滤波器 BPF 的作用是形成 QPSK 信号的频谱形状，保持包络恒定。

2. OQPSK 信号的解调

OQPSK 信号可采用正交相干解调方式，其原理如图 5-37 所示。由图可知，I、Q 两路已

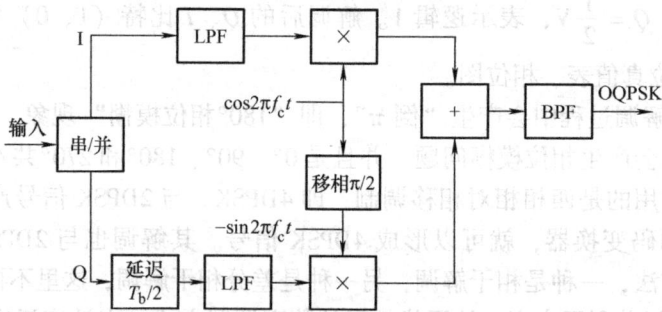

图 5-36　OQPSK 信号的实现框图

调信号分别经乘法器进行正交相干解调，经低通滤波器 LPF 后进行抽样判决。其 $Q$ 支路在抽样判决前延迟了 $T_b/2$，因为在调制时 $Q$ 支路信号在时间上偏移了 $T_b/2$，所以抽样判决时刻也应偏移 $T_b/2$，以保证对两支路交错抽样。

OQPSK 克服了 QPSK 的 180° 的相位跳变，信号通过带通滤波器 BPF 后包络起伏小，性能得到了改善，因此受到了广泛的重视。但是，当码元转换时，相位变化不连续，存在 90° 的相位跳变，因而高频滚降慢，频带仍然较宽。

OQPSK 是一种恒包络调制，消除了经非线性放大频谱扩展旁瓣干扰临近信号的影响，限带滤波效果显著。其频谱利用

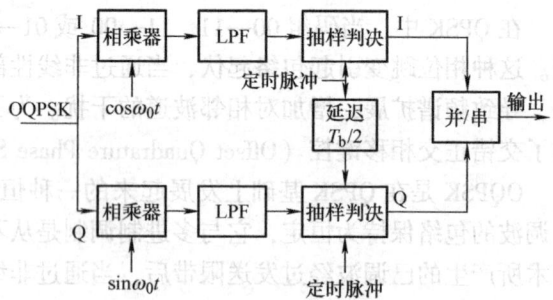

图 5-37　OQPSK 信号的解调

率更高，广泛应用在数字通信、数字视频广播和数字卫星广播等领域中。

## 5.7　实训

### 5.7.1　实训 1　2ASK 调制与解调

**1. 实训目的**

1）熟悉使用 System View 软件，了解各功能模块的操作和使用方法。

2）掌握 PN 波及正弦波的设置。

3）掌握 2ASK 信号的调制与解调原理。

**2. 实训原理**

为使数字信号在带通信道中传输，必须用数字信号对载波进行调制。对应于二进制信号的传输，常用的调制方式主要包括：幅度键控（2ASK）、频移键控（2FSK）和相移键控（2PSK、2DPSK）。其中 2ASK 对应于用正弦载波的幅度来传递数字基带信号。

在幅度键控中载波幅度是随着调制信号而变化的。二进制振幅键控信号的产生方法

（调制方法）有两种：模拟幅度调制和通断键控（OOK）法。其解调方法也有两种：非相干解调（包络检波法）及相干解调。

3. 实训内容和步骤

（1）2ASK 调制仿真

1）模拟幅度调制。

图 5-38 是利用 System View 软件建立 2ASK 调制系统。

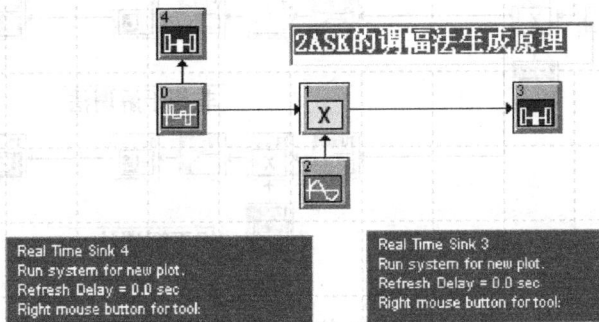

图 5-38　模拟调幅法生成 2ASK 仿真电路图

① 设置一个随机数字序列 PN 作为输入信号，参数设置为：

Amplitude = 0.5V　　　　Offset = 0.5V　　　　Rate = 100Hz　　　　Levels = 2

② 设置一高频正弦波，参数设置为：

Amplitude = 1V　　　　Frequency = 100Hz　　Phase = 0

要求：观察输入 PN 波与 2ASK 波形，并将所观察波形绘制在报告册上。

2）通断键控调制。

图 5-39 是利用 System View 软件实现的 OOK 法生成 2ASK 仿真电路图。

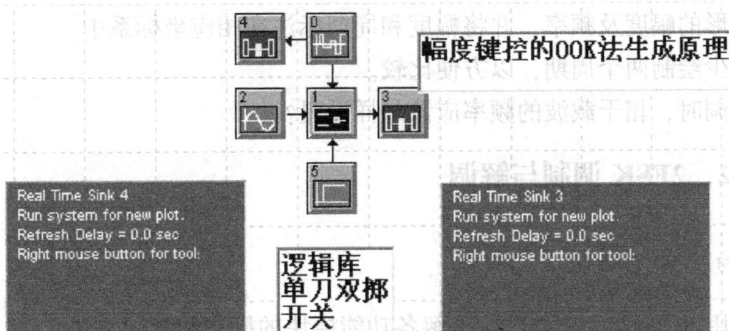

图 5-39　OOK 法生成 2ASK 仿真电路图

① 设置一高频正弦波输入信号，参数设置为：

Amplitude = 1V　　　　Frequency = 100Hz　　Phase = 0

② 设置一个随机数字序列 PN 为控制信号，参数设置为：

Amplitude = 0.5V　　　　Offset = 0.5V　　　　Rate = 100Hz　　　　Levels = 2

要求：观察控制信号 PN 波与 2ASK 波形，并将相应波形绘制在报告册上。

（2）2ASK 解调仿真

相干解调中与非相干解调的主要区别是在解调时必须给接收器输入一个载波。

图 5-40 中右边的上、下两部分分别是非相干和相干解调的仿真电路图。

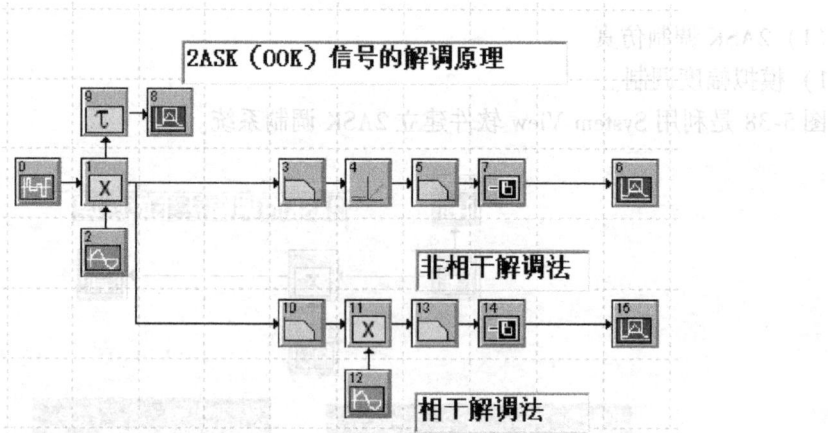

图 5-40　2ASK 信号解调的仿真原理图

其设置要求如下所示。

相干解调参数设置如下所示。

本地载波：Amplitude = 1V　　　　　　Frequency = 100Hz　　　　　Phase = 0

相干载波：Amplitude = 1V　　　　　　Frequency = 100Hz　　　　　Phase = 0

4. 实训报告及要求

在 System View 系统窗内运行系统，运行后转到分析窗口观察并记录实验中所要求记录的波形，绘制波形要求：

1）记录波形的幅度及频率，并将幅度和周期标注在相应坐标系中。

2）波形至少绘制两个周期，以方便比较。

3）相干解调时，相干载波的频率应该怎样设置？

## 5.7.2　实训 2　2FSK 调制与解调

1. 实训目的

1）熟悉使用 System View 软件，了解各功能模块的操作和使用方法。

2）掌握 PN 波及正弦波的设置。

3）掌握 2FSK 信号的调制与解调原理。

2. 实训原理

频移键控（2FSK）对应于用正弦载波的频率来传递数字基带信号。对于二进制信号，则用两种不同频率的载波信号分别传送二进制"0"和"1"。

2FSK 信号可利用一个矩形脉冲序列对一个载波进行调频而获得，这正是频率键控通信方式早期采用的实现方法；2FSK 信号的另一产生方法是利用受矩形脉冲序列控制的开关电路对两个不同的独立频率源进行选通。2FSK 信号解调有非相干和相干两种，原理与二进制幅度键控时相同。

3. 实训内容和步骤

(1) 2FSK 调制仿真

图 5-41 是利用 System View 软件建立 2FSK 调制系统。

① 设置一个随机数字序列 PN 作为输入信号，参数设置为：

Amplitude = 0.5V          Offset = 0.5V          Rate = 5Hz          Levels = 2

② 设置 2 个高频正弦载波，载波 1 参数设置为：

Amplitude = 1V          Frequency = 10Hz     Phase = 0

载波 2 参数设置为：

Amplitude = 1V          Frequency = 20Hz     Phase = 0

(2) 2FSK 解调仿真

1) 相干解调。

图 5-42 为相干解调的仿真电路图。

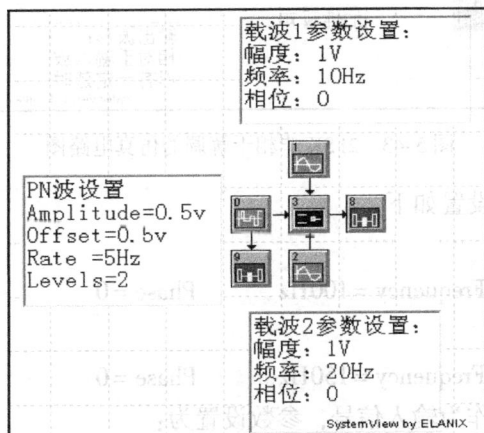

图 5-41　2FSK 调制的仿真电路图

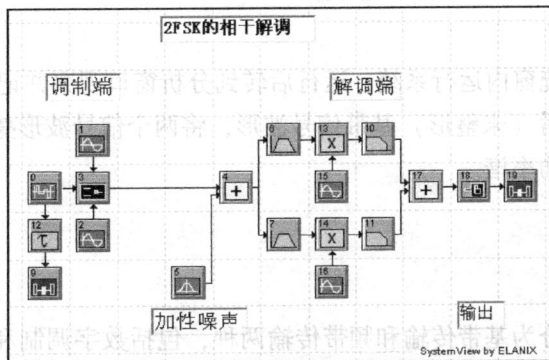

图 5-42　2FSK 相干解调的仿真电路图

相干解调相关参数设置如下：

① 载波 1 和载波 15 设置应该完全一样都为：

Amplitude = 1V          Frequency = 100Hz          Phase = 0

② 载波 2 和载波 16 设置应该完全一样都为：

Amplitude = 1V          Frequency = 150Hz          Phase = 0

③ 随机数字序列 PN 作为输入信号，参数设置为：

Amplitude = 0.5V        Offset = 0.5V              Rate = 10Hz

2）非相干解调

图 5-43 为非相干解调的仿真电路图。

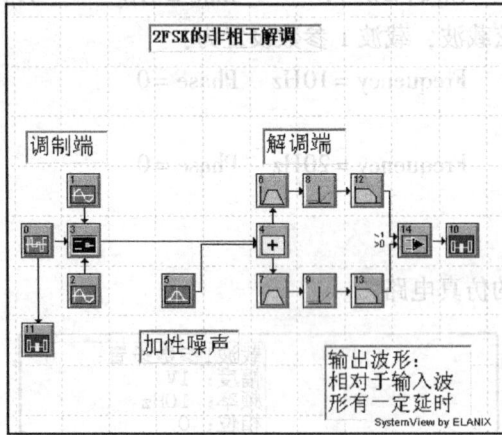

图 5-43    2FSK 非相干解调的仿真电路图

非相干解调相关参数设置如下：

① 载波 1 设置为：

Amplitude = 1V          Frequency = 100Hz          Phase = 0

② 载波 2 设置为：

Amplitude = 1V          Frequency = 150Hz          Phase = 0

③ 随机数字序列 PN 作为输入信号，参数设置为：

Amplitude = 0.5V        Offset = 0.5V              Rate = 10Hz

4. 实训报告及要求

在 System View 系统窗内运行系统，运行后转到分析窗口观察并记录如下波形：

1）调制前及解调后（未整形）基带信号波形，将两个信号波形叠加显示。

2）调制前后信号功率谱。

## 5.8    小结

1）数字传输系统分为基带传输和频带传输两种，包括数字调制和解调环节的传输系统称为数字频带传输系统。

2）数字频带传输系统由基带信号形成器、调制器、信道、接收滤波器和解调器等组成。

3）数字调制技术分成两种类型：一是利用模拟法实现数字调制；二是利用数字信号的离散取值键控载波，从而实现数字调制，为"键控法"。其键控法有幅度键控（ASK）、频移键控（FSK）和相移键控（PSK）3种基本方式。

4）幅移键控是用数字信号控制载波振幅的一种数字调制方式，其实现可以利用开关电路来完成。2ASK信号的功率谱密度是由连续谱和离散谱组成的，其信号的频带宽度是基带信号的两倍，频带利用率为1/2（B/Hz）。2ASK信号的主要优点是易于实现，缺点是抗干扰能力不强。ASK信号有两种解调方式，即非相干解调（包络检波）和相干解调（同步解调），其相干解调的抗噪声性能优于非相干解调系统，但其设备复杂、成本高。

5）频移键控是利用载波的频率变化来传送数字信息，即用数字基带信号来控制载波的频率变化。2FSK信号的实现方法有两种，一种是数字键控法（或频率选择法），另一种是模拟调制法（直接调频法）。其频谱与2ASK信号的功率谱类似，同样由离散谱和连续谱两部分组成，带宽较宽，频率利用率只有2ASK的1/3左右。2FSK信号的解调有包络检波法、同步解调法和过零检测法。其相干解调的误码率小于非相干解调的误码率，一般情况下，大信噪比时常用包络检波法，小信噪比时才用相干解调法。2FSK调制的优点是：转换速度快，频率稳定度高，电路较简单，抗干扰能力强，应用广泛。缺点是：占用频带较宽。

6）相移键控是利用载波的相位变化来传送数字信息的调制方式。相移键控可分为绝对相移键控（PSK）和相对相移键控（DPSK）两种。2PSK信号的带宽、频带利用率与2ASK相同，即带宽为码元速率的两倍，频带利用率为1/2（B/Hz）。2PSK信号具有恒定的包络，只能进行相干解调。2PSK的缺点是存在的相位模糊问题。2DPSK与2PSK的调制解调原理、功率谱和带宽均相同，但输入、输出信号都要完成绝对码到相对码的相互转换，其克服了2PSK存在的相位模糊问题。2DPSK信号的解调有两种实现方法，一种是相干解调，另一种是差分相干解调。数字相移键控在抗噪声性能与频率利用率等方面具有明显的优势，因此在中高数据传输系统中得以广泛应用。

7）二进制数字调制系统性能比较可以从系统的误码率、频带宽度、频带利用率、对信道的适应能力及设备的复杂度等方面考虑，其二进制数字传输系统的误码率与信号的调制及解调方式有关。

8）现代数字调制技术都是围绕充分节省频带和高效地利用频带展开的，其包括正交振幅调制（QAM）、最小频移键控（MSK）、高斯滤波最小频移键控（GMSK）和QPSK调制技术等。

## 5.9 习题

1. 常用的数字键控方式有哪些？

2. 已知2FSK信号的两个频率 $f_1 = 980\text{Hz}$，$f_2 = 2180\text{Hz}$，码元速率 $R_B = 300\text{B}$，试求2FSK信号的功率谱零点带宽。

3. 已知二进制基带信号10110011，试画出与之相对应的2PSK、2DPSK的调制信号波形。

4. 二进制数字基带信号序列为 11010110，试画出与之相对应的 2FSK（已知码元传输速率为 2400B，载波频率为 2400Hz 和 4800Hz）、2ASK、2PSK、2DPSK（已知码元传输速率为 2400B，载波频率为 2400Hz）已调制信号波形。

5. 待传送二元数字序列为 1011010011，试画出 QPSK 信号波形。假定载波频率 $f_c = R_B = 1/T_s$，4 种双比特码 00、10、11、01 分别用相位偏移 0、$\pi/2$、$\pi$、$3\pi/2$ 的振荡波形表示。

6. 试画出 2PSK 信号相干解调的原理框图。

7. 试比较 2PSK、2DPSK 系统的性能和特点。

8. 何谓交错正交相移键控（OQPSK）？它与 QPSK 体制有什么区别？

# 第6章 数字通信系统的同步技术

## 【内容简介】

同步是通信系统中一个重要的技术问题，是进行数字通信的前提和基础，同步性能的好坏直接影响通信系统的性能。本章主要介绍载波同步、位同步、帧同步及网同步等几种主要同步技术的基本原理和实现方法，同时对它们的各自特点和性能指标进行了简要分析。

## 【学习目标】

通过本章的学习，达到以下目标：

1）掌握同步的基本概念、作用及分类。
2）理解载波同步的概念、基本原理及实现方法。
3）理解位同步的概念、基本原理及实现方法。
4）理解帧同步的概念、基本原理及实现方法。
5）理解网同步的概念、基本原理及实现方法。
6）理解同步各个性能指标的含义。

## 案例导入 移动通信系统的同步技术

同步技术历来是数字通信系统中的关键技术。同步电路失效将严重影响系统的误码性能，甚至导致整个系统瘫痪。在3G移动通信的三大标准中各自引入了其相应的同步技术。

CDMA 2000系统采用与IS-95系统相类似的初始同步技术，即通过对导频信道的捕获建立伪随机PN码的同步和符号同步，通过对同步信道的接收建立帧同步和扰码同步。

PN码的同步过程分为两个阶段：PN码的捕获（粗同步）和PN码的跟踪（细同步）。PN码捕获本地PN码的频率和相位，使本地产生的PN码与接收到的PN码之间的定时误差小于一个码片的间隔，可以采用串行捕获方案或者并行捕获方案。PN码跟踪则自动调整本地码相位，进一步缩小定时误差，使之小于码片间隔的几分之一，达到本地码与接收PN码频率和相位精确同步。典型的PN码跟踪环路分基于延迟锁定环和$\tau$抖动跟踪环两种。接收信号经宽带滤波器后，在乘法器中与本地PN码进行相关运算。捕获器件调整压控时钟源，用以调整PN码发生器产生的本地PN码序列的频率和相位，捕获有用信号。一旦捕获到有用信号，启动跟踪器件，用以调整压控时钟源，使本地PN码发生器与外来信号保持精确同步。如果由于某种原因引起失步，则重新开始新一轮捕获和跟踪。

TD-SCDMA中的同步技术一般指上行同步，即要求来自不同位置和不同距离的用户终端的上行信号能同步到达基站，包括上行同步的建立和维持。对于TDD的系统，上行同步能够给系统带来很大的好处。由于移动通信系统工作在具有严重干扰、多径传播和多普勒效应的实际环境中，要实现理想的同步几乎是不可能的。但是让每个上行信号的主径达到同步，对改善系统性能、简化基站接收机的设计都有明显的好处。

对 WCDMA 而言，基站间的同步技术是可选的。但在 WCDMA 物理层过程时需要用到相关同步过程，如小区搜索时的时隙同步、帧同步，公共信道同步和专用信道同步。小区搜索时，用户设备 UE 使用同步信道 SCH 的基本同步码获得该小区的时隙同步，然后使用 SCH 的辅助同步码找到帧同步，并对前面找到的小区码组进行识别。而公共信道同步则在小区搜索完成后再进行，主要为了得到公共物理信道的无线帧定时。在公共信道同步完成后，在业务建立及其他相关过程中，UE 可以根据相应的协议规则，完成上行和下行的专用信道同步。

从实现方式上讲，CDMA 2000 基站间的同步需要 GPS 的精确定时，而且目前也只有 GPS 定时这一种实现途径，小区之间需要保持同步，系统对定时的要求较高。TD-SCDMA 在初期应用可以采用类似 CDMA 2000 的 GPS 同步方式，也可以采取网络同步方式，如小区利用其他小区的下行导频信号来实现同步。目前 TD-SCDMA 系统采用 GPS 同步方式。

## 6.1 数字信号的传输与同步

在通信系统中，同步具有相当重要的作用。通信系统能否有效、可靠地工作，在很大程度上依赖于有无良好的同步系统。

数字信号是由一串码元构成的序列。这些码元在时间上按一定的顺序排列，代表不同的信息。要是数字信号在通信过程中能保持完整的信息，必须保证这些码元所占时间位置的准确性，即在发送端和接收端都要有稳定而准确的定时脉冲，以保证各种电路始终处于定时状态，确保数字信息的可靠传输。为了使整个通信有序、准确、可靠地工作，必须使收发双方的定时脉冲在时间上一致起来，这称为"同步"。换句话说，同步是指收发两端的载波、码元速率及各种定时标志工作时步调一致，要求同频和同相。如果通信系统出现同步误差或失去同步，其性能就会降低，甚至不能工作，所以同步是通信系统可靠工作的一个前提。

同步的种类很多，按照同步的功能可分为载波同步、位同步、帧同步及网同步。

### 1. 载波同步

载波同步是指在相干解调时，接收端需要提供一个与发射端调制载波同频同相的相干载波。这个相干载波的获取就称为载波提取或载波同步。载波同步是实现相干解调的先决条件。

### 2. 位同步

位同步又称为码元同步。不论是基带传输，还是频带传输都需要位同步。因为在数字通信系统中，信息是一串信号码元的序列，在接收端解调时常需要知道每个码元的起止时刻，以便判决。例如用抽样判决器对信号进行抽样判决时，一般均应对准每个码元的最大位置。因此，需要在接收端产生一个位定时脉冲序列，该序列的重复频率与码元速率相同，相位（位置）要对准最佳抽样判决时刻（位置）。这个位定时脉冲序列就被称为位同步脉冲，提取这种位同步脉冲的过程称为位同步。位同步出现误差时，会造成信号抽样值的下降和码间串扰的增加，从而影响通信的质量。所以位同步是保证信息质量的关键。

### 3. 帧同步

数字通信中的信息数字流，总是用若干码元组成一个"字"，有用若干个"字"组成一"句"。因此，在接收这些数字流时，同样也必须知道这些"字""句"的起止时刻，否则接收端无法正确恢复信息。而在接收端产生与"字""句"起止时刻相一致的定时脉冲序列，就被称为"字"同步和"句"同步，统称为帧同步（或群同步）。帧同步是以位同步为基础的，只有在位同步的情况下，才有可能实现帧同步。

### 4. 网同步

在获得了以上讨论的载波同步、位同步、帧同步之后，两点间的数字通信就可以有序、准确、可靠地进行了。然而，随着数字通信的发展，尤其是计算机通信的发展，多个用户之间的通信和数据交换，构成了数字通信网。显然，为了保证通信网内各用户之间可靠地通信和数据交换，全网必须有一个统一的时间标准时钟，使整个通信网同步工作，此即网同步。网同步是指通信网中各个节点的时钟信号的频率相等。

除了按照功能区分同步外，还可以按照获取和传输同步信息方式的不同，又可分为外同步法和自同步法两种。

外同步法：由发送端发送专门的同步信息（常被称为导频），接收端把这个导频提取出来作为同步信号的方法，又称为插入导频法。

自同步法：发送端不发送专门的同步信息，接收端设法从收到的信号中提取同步信息的方法，又称直接法。自同步法是人们最希望的同步方法，因为可以把全部功率和带宽分配给信号传输。在载波同步和位同步中，两种方法都有采用，但自同步法正得到越来越广泛的应用。而帧同步一般都采用外同步法。

## 6.2 载波同步

载波同步又称为载波恢复，即在接收设备中产生一个和发射端调制载波同频同相的本地振荡，供给解调器作相干解调用。若接收信号中没有离散载波分量，例如在 2PSK 信号中（"1"和"0"以等概率出现时），则接收端需要用较复杂的方法从信号中提取载波。产生本地相干载波一般有两种方法：插入导频法（外同步法）和直接提取法（自同步法）。

### 6.2.1 插入导频法

抑制载波的通信系统无法从接收信号中直接提取载波，如抑制载波的双边带调制（DSB）信号、二相数字调相（2PSK）信号、残留边带调制（VSB）信号和单边带调制（SSB）信号等。这些信号本身不含载波分量或含载波不易取出，对于这些信号可以用插入导频法。插入导频法分为两种：一种是在频域插入，即在发送信息的频谱中或频带外插入相关的导频；另一种是在时域插入，即在一定的时段上传送载波信息。

#### 1. 频域插入导频法

频域插入导频法指在传送信码的同时，传送与信码频谱不重叠的导频信号，一般用于

DSB 调制系统或 2PSK 系统。在已调信号的频谱中加入一个低功率的频谱（其对应的正弦波即为导频信号），在接收端可以利用窄带滤波器把它提取出来，经过适当的处理形成接收端的相干载波，插入导频的位置应该在信号频谱为零，否则导频与信号频谱成分重叠，接收时不易取出。下面分两种情况讨论。

（1）模拟调制信号

对于 DSB 和 SSB 的模拟调制信号，在载频 $f_c$ 附近的频谱为零，就可以插入导频，这时插入的导频对信号影响最小，其示意图如图 6-1 所示。

（2）数字调制信号

对于 2PSK 和 2DPSK 等数字调制信号，在载波 $f_c$ 附近的频谱不但有，而且比较大，对于这样的信号，在调制之前先对基带信号进行相关编码，经双边带调制后，在载波 $f_c$ 附近的频谱分量小，且没有

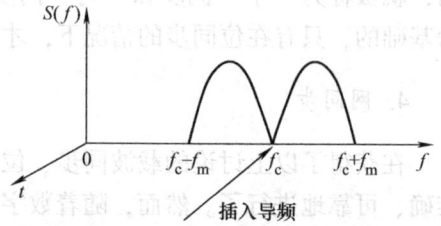

图 6-1 插入导频的示意图

离散谱，这样可以在 $f_c$ 处插入频率为 $f_c$ 的导频。但插入的导频并不是加在调制器的那个载波，而是将该载波移相 90°，形成正交载波信号，因为如果发端加入的导频不是正交载波，而是调制载波，则收端中还有一个不需要的直流成分，这个直流成分通过低通滤波器对数字信号产生影响。其插入导频的发送端方框图如图 6-2a 所示。在接收端，只要提取这一导频再移相 90°即可作为本地相干载波，其接收端框图如图 6-2b 所示。

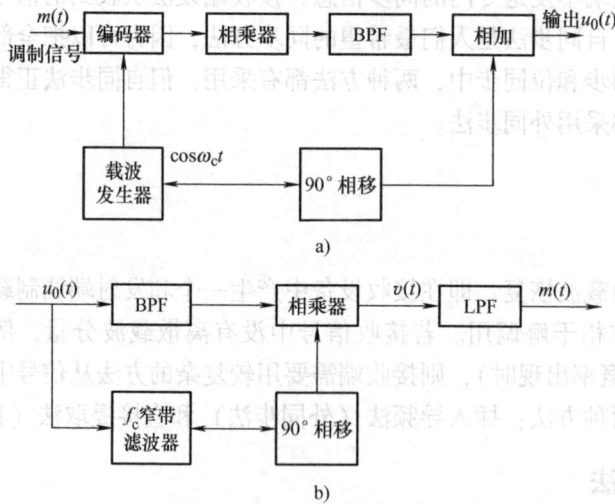

图 6-2 发送端与接收端插入导频法实现框图
a）发送端导频插入　b）接收端导频提取

2. 时域插入导频法

时域插入导频法多应用在时分多址卫星通信中及一般数字通信中，此法是指在每段信码之间留一定时间传送导频信号。在时间上对被传输信号和导频信号加以区别，时域插入导频的方法是将导频按一定的时间顺序在指定的时间间隔内发送，即每一帧除传送数字信息外，都在规定的时域内插入载波导频信号、位同步信号、帧同步信号。这种时域插入导频方式，

只是在每帧的一小段时间内才出现载波，其余时间是没有载波分量的。

在接收端用定时控制信号将每帧插入的载频取出，即可形成解调用的同步载波。但是由于发送端发送的载波是不连续的，在一帧中只有很少一部分时间存在，因此如果用窄带滤波器取出这个间断的载波是不能应用的，所以常用锁相环法来提取同步载波，其目的是得到准确而稳定的同步载波信号。其提取载波的原理框图如图 6-3 所示。在锁相环中，压控振荡器的自由振荡频率应尽量和载波频率相等，而且要有足够的频率稳定度，鉴相器每隔一帧时间与由门控信号取出的载波标准比较一次，并通过它去控制压控振荡器。当载波标准消失后，压控振荡器具有足够的同步保持时间，直到下一帧载波标准出现时再进行比较和调整。

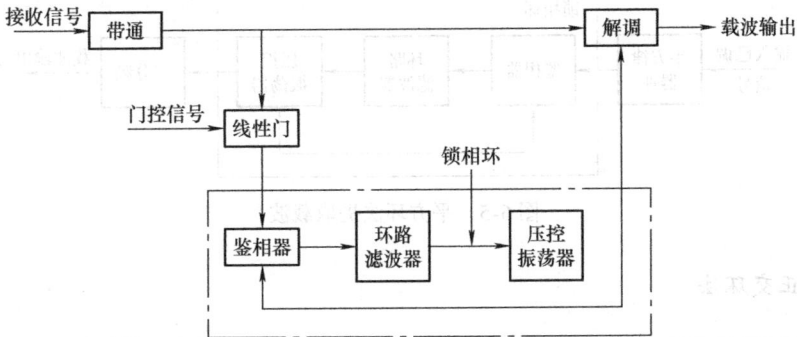

图 6-3 时域插入导频法提取载波实现框图

## 6.2.2 直接提取法

有些信号，如抑制载波的双边带信号虽然不包含载波分量，但对该信号进行某种非线性变换后，就可以直接从中提取载波分量来，这就是直接法提取同步载波的基本原理。下面介绍几种直接提取载波的方法。

1. 平方变换法和平方环法

设调制信号为 $m(t)$，则抑制载波的双边带信号为

$$u_{DBS}(t) = m(t)\cos\omega_c t \tag{6-1}$$

接收端将该信号进行平方变换，即经过一平方律器件后可得

$$e(t) = m^2(t)\cos^2\omega_c t = \frac{1}{2}m^2(t) + \frac{1}{2}m^2(t)\cos2\omega_c t \tag{6-2}$$

可见，$e(t)$ 包括 $2f_c$ 分量（原载波的二次谐波）。对于 2PSK 信号，上面原理方框图仍然适用。即 $m(t)$ 为双极性矩形脉冲序列，设 $m(t)$ 为 ±1，那么 $m^2(t)=1$，则经过平方律器件后可得

$$e(t) = m^2(t)\cos^2\omega_c t = \frac{1}{2} + \frac{1}{2}\cos2\omega_c t \tag{6-3}$$

通过 $2f_c$ 的窄带滤波器后，从 $e(t)$ 中很容易取出 $2f_c$ 的频率分量。经过一个二分频电路就可以得到 $f_c$ 的频率成分，这就是所需要的同步载波。因而，利用图 6-4 所示的方框图就可以提取载波。

对于 2PSK 信号，由于采用了一个二分频电路，所以提取出来的载波存在"相位模糊"问题，解决的办法是采用相对相移键控（2DPSK）。

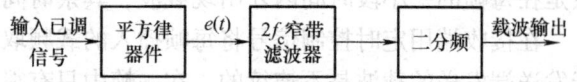

图 6-4　平方变换法提取载波

为了改善平方变换的性能，可以在平方变换法的基础上，把窄带滤波器用锁相环替代，构成图 6-5 所示的框图，这样就实现了平方环法提取载波。由于锁相环具有良好的跟踪、窄带滤波和记忆性能，因此平方环法比一般的平方变换法具有更好的性能，因此得到广泛的应用。

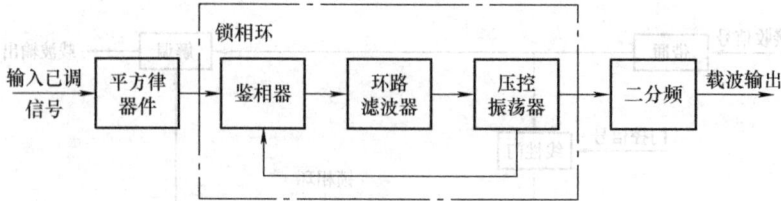

图 6-5　平方环法提取载波

## 2. 同相正交环法

利用锁相环提取载波的另一种常用方法是同相正交环法，其原理框图如图 6-6 所示。压控振荡器（VCO）输出的信号 $\cos(\omega_c t + \theta)$ 一路直接与输入的已调信号相乘，另一路经 90°移相后变为正交信号 $\sin(\omega_c t + \theta)$ 与输入的已调信号相乘。因此，通常称这种环路为同相正交环，有时也称为科斯塔斯（Costas）环。

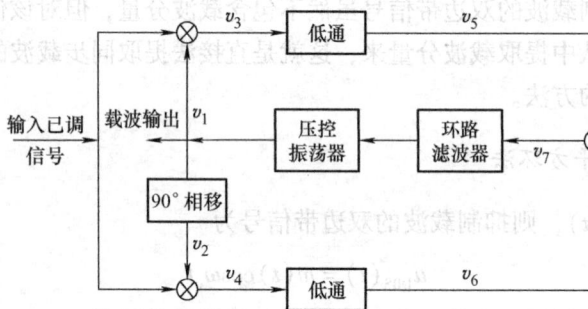

图 6-6　同相正交环法提取载波

设输入的双边带信号为 $m(t)\cos\omega_c t$，则

$$v_3 = m(t)\cos\omega_c t\cos(\omega_c t + \theta) = \frac{1}{2}m(t)\left[\cos\theta + \cos(2\omega_c t + \theta)\right] \tag{6-4}$$

$$v_4 = m(t)\cos\omega_c t\sin(\omega_c t + \theta) = \frac{1}{2}m(t)\left[\sin\theta + \sin(2\omega_c t + \theta)\right] \tag{6-5}$$

经低通滤波后的输出分别为

$$v_5 = \frac{1}{2}m(t)\cos\theta \tag{6-6}$$

$$v_6 = \frac{1}{2}m(t)\sin\theta \tag{6-7}$$

将 $v_5$ 和 $v_6$ 送入乘法器，得

$$v_7 = v_5 v_6 = \frac{1}{4}m^2(t)\sin\theta\cos\theta = \frac{1}{8}m^2(t)\sin2\theta \tag{6-8}$$

式中，$\theta$ 是压控振荡器输出信号与输入已调信号载波之间的相位误差。当 $\theta$ 较小时，$\sin2\theta \approx 2\theta$，则

$$v_7 \approx \frac{1}{4}m^2(t)\theta \tag{6-9}$$

$v_7$ 的大小与相位误差 $\theta$ 成正比，它就相当于一个鉴相器的输出，它经过环路滤波器后去控制 VCO 输出信号的相位，最后使稳态相位误差减小到很小的数值，这样，压控振荡器的输出 $v_1$ 就是所需提取的相干载波。

同相正交环法的优点：一是工作在 $f_c$ 频率上，比平方变换法工作频率低，且不用平方律器件和分频器；二是当环路正常锁定后，同相鉴相器的输出就是所要解调的原数字信号，即这种电路具有提取载波和相干解调的双重功能。目前在许多接收机中该电路得到了广泛的应用。

数字通信中经常使用多相移相信号，这类信号同样可以利用多次方变换法从已调信号中提取载波信息。如以四相信号为例，图 6-7 就展示了从四相移相信号中提取同步载波的方法。

输入已调 信号 → 四次方器件 → $e(t)$ → $4f_c$窄带滤波器 → 四分频 → 载波输出

图 6-7　四次方变换法提取载波

## 6.2.3　两种载波同步方法的比较

### 1. 插入导频法的优缺点

1）有单独的导频信号，一方面可以提取同步载波，另一方面可以利用它作为自动增益控制（AGC）。

2）有些不能用直接法提取同步载波的调制系统只能用插入导频法。

3）插入导频法要多消耗一部分不带信息的功率。与直接法比较，在相同功率的条件下，其信噪比要小一些。

### 2. 直接法的优缺点

1）不占用导频功率，因此信噪比比较大。

2）可以防止插入导频法中导频和信号间由于滤波不好而引起的相互干扰，也可以防止信道不理想引起的导频相位的误差。

3）有的调制系统不能用直接法（如 SSB 系统），其用途有一定局限性。

## 6.2.4　载波同步系统的性能指标

载波同步系统的性能指标主要包括效率、精度（相位误差）、同步建立时间和同步保持时间。

（1）效率

为获得同步，载波信号应尽量少消耗发送功率，直接法由于不需要专门发送导频，因此是高效率的，而插入导频法由于插入导频要消耗一部分发送功率，因此效率要低一些。

$$\eta = \frac{提取载波所用的发送功率}{总信号功率}$$

（2）精度

精度是指提取的同步载波与载波标准比较，它们之间的相位误差（$\Delta\varphi$）大小，所以也称为相位误差，其相位误差值越小越好。通常习惯地将这种误差分为稳态相位误差和随机相位误差。

（3）同步建立时间 $t_s$

系统启动到实现同步或从失步状态到同步状态所经历的时间为同步建立时间。对 $t_s$ 的要求是值越小越好，这样同步建立得快。

（4）同步保持时间 $t_c$

同步状态下，若同步信号消失，系统还能维持同步的时间为同步保持时间。对 $t_c$ 的要求是值越大越好，这样一旦建立同步以后可以保持较长的时间。

# 6.3  位同步

在数字通信系统中，位同步是最基本也是最重要的一种同步技术。因为发送端按照确定的时间顺序，逐个传输数字信号中的每个码元。而在接收端必须有准确的抽样判决时刻才能正确判决所发送的码元，因此，接收端必须提供一个确定抽样判决时刻的定时脉冲序列。这个定时脉冲序列的重复频率必须与发送的数码脉冲序列的码元速率相同，同时在最佳判决时刻（或称为最佳相位时刻）对接收码元进行抽样判决。在接收端产生这样一个定时脉冲序列就是码元同步，或称为位同步。

实现位同步的方法和载波同步类似，也有插入导频法（外同步法）和直接法（自同步法）两种，而在直接法中又分为滤波法和锁相法。

## 6.3.1  插入导频法

为了得到码元同步的定时信号，首先要确定接收到的信息数据流中是否包含有位定时的频率分量。如果存在此分量，就可以利用滤波器从信息数据流中把位定时信号提取出来。

在无线通信中，数字基带信号一般采用非归零的矩形脉冲，这种信号本身不包含位同步信号，为了获得位同步信号需在基带信号中插入位同步的导频信号，或者对该基带信号进行某种码型变换以得到位同步信息。插入导频法与载波同步时的插入导频法类似，它也是在基带信号频谱的零点插入所需的导频信号，如图 6-8a 所示，在其频谱的第一个零频点 $f_b$ 插入导频信号。如果将基带信号先进行相关编码，则此时的功率谱密度如图 6-8b 所示，此时可在 $f_b/2$ 处插入位定时导频信号，接收端在 $f_b/2$ 处取出导频信号，再经二倍频便可得到所需的位定时信息 $f_b$。

图 6-9a、b 分别画出了发送端插入位定时导频和收端提取位定时导频的原理框图。发送端插入的位定时导频为 $f_b/2$，接收端在解调后设置了 $f_b/2$ 窄带滤波器，其作用是取出位定时导频信号。

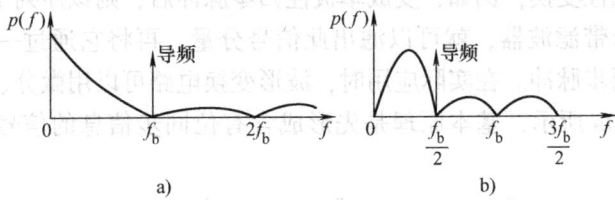

图 6-8 插入导频法频谱图

a) 在 $f_b$ 处插入导频信号　　b) 在 $f_b/2$ 处插入导频信号

在图 6-9a 中基带信号经相关编码器处理，使其信号频谱在 $f_b/2$ 位置为零，这样就可以在 $f_b/2$ 处插入位定时导频。接收端的结构如图 6-9b 所示，由窄带滤波器取出导频 $f_b/2$，经过移相和倒相后，再经过相加器把基带数字信号中的导频成分抵消。由窄带滤波器取出的导频的另一路经过移相和放大限幅、微分全波整流和整形等电路，产生位定时脉冲，微分全波整流电路起到倍频器的作用，因此虽然导频是 $f_b/2$，但定时脉冲的重复频率变为与码元速率相同的 $f_b$。图中两个移相器都是用来抵消由窄带滤波器等引起的相移，这两个移相器可以合用。

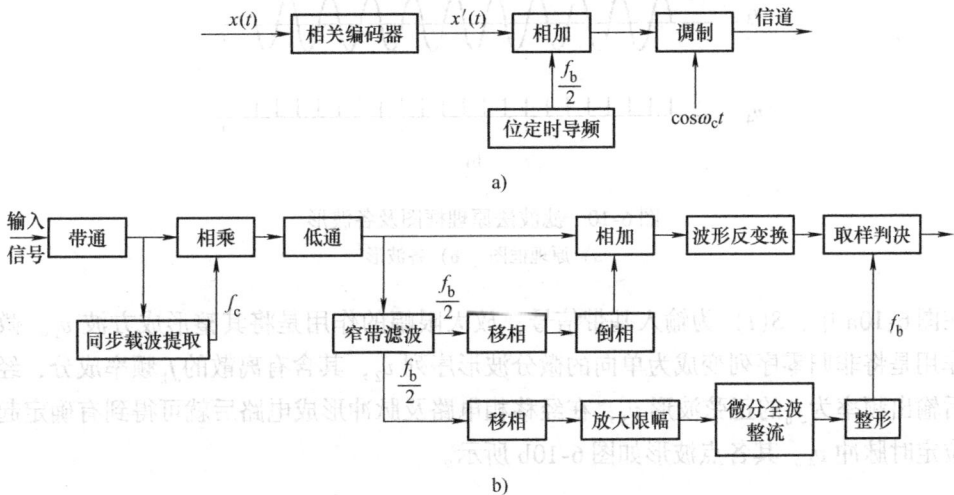

a)

b)

图 6-9　位同步插入导频法框图

a) 发送端　b) 接收端

## 6.3.2　直接提取法

当系统的位同步采用直接提取法时，发送端不专门发送导频信号，而直接从数字信号中提取位同步信号，这种方法在数字通信中经常采用，而直接提取法又可分为滤波法和锁相法。

### 1. 滤波法

分析基带信号的频谱可以知道，对于非归零的二进制随机序列，不能直接从其中滤出位同步信号。但由于这种脉冲序列遵循码元的变化规律，并按位定时的节拍而变化，若对该信号进行某种波形非线性变换，例如，变成单极性归零脉冲后，则该序列中就有 $f_b$ 的位同步信号分量，经过一个窄带滤波器，就可以滤出此信号分量，再将它通过一个移相器调整相位后，就可以形成位同步脉冲。在实际应用时，波形变换电路可以用微分、全波整流电路来实现。其框图如图6-10a所示，基本原理是先形成含有位同步信息的信号，再用滤波器将其滤出。

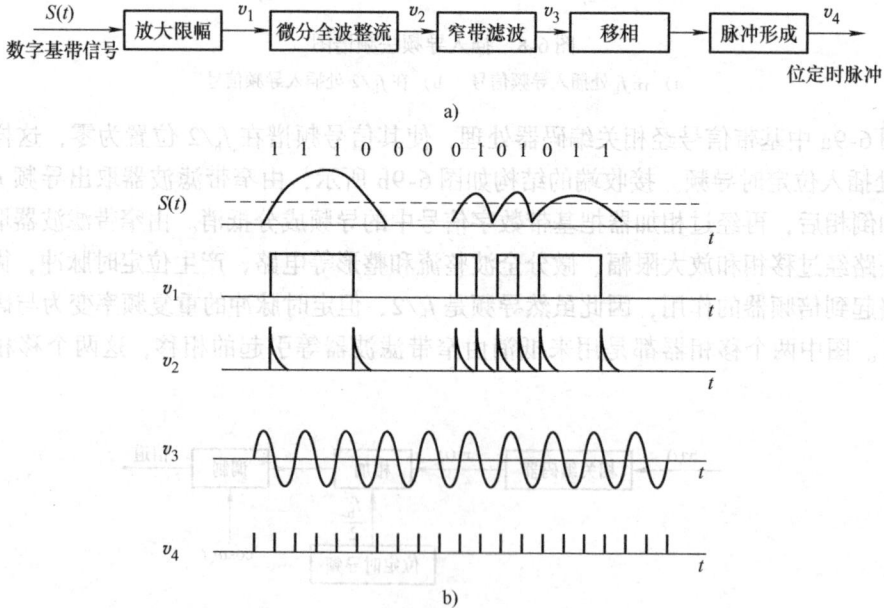

a)

b)

图 6-10　滤波法原理框图及各波形
a) 原理框图　b) 各波形

在图 6-10a 中，$S(t)$ 为输入基带信号，放大限幅的作用是将其整形成方波 $v_1$。微分整流的作用是将非归零序列变成为单向的微分波形序列 $v_2$，其含有离散的 $f_b$ 频率成分，经窄带滤波后输出频率为 $f_b$ 的正弦波形 $v_3$，在经移相电路及脉冲形成电路后就可得到有确定起始位置的位定时脉冲 $v_4$。其各点波形如图 6-10b 所示。

2. 锁相法

用锁相环路替代一般窄带滤波器以提取位同步信号的方法就是锁相法。锁相法的基本原理与载波同步的类似，在接收端利用鉴相器比较接收码元和本地产生的位同步信号的相位，若两者相位不一致（超前或滞后），鉴相器就产生误差信号去调整位同步信号的相位，直至获得精确的同步为止。

在数字通信中，这种锁相电路常采用数字锁相环来实现。采用锁相法提取位同步原理框图如图6-11所示，它由高稳定度振荡器（晶振）、分频器、相位比较器和控制电路组成。其中，控制电路包括图中的扣除门和附加门。晶体振荡器产生的振荡信号经过整形后变为周期性的窄脉冲，然后经控制器再送入分频器，输出位同步脉冲序列。输入相位基准与由高稳定振荡器产生的经过整形的 $n$ 次分频后的相位脉冲进行比较，由两者相位的超前或滞后，来确定扣除或附加一个脉冲，以调整位同步脉冲的相位。

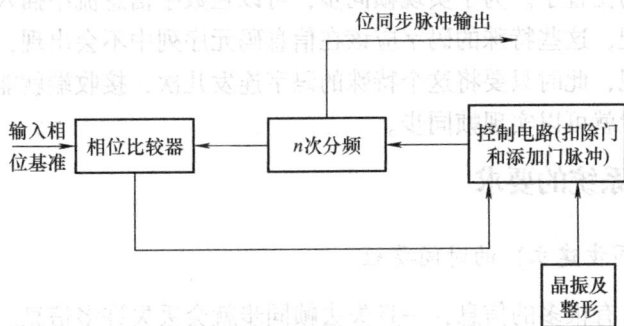

图 6-11 锁相法原理框图

## 6.3.3 位同步系统的性能指标

位同步系统的性能指标除了效率以外，主要有相位误差（精度）、同步建立时间 $t_s$、同步保护时间 $t_c$ 和同步带宽 $\Delta f_s$。下面将对数字锁相法位同步系统的性能指标进行简要分析。

（1）相位误差 $\theta_e$。

位同步信号的平均相位和最佳取样点的相位之间的偏差称为相位误差。相位误差越小，系统的误码率越低。

（2）同步建立时间 $t_s$。

同步建立时间即为系统失去同步后重建同步所需的时间。通常要求同步建立的时间要短。

（3）同步保持时间 $t_c$。

同步建立后，一旦输入信号中断，或者遇到长连 0 码、长连 1 码时，由于接收的码元没有过零脉冲，锁相系统就因为没有输入相位基准而不能正常工作，另外收、发双方的固有位定时重复频率之间总存在频差 $\Delta F$，接收端位同步信号的相位就会逐渐发生漂移，时间越长，相位漂移量越大，直至漂移量超过某一准许的最大值，就算失步了。这个从含有位同步信息的接收信号消失开始，到位同步提取电路输出的正常位同步信号中断为止的这段时间，称为位同步保持时间。

（4）同步带宽 $\Delta f_s$。

同步带宽是指位同步频率与码元速率之差。若这个频差超过一定范围，就无法使接收端位同步脉冲的相位与输入信号的相位同步，从对系统的要求来说，同步带宽越小越好。

## 6.4 帧同步

数字通信时，一般总是以若干个码元组成一个字、若干个字组成一个句，即组成一个个的"帧（群）"进行传输。也就是说，由若干位码元组成码字，再由若干个码字构成码帧。当接收端建立了位同步和载波同步时，可保证各码元的正确解调。但如果接收端无法区分码字、码帧时，那么即使无错码，收到的也是一串没有意义的码元，也就不能恢复原信息。为此，需要在每一帧中加入一个特殊标志，这就是帧同步信号。

所以，帧同步的任务就是在位同步的基础上识别出这些数字信息群（字、句和帧）"开头"和"结尾"的时刻，确定了帧的起始位置后，就可以根据预定的码帧结构来确定帧的长度和其中各码字的位置了。为了实现帧同步，可以在数字信息流中插入一些特殊的码字作为每个帧的头尾标记，这些特殊的码字应该在信息码元序列中不会出现，或者是偶然可能出现，但不会重复出现，此时只要将这个特殊的码字连发几次，接收端就能识别出来，接收端根据这些码字的位置就可以实现帧同步。

## 6.4.1 对帧同步系统的要求

### 1. 同步捕捉（同步建立）的时间要短

因为每帧中包含有很多的信息，一旦失去帧同步就会丢失许多信息。为此，要求帧同步系统在开始工作或失步后，要能在很短时间内捕捉到同步码组，从而建立同步，这一段时间称捕捉时间。一般来讲，对语音通信的捕捉时间要求不大于100ms，对数据通信的捕捉时间要求不大于2ms。

### 2. 帧同步要稳定可靠

一旦建立同步状态后，系统不能因信道的正常误码而失步，即帧同步系统要具有一定的抗干扰能力。由于信号在传输过程中不可避免地会出现误码，若只是偶然一次同步丢失就宣布失步而重新进行同步搜索（从同步状态进入捕捉态），则正常的通信会被中断。因此，一般规定帧同步信号丢失的时间超出一定限度时，才宣布失步，然后再进行同步搜索，这段时间称为前方保护时间。另一方面，在信息码流中，随机地形成帧同步信号也是完全有可能的。因此，也不能一经发现符合帧同步码组的信号就宣布进入了同步态。只有当帧同步信号连续来了几帧或一段时间后，同步系统才可能发出指令，并进入同步状态。这段时间称为后方保护时间。

### 3. 帧同步码组的长度越短越好

帧同步码在每一帧中都占用一定的长度。同步码越长，传送有用信息的效率就越低，所以在保证同步性能的前提下，帧同步码应该越短越好。

## 6.4.2 帧同步的实现方法

实现帧同步，通常采用的方法是起止式同步法和插入特殊同步码组的同步法。而插入特殊同步码组的方法有两种：一种为连贯式插入法，另一种为间隔式插入法。

### 1. 起止式同步法

数字电传机中广泛使用的是起止式同步法。在电传机中，常用的是五单位码。为了标志每个字的开头和结尾，在五单位码的前后分别加上1个单位的起码（负值脉冲）和1.5个单位的止码（正值脉冲），共7.5个码元组成一个字，开头的负值数字脉冲称为"起脉冲"，末尾的正值脉冲成为"止脉冲"，它们起着同步作用，如图6-12所示。接收端根据1.5个码元宽度的正电平第一次转换到负电平这一特殊规律，确定一个数字的起始位置，从而实现了帧同步。

这种7.5单位码（码元的非整数倍）给数字

图6-12 起止同步的信号波形

通信的同步传输带来一定困难。另外，在这种同步方式中，7.5 个码元中只有 5 个码元用于传递消息，因此传输效率较低。但起止同步的优点是结构简单，易于实现，它特别适合于异步低速数字传输方式。

2. 连贯式插入法

连贯式插入法又称为集中式插入法，它是指在每一信息帧的开头集中插入作为帧同步码组的特殊码组。接收端一旦检测到这个特定的码组，就确定了帧的起始位置，从而获得帧同步。这个码组必须具有与被传的信息流不同的规律，使得在同步识别中将信息码误判为同步码的可能性尽量小，还有码长适当，以保证传输效率。

对于我国和欧洲等国家采用 PCM30/32 路系统来就，帧同步采用的就是连贯式插入法，它是在每偶帧 $TS_0$ 的第二位 ~ 第八位插入帧同步码 "0011011"。连贯式插入法的优点是能够迅速地建立帧同步。

3. 间隔式插入法

间隔式插入法又称为分散插入法，它是将帧同步码以分散的形式均匀插入信息码流中，如图 6-13 所示。

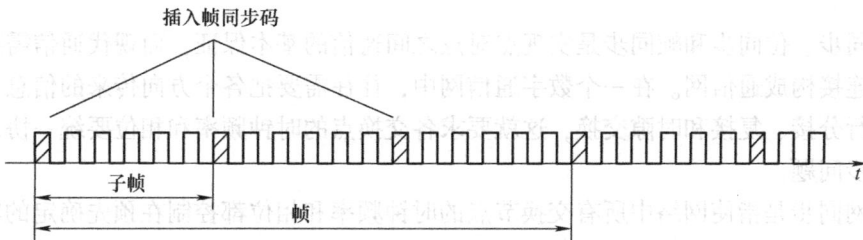

图 6-13　间隔式插入帧同步方式

这种方式比较多地用在多路数字电路系统中，如 PCM24 路系统一般都采用 1、0 交替码型作为帧同步码间隔插入的方法，即第一帧插入 "1" 码作为帧同步码，第二帧插入 "0" 码作为帧同步码，以此类推。这种插入方式在同步捕获时我们不是检测一帧两帧，而是连续检测数十帧，每帧都符合 "1" "0" 交替的规律才确认同步。间隔式插入法的最大特点是同步码不占用信息时隙，每帧的传输效率较高，但是同步捕获时间较长，它较适合于连续发送信号的通信系统。

## 6.4.3　帧同步系统的性能指标

由前面的对帧同步系统的要求可知，对于帧同步系统而言，要求其建立时间要短，建立同步以后应该具有较强的抗干扰能力。因此，主要从以下 4 个指标来衡量帧同步系统性能的好坏，即帧同步可靠性指标（漏同步概率 $P_1$ 和假同步概率 $P_2$）、帧同步建立时间 $t_s$ 及帧同步保护。

（1）漏同步概率 $P_1$

由于噪声和干扰的影响，接收的同步码组中可能出现一些错误码元，从而使识别器漏识已发出的同步组码，出现这种情况的概率成为漏同步概率，记为 $P_1$。

（2）假同步概率 $P_2$

假同步是指信息的码元中出现与同步码组相同的码组，这时信息码会被识别器误认为同步码，从而出现假同步信号。发生这种情况的概率称为假同步概率，记为 $P_2$。

（3）帧同步建立时间 $t_s$

帧同步建立时间是指系统从确认失步开始搜捕起，一直到重新进入工作状态这段时间。同步平均建立时间与同步检测的方式有关。

（4）帧同步保护

在帧同步中，总是希望漏同步和假同步概率越小越好。对于同一个识别器，其门限的选取不可能同时降低漏同步和假同步概率。然而，一般来说，首先希望所建立的同步是可靠的，因此在未同步时要求假同步概率 $P_2$ 要小；而在同步建立后，希望其具有较强的抗干扰能力，也就是漏同步概率 $P_1$ 要小。

为了改善同步系统的性能，常用的帧同步保护措施是将帧同步划分成两种状态：捕捉态和维持态。处于捕捉态（未同步）时，采用较高的门限电平以降低假同步概率 $P_2$；处于维持态（同步后）时，采用较低的门限电平以降低漏同步概率 $P_1$。

# 6.5　网同步

载波同步、位同步和帧同步是实现点对点之间通信的基本保证，而现代通信需要在多点之间相互连接构成通信网。在一个数字通信网中，往往需要把各个方向传来的信息，按不同的目的进行分接、复接和时隙交换，这就要求各交换点的时钟频率和相位要统一协调，即所谓的网同步问题。

所谓网同步是指使网络中所有交换节点的时钟频率和相位都控制在预先确定的容差范围内，以便使网内各交换节点的全部数字流实现正确有效的交换。如果不能同步，就会在数字交换机的缓存器中产生信息比特的溢出和取空，导致数字流的滑动损伤，造成数据出错。所以网同步技术的主要任务是使通信网中各转接点的时钟频率和相位保持协调一致。

建立网同步的主要方法有主从同步法、互同步法和准同步法 3 种。

## 6.5.1　主从同步法

主从同步法是在通信网中的某一站设置一个高稳定的主时钟源和若干从钟，主站的主时钟源信号作为网内唯一的标准频率发往其他各站（称为从站），各从站通过锁相环来使本站频率与主站频率保持一致以获得同步。

主从同步法可分为直接主从同步和等级主从同步（定时信号从基准时钟向下级从钟逐级传送）。其连接方式如图 6-14 所示。

在运行时主从同步网主要由主基准时钟、传送同步信号的链路及从钟组成。从钟是用锁相技术将振荡器的输出信号的相位锁定到外来同步信号的相位上来，即频率受到控制，其精度与基准信号相同。

主从同步法的特点如下所述。

1）优点：各级从时钟都能直接或间接地同步于主基准时钟，正常无滑动；从时钟性能要求低，建网费用低。

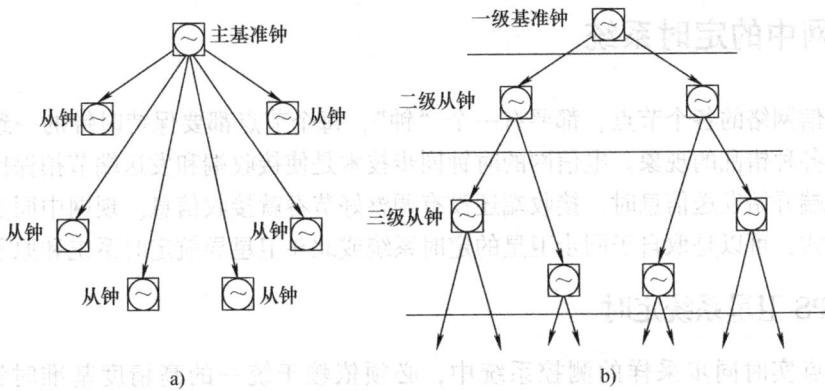

图 6-14 主从同步法示意图

a) 直接主从同步  b) 等级主从同步

2) 缺点：定时信号传送链路的任何故障或扰动，都影响同步信号的传送，可能形成定时环路，规划设计较复杂。

## 6.5.2 互同步法

互同步法是指在数字通信网中不单独设置主基准时钟，数字设备和交换节点的每个时钟受所有其他时钟送来的定时信号共同控制，锁相技术锁定在所有收到的定时信号的共同加权平均上，达到一个稳定的系统频率，实现网内时钟同步。互同步法示意图如图 6-15 所示。

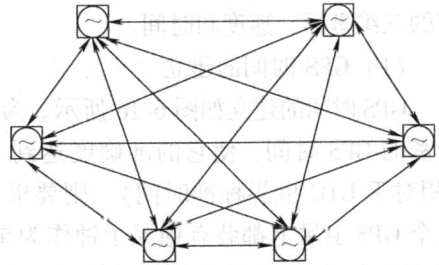

图 6-15  互同步法示意图

互同步法的特点如下所述。

1) 优点：某个链路或时钟故障，网内时钟仍能维持同步状态；对时钟频率的稳定性要求不高，费用低。

2) 缺点：影响稳态频率的因素多，呈现不稳定性，很难与其他同步方法兼容。

## 6.5.3 准同步法

准同步法也称为独立时钟法，在 PDH 系统中采用，是指网内时钟独立运行、互不控制，网内所有交换节点都使用高精度时钟。常用的时钟为铯原子钟，它的频率精度为 $10^{-11}$。网内各节点依靠高精度的时钟使得彼此工作接近于同步状态。

准同步法的特点如下所述。

1) 优点：由于没有时钟间的控制问题，所以网络简单、灵活；其频率误差小，产生的滑动损伤能满足要求。

2) 缺点：对时钟的性能要求高，导致设备费用高；有周期性的滑动。

准同步法主要用于国际电话通信网中，因为这样可以避免国家间的从属关系。在大国的国内也可以采用准同步方式，这可以使网络的结构灵活，并避免时钟信号的长距离传输和控制。

## 6.6 现网中的定时系统

现代通信网络的各个节点,都要有一个"钟",每个节点都要保持时钟的一致,否则就有可能造成各种错乱的现象。电信网的时钟同步技术是使接收端和发送端节拍保持一致,不至于在发送端开始发送信息时,接收端还没有调整好节奏就接收信息。现网中同步技术的实现有多种方式,可以是取自于同步卫星的定时系统或北斗卫星导航定时系统和原子钟等。

### 6.6.1 GPS卫星系统定时

多种多点实时同步采样的测控系统中,必须依赖于统一的高精度基准时钟源。GPS(Global Positioning System)是当今高精度的全球实时系统,它提供了统一的高精度时间基准。所以,利用GPS获取标准的时间同步信号在测控系统中得到了普遍的应用。

GPS是由美国国防部研制的导航卫星测距与授时、定位和导航系统,由21颗工作卫星和3颗在轨备用卫星组成,这24颗卫星等间隔分布在6个互成60°的轨道面上,这样的卫星配置基本上保证了地球任何位置均能同时观测到至少4颗GPS卫星。

#### 1. GPS精确定时的原理与技术

GPS具有全球性、全天候、连续性、实时性导航定位和定时功能,能为各类用户提供精密的三维坐标、速度和时间。

(1) GPS时间的建立

GPS时间的建立如图6-16所示。为了得到精密的GPS时间,使它的准确度达到<100ns(相对于UTC世界标准时间),则要求系统的每个GPS卫星上都装有铷原子钟作为星载钟,且GPS全部卫星与地面测控站构成一个闭环的自动修正系统,系统还需采用UTC(USNO美国海军天文台)作为参考基准。

(2) GPS授时的基本原理

GPS由3部分构成,即GPS卫星(空间部

图6-16 GPS时间建立示意图

分)、地面支撑系统(地面监控部分)和GPS接收机(用户部分)。GPS向全球范围内提供定时和定位的功能,全球任何地点的GPS用户通过低成本的GPS接收机接收卫星发出的信号,获取准确的空间位置信息、同步时钟及标准时间。GPS要实时完成定位和授时功能,需要4个参数:经度、纬度、高度和用户时钟与GPS主钟标准时间的时刻偏差,所以需要接收4颗卫星的位置。若用户已知自己的确切位置,那么接收1颗卫星的数据也可以完成定时。

由于GPS采用被动定位原理,所以星载高稳定度的频率标准是精密定位和授时的关键。工作卫星上一般采用的是铷原子钟作为频标。GPS卫星上的卫星钟通过和地面的GPS主钟标准时间进行对比,这样就可以使卫星钟与GPS主钟标准时间之间保持精确同步。GPS卫星发射的几种不同频率的信号,都是来自卫星上同一个基准频率。GPS接收机对GPS卫星发射的信号进行处理,经过一套严密的误差校正,使输出的信号达到很高的长期稳定性。定时精度能够达到

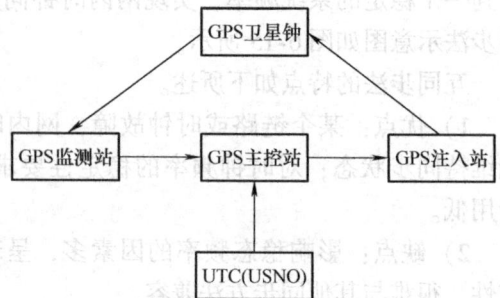

300 ns 以内。在精确定位服务（Precise Position Service，PPS）下，GPS 提供的时间信号与 UTC 之差小于 100 ns。若采用差分 GPS 技术，则与 UTC 之差能达到几个纳秒。

（3）GPS 时钟的实现方法

GPS 时钟是基于最新型 GPS 高精度定位授时模块开发的基础型授时应用产品，能够按照用户需求输出符合规约的时间信息格式，从而完成同步授时服务。其主要原理是通过 GPS 或其他卫星导航系统的信号驯服晶振，从而实现高精度的频率和时间信号输出，是目前达到纳秒级、授时精度和稳定度在 $10^{12}$ 量级频率输出的最有效方式。

常规时钟频率产生方法可以是晶体、铷钟等。但晶体会老化，易受外界环境变化影响，长期的精度漂移影响；原子钟长期使用后也会产生偏差，需要定时校准。而 GPS 系统由于其工作特性的需要，定期对自身时钟系统进行修正，所以其自身时钟系统长期稳定，具有对外界物理因素变化不敏感特性。晶体或铷钟以 GPS 为长期参考，可以获得低成本、高性能的基准时钟。现有同步时钟的比较如表 6-1 所示。

表 6-1　同步时钟的比较

| 种　类 | 误　差 | 特　点 |
|---|---|---|
| 无线电广播 | 1ms | 时间误差大 |
| LORANC | 1～3μs | 接收困难 |
| OMEGS | 2ms | 时间误差大 |
| GOES | 0.1～0.3ms | 不稳定 |
| GPS | 1μs | 稳定性好，接收容易 |
| GLONASS | 10μs | 商品化程度不够 |

通过表 6-1 的比较可以看出 GPS 同步时钟具有很大的优越性。由于在某些特殊情况下 GPS 时钟信号会暂时消失，所以基于 GPS 的时钟模块一般需要另一个外部时钟作为后备输入，预留有外接时钟的时基和频率标准信号（如 GLONASS、中国双星和铷原子钟等）接口。另外，GPS 时钟其频率准确度还具有自身保持性能。

2. 提高定时准确度的途径

进一步提高定时准确度的几种途径有：
1）采用 GPS 双频、相位测量技术。
2）选用更高精度的 GPS 时间传递接收机。
3）采用 GPS 共视法比对技术与卫星转发双向法技术。

GPS 卫星同步时钟充分利用卫星资源，使该时钟不受地域等恶劣自然环境的束缚，实现时间的统一，因此应用在军事、铁路等领域具有十分重要的意义。

## 6.6.2　北斗卫星导航系统定时

中国北斗卫星导航系统（BeiDou（COMPASS）Navigation Satellite System）是中国正在实施的自主发展、独立运行的全球卫星导航系统。北斗卫星导航系统由空间段、地面段和用户段 3 部分组成，空间段包括 5 颗静止轨道卫星和 30 颗非静止轨道卫星，地面段包括主控站、注入站和监测站等若干个地面站，用户段包括北斗用户终端以及与其他卫星导航系统兼容的终端。

## 1. 系统的组成

"北斗一号"系统是一种新型、全天候、区域性的卫星导航定位系统。它由3颗地球同步卫星（其中一颗为备份星）、位于北京的地面中心站、分布全国的20余个标校站和大量用户机组成；各部分之间由出站链路（地面控制中心—卫星—用户机）和入站链路（用户机—卫星—地面控制中心）相连接，如图6-17所示。两颗导航工作卫星和一颗备份卫星位于36000km赤道上空，分别定点于东经80°、140°和110.5°，星上带有转发器，用于转发地面中心站出站信号和标校站、用户机的入站信号。地面中心站接收入站信号，完成定位、通信和定时信号的处理，发送导航电文，监视和控制整个系统的工作情况。标校站为卫星精密定轨、定位差分处理提供基准测量数据。用户机同时具有收发功能，用于接收中心站通过卫星转发来的信号和向中心站发送定位、通信或定时申请信号，不含定位解算处理器，设备比较简单。

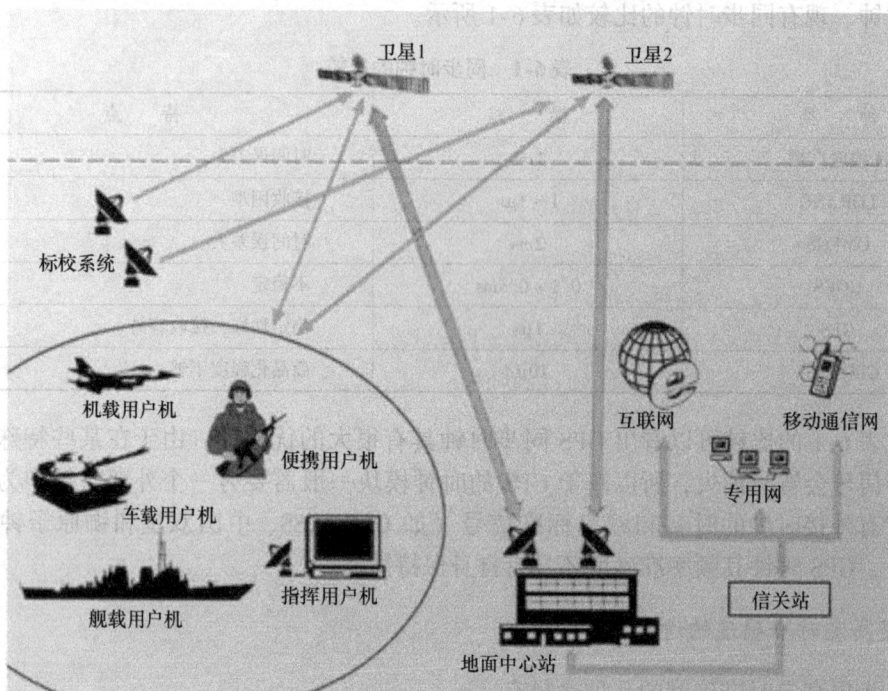

图6-17　北斗一号系统组成

## 2. 系统功能

"北斗一号"系统在服务区内提供3项服务。

1）定位（导航）：快速确定用户所在点的地理位置，向用户及主管部门提供导航信息。在标校站覆盖区定位精度可达到20m，无标校站覆盖区定位精度优于100m。

2）通信：用户与用户、用户与中心控制系统之间均可实现最多120个汉字的双向简短数字报文通信，并可通过信关站与互联网、移动通信系统互通。

3）授时：中心控制系统定时播发授时信息，为定时用户提供时延修正值。定时精度可达100ns（单向授时）和20ns（双向授时）。

上述三大功能在同一信道内完成。

### 3. 北斗一号的定时功能

定时是指接收机通过某种方式获得本地时间与北斗标准时间的钟差，然后调整本地时钟使时差控制在一定的精度范围内。精密定时在以通信、电力和控制等工业领域和国防领域有着广泛和重要的应用。

"北斗一号"为用户机提供两种定时方式：单向定时和双向定时。单向定时的精度为100ns，双向定时的精度为20ns。在单向定时模式下，用户机不需要与地面中心站进行交互，只需接收导航电文信号，自主获得本地时间与北斗标准时间的钟差，实现时间同步；双向定时模式下，用户机与中心站进行交互，向中心站发射定时申请信号，由中心站来计算用户机的时差，再通过出站信号经卫星转发给用户，用户按此时间调整本地时钟与标准时间信号对齐。

### 4. 与 GPS 系统比较

"北斗一号"卫星导航系统与 GPS 系统相比具有卫星数量少、投资小和用户设备处理简单等优点，并能实现一定区域的导航定位、通信和定时等多种用途，可满足当前我国陆、海、空运输导航定位定时的需求。缺点是不能覆盖两极地区，赤道附近定位精度差，只能二维主动式定位，且需提供用户高程数据，不能满足高动态和保密的军事用户要求，用户数量受一定限制。

## 6.6.3 原子钟

目前世界上最准确的计时工具就是原子钟，它是 20 世纪 50 年代出现的。原子钟是利用原子吸收或释放能量时发出的电磁波来计时的。由于这种电磁波非常稳定，利用原子的一定共振频率而制造的精确度非常高的计时仪器，是世界上已知最准确的时间测量和频率标准，也是国际时间和频率转换的基准，用来控制电视广播和全球定位系统。现在用在原子钟里的元素有铯（Cesium）、氢（Hydrogen）、铷（Rubidium）等。原子钟的精度可以达到每 2000 万年才误差 1s。这为天文、航海和宇宙航行提供了强有力的保障。

### 1. 铯原子钟

铯原子钟是利用铯原子内部的电子在两个能级间跳跃时辐射出来的电磁波作为标准，去控制校准电子振荡器，进而控制钟的走动。这种钟的稳定度很高，目前，最好的铯原子钟达到 2000 万年才相差 1s。现在国际上，普遍采用铯原子钟的跃迁频率作为时间频率的标准，广泛使用在天文、通信和国防建设等各个领域中。

铯原子钟是将高稳定性铯振荡器与 GPS 高精度授时、测频及时间同步技术有机地结合在一起，使铯振荡器输出频率驯服同步于 GPS 卫星时钟信号上，即输出的信号同步于 GPS 输出的 UTC 时间，同时能够克服 GPS 接收机秒脉冲信号跳变带来的影响，是真正复现的"UTC 时间基准"。当 GPS 失锁或出现异常不可用时，系统能够智能判别，切换到铯钟进行守时，继续提供高可靠性的时间频率信号。这一过程提高了频率信号的长期稳定性和准确度，是通信系统同步技术中一款高精度、高可靠性同步时钟源。

### 2. 氢原子钟

氢原子钟是现代的许多科学实验室和生产部门广泛使用一种精密的时钟，它是利用原子能级跳跃时辐射出来的电磁波去控制校准石英钟，但它用的是氢原子。这种钟的稳定度相当高，每天变化只有十亿分之一秒。氢原子钟也是常用的时间频率标准，被广泛用于天文观测、高精度时间计量、火箭和导弹的发射、核潜艇导航等方面。氢原子钟是一种高精度的时间和频率标准，在国防、空间技术和现代科学试验中有着重要的应用。

### 3. 铷原子钟

铷原子钟是所有原子钟中最简便、最紧凑的一种。这种时钟使用一种玻璃室的铷气，当周围的微波频率刚好合适时，就会按光学铷频率改变其光吸收率。其非常适合应用于 SDH 数字同步网的 1、2 级节点时钟，为电力、电信、广电、时统、计量校准和雷达设备等提供高精度的时间和频率基准。

3 种原子钟即铯原子钟、氢原子钟和铷原子钟都已成功地应用于太空、卫星以及地面控制。现今为止，在这 3 类中最精确的原子钟是铯原子钟，GPS 卫星系统最终采用的就是铯原子钟。

## 6.7  实训  扩频通信中同步的仿真

### 1. 实训目的

1）熟悉使用 System View 软件，了解各功能模块的操作和使用方法。
2）掌握 PN 序列同步码的作用。
3）掌握直接序列扩频系统的工作原理。

### 2. 实训原理

在扩频通信中，PN 码同步包含了两个过程：捕获和跟踪。首先是对扩频码的捕获，它主要解决载波频率和码相位的不确定性，使本地参考扩频码与接收扩频码的相位（延时）之差小于半个码元宽度，保证解调器能够很好的工作，通常称这一步为扩频码的同步捕获或粗同步。一旦扩频接收机实现了扩频码的同步捕获后，本地参考扩频码必须尽可能精确的跟踪接收信号的变化，使本地参考扩频码相位与接收扩频码相位的差别尽可能的小，以期在相关器得到最大的相关输出，保证本地码的相位一直跟随接收到的信号码的相位，这一过程称为扩频码的精（细）同步。

在直扩同步的跟踪中，一旦扩频接收机与接收信号同步后，就必须使它进入跟踪过程，即继续保持同步，不因外界影响而失去同步。也就是说，无论由于何种因素两端的频率和相位发生偏移，同步系统能加以调整，使收发信号仍然保持同步，即保持锁定。用本地码准确的跟踪输入信号的伪随机码，为解扩提供必要的条件。对同步情况不断监测，一旦发现失锁，应返回捕获状态，重新同步。

3. 实训内容和步骤

图 6-18 是利用 System View 软件建立 2FSK 调制系统。

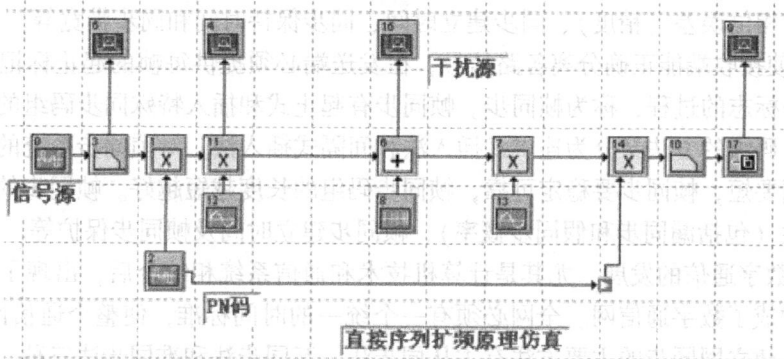

图 6-18 扩频通信中同步仿真电路图

数据信号源用了一个较低频率1kHz 的随机序列（图符0）通过一个1kHz 的低通滤波器（图符3）来代替。扩频用的 PN 码采用了1kHz 的 PN 码（图符2），这样理论上可以获得10倍的扩频增益。扩频调制也未使用通常的模2和加法运算，而是通过乘法器直接用 PN 码调制数据信号，合成后的扩频复合信号同样也是直接用更高的载波（图符12，100kHz）调制发射。为了观察扩频系统的抗干扰性能，使用了一个干扰信号源。该干扰信号可以是单频窄带干扰，也可以是宽带的扫频信号，或者是高斯噪声，干扰信号源为90～120kHz 的扫频脉冲信号源。为简单起见，在接收端，通过本地载波（图符13）解调后的复合信号直接与原扩频码（图符2）直接相乘后解扩，通过低通滤波器（图符10）后恢复传输的数据信号。中间省略了有关本地 PN 发生器和相关的码同步电路。因为直接使用原 PN 码，所以理论上可认为收发两端是完全同步的。

4. 实训报告及要求

1）对比观察在接收端得到信号波形与发送端得的信号波形，想想解扩后的信号与输入的原信号波形是否基本一致？把输入、输出波形绘制在报告册上。

2）当不断加大噪声或干扰的幅度，当达到系统的干扰门限时，是否能准确地恢复原始波形？

## 6.8 小结

1）在通信系统中，同步具有相当重要的作用。通信系统能否有效、可靠地工作，在很大程度上依赖于有无良好的同步系统。按照同步的功能可分为载波同步、位同步、帧同步及网同步。

2）载波同步又称为载波恢复，即在接收设备中产生一个和发射端调制载波同频同相的本地振荡，供给解调器作相干解调用。载波同步一般有两种方法：插入导频法（外同步法）和直接提取法（自同步法）。插入导频法又分为频域插入法和时域插入法；直接提取法又包含平方变换法和同相正交环法等。衡量载波同步的性能主要是：效率、精度、同步建立时间和同步保持时间。

3）在接收端产生与接收码元重复频率和相位一致的定时脉冲序列的过程称为位同步。位同步也分插入导频法和直接提取法两类。而直接提取法又可分为滤波法和锁相法。位同步系统的性能有相位误差（精度）、同步建立时间、同步保持时间和同步带宽等。

4）为了使接收端能正确分离各路信号，在发送端必须提供每帧的起止标记，在收端检测并获取这一标志的过程，称为帧同步。帧同步有起止式和插入特殊同步码组的同步法。而插入特殊同步码组的方法又分为连贯式插入法和间隔式插入法。对帧同步系统的要求有：同步捕捉的时间要短，帧同步要稳定可靠，帧同步码组的长度越短越好。帧同步的性能指标有帧同步可靠性（包括漏同步和假同步概率）、帧同步建立时间及帧同步保护等。

5）随着数字通信的发展，尤其是计算机技术和通信系统相结合后，出现了多点之间的通信，这便构成了数字通信网。全网必须有一个统一的时间标准，使整个通信网同步工作，此即网同步。建立网同步的主要方法有主从同步法、互同步法和准同步法三种。

6）现网中同步技术的实现，可以是取自于同步卫星的定时系统或北斗卫星导航定时系统和原子钟等。

## 6.9 习题

1. 同步技术包括哪些？
2. 载波同步的含义是什么？它有哪几种实现方法？
3. 位同步的含义是什么？它有哪几种实现方法？
4. 帧同步的含义是什么？它有哪几种实现方法？
5. 对帧同步系统的要求有哪些？
6. 网同步的含义是什么？它有哪几种实现方法？

# 附录 专业术语

| 英文缩写 | 中文对照 |
|---|---|
| | **A** |
| A-D | 模-数转换器 |
| ARQ | 检错重发 |
| AMI | 信号交替反转码 |
| ASK | 幅移键控 |
| AGC | 自动增益控制 |
| ADPCM | 自适应差分脉冲编码调制 |
| ADSL | 数字用户环路 |
| AU-PTR | 管理单元指针 |
| AUG | 管理单元组 |
| | **C** |
| CDMA | 码分多址 |
| CATV | 有线电视系统 |
| CMI | 信号反转码 |
| CCITT | 国际电报电话咨询委员会 |
| C | 容器 |
| | **D** |
| DC | 数字通信 |
| DPCM | 差分脉冲编码调制 |
| DS-CDMA | 扩频码分多址 |
| DSB | 双边带调制 |
| DM | 增量调制 |
| DAB | 数字音频广播 |
| DVB | 数字视频广播 |
| DPSK | 相对相移键控 |
| D-A | 数-模转换器 |
| | **F** |
| FDM | 频分复用 |
| FDD | 频分双工 |
| FEC | 前向纠错 |
| FSK | 频移键控 |
| FFSK | 快速频移键控 |

**G**

| | |
|---|---|
| GMSK | 高斯最小频移键控 |
| GPS | 全球定位系统 |

**H**

| | |
|---|---|
| HEC | 混合纠错 |
| HDB3 | 三阶高密度双极性码 |
| HDTV | 高清晰度电视 |

**I**

| | |
|---|---|
| ISI | 码间串扰 |
| ICI | 信道间干扰 |
| ITU | 国际电信联盟 |

**L**

| | |
|---|---|
| LPF | 低通滤波器 |
| LPC | 线性预测编码 |

**M**

| | |
|---|---|
| MIMO | 多输入多输出技术 |
| MSK | 最小频移键控 |
| MSOH | 复用段开销 |

**N**

| | |
|---|---|
| NRZ | 非归零码 |
| NSS | 卫星导航系统 |

**O**

| | |
|---|---|
| OFDM | 正交频分复用 |
| OFC | 光纤通信 |
| OTDM | 光时分复用 |
| OQPSK | 交错正交相移键控 |
| OAM | 操作维护管理 |
| OOK | 开关键控 |

**P**

| | |
|---|---|
| PCM | 脉冲编码调制 |
| PSK | 相移键控 |
| PDH | 准同步数字体制 |
| PAM | 脉冲振幅调制 |
| POH | 通道开销 |

**Q**

| | |
|---|---|
| QAM | 正交振幅调制 |
| QPSK | 正交相移键控 |

# R

| | |
|---|---|
| RZ | 归零码 |
| RSOH | 再生段开销 |

# S

| | |
|---|---|
| SDH | 同步数字体制 |
| STM | 同步传输模式 |
| SOH | 段开销 |
| SBC | 子带编码 |
| SSB | 单边带调制 |
| STP | 屏蔽型双绞线 |

# T

| | |
|---|---|
| TDM | 时分复用 |
| TMN | 电信管理网 |
| TD-SCDMA | 时分同步码分多址 |
| TU-PTR | 支路单元指针 |
| TUG | 支路单元组 |
| TFM | 平滑调频 |

# V

| | |
|---|---|
| VC | 虚容器 |
| VSB | 残留边带调幅 |

# W

| | |
|---|---|
| WDM | 波分复用 |
| WCDMA | 宽带码分多址 |
| WLAN | 无线局域网 |

# 参 考 文 献

[1] 龚佑红, 周友兵. 数字通信技术及应用 [M]. 北京: 电子工业出版社, 2011.
[2] 张会生. 现代通信系统原理 [M]. 北京: 高等教育出版社, 2004.
[3] 李伟斯. 数字通信系统原理 [M]. 北京: 人民邮电出版社, 2008.
[4] 李志菁. 数字通信技术 [M]. 北京: 机械工业出版社, 2005.
[5] 冯穗力. 数字通信原理 [M]. 北京: 电子工业出版社, 2012.
[6] 沈其聪. 数字通信原理 [M]. 北京: 机械工业出版社, 2004.
[7] 孙青华. 数字通信原理 [M]. 北京: 人民邮电出版社, 2015.
[8] 王兴亮. 数字通信原理与技术 [M]. 西安: 西安电子科技大学出版社, 2009.
[9] 樊昌信, 曹丽娜. 通信原理 [M]. 北京: 国防工业出版社, 2012.
[10] 毛京丽, 石方文. 数字通信原理 [M]. 北京: 人民邮电出版社, 2011.
[11] 强世锦, 荣健. 数字通信原理 [M]. 北京: 清华大学出版社, 2008.
[12] 沈保锁. 现代通信原理习题解析 [M]. 北京: 国防工业出版社, 2012.
[13] 张玉艳, 于翠波. 移动通信技术 [M]. 北京: 人民邮电出版社, 2015.